진짜 기본 살림법

초판 1쇄 발행 | 2017년 6월 29일
초판 2쇄 발행 | 2017년 9월 25일

지은이 | 박정선
펴낸이 | 이원범
기획·편집 | 김은숙
마케팅 | 안오영
표지 디자인 | 강선욱
본문 디자인 | 김수미

펴낸곳 | 어바웃어북 about a book
출판등록 | 2010년 12월 24일 제2010-000377호
주소 | 서울시 마포구 양화로 56 1507호(서교동, 동양한강트레벨)
전화 | (편집팀) 070-4232-6071 (영업팀) 070-4233-6070
팩스 | 02-335-6078

ISBN | 979-11-87150-22-0   13590

진짜
기본
살림법

박정선 지음

어바웃어북

살림에도
쉽고, 빠르고, 정확한
길이 있다!

> 오빠 컴퓨터 모니터에 이 스크래치는 뭐고?
>
> 나 어?
>
> 오빠 여기 쭉! 그어져 있네.
>
> 나 아……. 내가 청소기로 밀었다.
>
> 오빠 어? 청소기? 진공청소기?
>
> 나 어. 뭐? 왜? 나도 적잖이 놀랐으니 더 이상 아무 말 하지 마시게.

20대 초반 무렵, 진공청소기로 바닥을 청소하다가 문득 고개를 들어보니 먼지를 뒤집어쓴 컴퓨터 모니터가 보였습니다. 저는 무엇에 홀린 듯 진공청소기를 들어 모니터를 청소하기 시작했습니다. 진공청소기로 쓱쓱 모니터를 밀었더니 도로라도 뚫리듯 먼지가 싹 사라지며 모니터의 검은 속살이 보이기 시작했습니다. "카! 이 맛에 청소하는 거지." 하지만 쾌감도 잠시, 모니터 위 진공청소기가 지나간 자리에는 깊고 선명하게 생채기가 남았습니다.

네, 저는 '살림 무식자'였습니다.

찌든 때는 매직스펀지 하나면 끝나는 줄 알았고,

— 찌든 때와 함께 가전제품 표면의 코팅까지 다 벗겨지는 결과를 초래했고

묵은 기름때는 주방세제 하나면 끝나는 줄 알았으며,

— 가스레인지 후드에 들러붙은 찐득거리는 기름때를 없애보고자

    주방세제를 반 통 이상 쓰는 환경파괴자였으며,

채소든 과일이든 냉장고에 넣기만 하면 괜찮은 줄 알았고,

— 냉장고 안에서 싹을 틔워 잎을 키우는 당근의 끈질긴 생명력에 탄복했으며,

빨래 양이든 종류든 개의치 않고 세탁기에 넣고 세제 한 스푼 듬뿍 붓고

"빨래 끝!"을 외쳤습니다.

— 할부가 다 끝나지 않은 스웨터는 본래 사이즈를 가늠할 수 없게 늘어났고,

    흰옷은 얼룩덜룩 물들어 새로운 옷이 탄생하기도 했습니다.

이런 저의 실체를 남편에게 숨긴 채(?) 서둘러 결혼을 했습니다.

고대하던 우리의 첫 보금자리는 이전 거주자들이 어떻게 살았는지 가늠조차 할 수 없을 만큼 구석구석 너무 더러웠습니다. 게다가 저희는 집이 맘에 안 든다고 싹 바꿀 수도 없고, 못 하나 박을 때도 집주인에게 양해를 구해야 하는 '세입자' 신분이었습니다.

'우리의 보금자리를 사랑이 넘치는 깨끗한 공간으로 만들고 말겠어!'라는 새댁의 패기와 뿌리기만 하면 어떤 더러움이든 싹 사라진다는 광고 속 세제만 믿고 무작정 청소를 시작했습니다. 하지만 아무리 문지르고 닦아도 찐득거리는 묵은 때와 곰팡이는 이 집을 떠날 줄 몰랐습니다. 이렇게 해서는 끝이 없겠다는 불안감이 엄습해왔습니다.

문득 청소도 오염의 성격에 맞춰 달리해야 한다는 내용의 방송이 생각났습니다. 인터넷을 검색해가며 청소하다 보니, 투입하는 돈·시간·노동력이 모두 줄어들었는데도 점점 깨끗해지는 집을 볼 수 있었습니다. 신혼집 청소를 계기로 합리적인 살림법에 대해 공부하기 시작했습니다.

정성 들여 살림을 살피고 가꾸어나가자 총체적 난국의 보금자리가 살만한 집을 넘어 자랑할 만한 집이 되어 포털 사이트 메인과 TV에 소개되는 기적 같은 변화도 생겼습니다. 살림 관련 방송을 위해 우리 집을 방문한 촬영팀에게 칭찬을 듣고는 얼마나 기뻤는지 모릅니다. "집이 정말 깨끗해요. 우리가 지금껏 촬영하러 갔던 집 중에 제일 깨끗한 것 같아요."

결혼한 지 햇수로 4년 차. 이제 살림 햇병아리는 면하지 않았나 싶습니다. 그동안 흡사 살림연구소의 연구원이라도 된 것처럼 인터넷, 방송 등에 소개된 살림법들을 찾아 하나씩 따라 하며 그 효과를 검증했습니다. 구멍 난 고무장갑, 달걀 껍데기, 양파망 하나도 버리기 전에 활용할 방법은 없는지 궁리했습니다. 우리 가족을 위해 좀 더 건강한 살림법은 없는지 책을 찾아가며 공부했습니다. 그렇게 쌓은 살림의 지혜를 블로그와 포스트를 통해 공유하다, 이렇게 책을 내는 기회도 찾아왔습니다.

많은 사람이 막연히 살림을 만만하게 생각합니다. 저 역시 본격적으로 살림을 시작하기 전에는 살림을 쉽게 생각했습니다. '안 해서 그렇지 하면 잘할 것이다' 라는 근거 없는 자신감도 팽배해 있었고요. 하지만 제가 해보니 살림은 그렇게 만만하지 않습니다. 기본기가 없으면, 힘들고 지겹기만 한 일일 뿐입니다. 하지만 기본을 알고 나면 무엇보다 쉽고, 재미있고, 보람된 일입니다. 이 책에는 별거 있나 싶은 살림을 쉽고, 빠르고, 정확하게 하는 방법을 담았습니다. 살림하는 사람이라면 누구나 꼭 한 번씩은 고민하는 기본 살림법이 중심입니다.

행주 삶는 법, 마늘 보관하는 법, 세면대 청소하는 법 등 작은 살림법 하나 바꾸었다고 우리 집이나 삶이 극적으로 변하지는 않습니다. '우공이산(愚公移山)'이라고 어리석어 보이는 일일지라도 끊임없이 노력하면 마침내 큰일을 이룰 수 있다는 말이 있지요. 살림도 비슷합니다. 청소, 세탁, 수납 등 여러 방면에 걸쳐 주부의 작은 노력이 하나하나 쌓여 변화가 찾아옵니다.

결혼해서 집안 살림을 책임지고, 다시 생각해 본 말이 있습니다. 여행을 마치고 현관문을 열었을 때 자연스럽게 나오는 "우리 집이 제일 좋아!"라는 말입니다. 편안하고, 따뜻하고, 쾌적한 집이 주는 느낌은 결코 공간이 결정하는 게 아닙니다. 쓸고, 닦고, 치우고, 차리고…… 365일 반복돼는 집안일을 묵묵히 그리고 슬기롭게 해낸 아내, 엄마가 집의 인상을 좌우한다고 믿습니다. 집과 가정의 중심에는 살림하는 그녀들이 있습니다.

박 정 선

Special Thanks To

이 책은 더 나은 살림법을 위해 끊임없이 궁리하고 아이디어를 낸 수많은 살림 고수님들에게 빚을 지고 있습니다. 모두가 저의 스승입니다. 고맙습니다. 책 쓰는 일에 여러모로 큰 도움을 준 사랑하는 나의 남편과 언니에게도 아주 많이 감사합니다. 그리고 엄마 뱃속에서 태어나기 직전까지 집필 작업을 함께한 사랑하는 나의 딸. 엄마가 책 쓴다고 정신적, 육체적으로 무리를 많이 했는데 잘 버티고 건강하게 태어나줘서 정말 고맙고 사랑해. 엄마가 책 쓰면서 태교한 덕에 네가 지금 똑똑한 거다!

1장

진짜 기본
먹거리
관리법

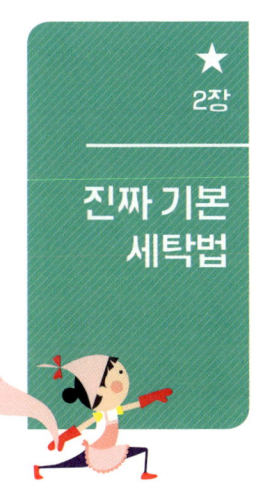

★
2장

진짜 기본
세탁법

★
3장

진짜 기본
수납 &
리폼

★
4장

진짜 기본
위생
관리법

★
5장

진짜 기본
청소법

천연세제 살림법

한 TV 프로그램에서 조사한 바로는 성인 한 명이 하루 먹는 유해물질의 양이 약 1리터에 달한다고 합니다. 그 1리터 안에는 매연, 공해, 담배 연기 등이 있는데, 그중 가장 큰 비율을 차지한 것이 놀랍게도 '세제 찌꺼기'였습니다. 가정에서 어떤 세제를 사용해 살림하는지가 얼마나 중요한지 일깨워준 조사였습니다.

먹거리 관리, 세탁, 청소, 위생 관리, 수납과 정리 등 이 책의 기본 살림법 곳곳에서 만날 세제가 두 가지 있습니다. '마법의 하얀 가루'로 불리는 베이킹소다와 구연산이죠. 베이킹소다와 구연산은 100% 천연 성분으로 식품첨가물로 사용할 만큼 안전합니다. 게다가 설거지, 세탁, 살균 등 다방면에 걸쳐 뛰어난 효과를 보일뿐만 아니라 가격도 저렴해 경제적이기까지 합니다.

우리 가족의 건강을 생각한다면 세제 하나도 꼼꼼히 살피고 공부할 필요가 있습니다. 살림법을 본격적으로 알아보기 전에 살림 전 분야에 걸쳐 고루 사용되는 베이킹소다와 구연산에 대해 살펴보겠습니다.

마법의 하얀 가루, **베이킹소다** 대해부

베이킹소다는 바닷물이 증발하고 남은 천연 침전물인 탄산수소나트륨에서 불순물을 제거해 만든 천연 미네랄 물질입니다. 베이킹소다는 제조 과정에 따라 의약용, 식용, 농업용, 공업용으로 다양하게 나뉘는데, 식용 베이킹소다는 피부나 치아 관리에도 사용할 만큼 안전합니다. 지금부터 베이킹소다 사용법과 주의 사항을 자세히 알아보겠습니다.

베이킹소다의 세정 원리

약알칼리성을 띠는 베이킹소다는 때를 흡수해 약알칼리성을 계속 유지하려고 합니다. 이 과정을 '중화'라고 합니다. 생활 속에서 생겨나는 많은 오염은 대부분 산화가 진행되어 형성된 것들입니다. 이렇게 산성화된 오염물에 약알칼리성인 베이킹소다를 사용하면 중화가 되어 오염이 제거되는 것입니다.

구연산(식초)과의 관계

흔히 '친환경 세제 3총사'라고 부르는 것이 베이킹소다, 구연산, 식초입니다. 구연산과 식초는 살균 기능이 뛰어납니다. '베이킹소다로 때를 분해하고, 구연산(식초)으로 헹궈 소독한다'는 개념으로 친환경 세제 3총사를 구분해 사용하면 됩니다. 알칼리성의 생선 비린내, 화장실의 암모니아 냄새, 담배 연기, 물때나 요석 등은 알칼리성이라 베이킹소다로 없앨 수 없습니다. 알칼리성 오염은 산성인 구연산(식초)으로 제거합니다(구연산에 대한 자세한 내용은 20쪽 참조).

> ❗ **베이킹소다 사용 시 주의할 점**
> - 베이킹소다의 약알칼리성은 알루미늄이나 대리석을 부식시킬 수 있으니, 싱크대 상판이나 알루미늄 소재의 냄비 등에는 사용하지 않도록 합니다.
> - 베이킹소다로 청소하고 충분히 닦지 않으면 마른 후 하얀 가루 등 자국이 남으므로 충분히 헹굽니다.

베이킹 소다의 효능

● **중화 작용** 약알칼리성을 띠고 있는 베이킹소다는 지방산이라는 산성 물질로 이루어진 기름때 등을 중화시켜 때를 쉽게 제거합니다.

● **연마 작용** 베이킹소다에 물을 조금 묻혀 스테인리스 냄비 등의 표면을 문지르면 미세한 입자가 연마 작용을 해 얼룩과 오염이 제거됩니다. 또 입자가 곱기 때문에 표면에 상처를 남기지 않습니다.

● **연수 작용** 베이킹소다는 물속에 들어있는 칼슘이나 마그네슘을 흡착해 경수를 연수로 바꿉니다. 연수로 세탁이나 설거지를 하면 세정력이 더 높아집니다. 식용 베이킹소다를 물에 녹여 세안하면 피부도 매끄러워집니다.

● **탈취·흡습 작용** 베이킹소다는 산성을 띠는 불쾌한 냄새들을 화학적으로 중화해주고, 습기나 수분을 빨아들이는 성질이 있습니다. 냉장고나 신발장 등에 넣어두면 습기와 냄새를 잡을 수 있습니다.

● **발포 팽창 작용** 베이킹소다가 산을 중화하는 과정에 이산화탄소 가스가 발생합니다. 베이킹소다에 구연산(식초)을 섞으면 보글보글 거품이 발생하는 것도 이와 같은 원리입니다. 이렇게 생긴 이산화탄소 거품은 찌든 때를 불려 쉽게 벗겨지게 하고 살균소독을 해줍니다.

베이킹 소다 활용하기

베이킹소다는 설거지, 빨래, 싱크대·욕실 청소, 과일·채소 세척, 피부관리 등 아주 다양 용도로 활용할 수 있습니다.

'천연 세정제' 베이킹소다수 만들기

 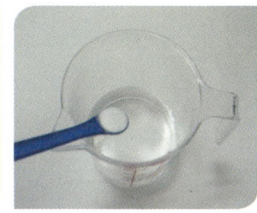 

1 미지근한 물과 베이킹소다를 100:1의 비율로 섞습니다. 일반적으로 사용하는 물컵을 기준으로 한 컵(약 200ml)에 티스푼으로 반 스푼(20g) 정도 넣어주면 1% 농도의 베이킹소다수를 만들 수 있습니다.

2 베이킹소다가 완벽하게 녹을 때까지 젓습니다.

베이킹소다를 완전히 녹이지 않고 분무기에 넣으면 분무기 노즐이 막혀요.

3 분무기에 담아 청소할 때 사용합니다. 베이킹소다는 농도가 8%가 넘으면 더 이상 물에 녹지 않습니다. 무턱대고 많이 넣는다고 세정력이 올라가는 게 아니니 적당량만 넣어주세요. 농도가 1%만 되어도 때를 분해하는 데 손색없습니다.

베이킹소다 페이스트 만들기

베이킹소다수로 쉽게 지워지지 않는 찌든 때는 베이킹소다에 물을 조금만 섞어 죽처럼 만들어 사용하세요. 페이스트에 남아있는 베이킹소다 입자가 때를 쉽게 제거합니다.

미지근한 물 1스푼, 베이킹소다 2스푼을 섞습니다. 찌든 때가 있는 부분에 베이킹소다 페이스트를 펴 바른 다음, 칫솔이나 수세미 등으로 부드럽게 문지르고 행주로 닦아냅니다.

물과 베이킹소다는 1:2 비율로 섞되 찌든 때의 정도에 따라 농도를 조금씩 조절합니다. 베이킹소다 페이스트는 쉽게 굳기 때문에 사용할 만큼만 만들어 바로바로 사용하는 게 좋습니다.

베이킹소다의 짝꿍, 구연산

백색 분말 형태인 구연산은 레몬이나 감귤류의 과일에도 들어있는 무색무취의 염기성 산 결정체입니다. 당밀을 발효시켜 만든 100% 천연 성분으로, 인체에 해가 없고 살균과 연수 작용이 뛰어납니다. 식초와 기능은 같지만, 시큼한 냄새가 없고 더 저렴해 가정에서 청소나 살균할 때 사용하기 좋습니다.

구연산의 효능

세균 증식 억제 구연산은 잡균이 증식하지 않도록 세균의 활동을 억제하는 정균 작용을 합니다.

물때나 요석 등의 단단한 물질을 용해·박리 베이킹소다로 분해되지 않는 물때나 변기에 눌어붙은 요석 등 산성 오염물은 구연산을 만나면 단단함이 물러져 쉽게 제거할 수 있습니다.

연수 작용 구연산은 물을 부드럽게 만들어주고 남아 있는 세제 성분을 녹여줍니다. 세탁이나 머리를 감을 때 마지막 단계에서 섬유유연제와 린스 대신 사용하면 의류나 모발을 부드럽게 만듭니다.

알칼리성 오염원과 악취 중화 화장실의 암모니아 냄새, 생선 비린내, 담배 냄새는 알칼리성 악취로 산성인 구연산을 이용해야 효과적으로 제거할 수 있습니다. 스테인리스 제품이나 전기주전자 안에 미네랄 얼룩이나 물때가 생겼을 때 구연산으로 닦으면 반짝반짝 새것처럼 만들 수 있습니다.

구연산 활용하기

구연산은 섬유유연제와 린스 대용, 각종 용품 소독(정균 및 살균), 가습기 및 전기주전자와 스테인리스 제품 세척에 사용할 수 있습니다. 알칼리성인 베이킹소다와 산성인 구연산을 섞으면 중화 작용이 일어나 탄산가스 거품이 발생하면서 찌든 때를 더 효과적으로 제거합니다.

구연산수 만들기

구연산은 아무 냄새가 나지는 않지만 산도가 높기 때문에, 물로 씻어낼 수 없는 곳에 사용한다면 산도가 5%를 넘기지 않는 게 좋습니다.

  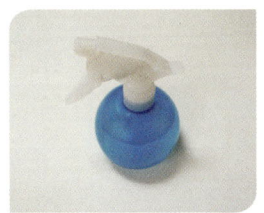

1 1% 구연산수 만들기
물 1리터 + 구연산 10g(밥숟가락으로 한가득 1스푼 정도)

5% 구연산수 만들기
물 1리터 + 구연산 50g(밥숟가락으로 한가득 5스푼 정도)

2 분무기에 넣어 사용할 경우 구연산을 완전히 녹여야 분무기 노즐이 막히는 것을 방지할 수 있습니다.

- 변기나 욕실 샤워기, 무선주전자 등 청소 후 물로 헹굼이 가능할 경우 : 가루를 뿌리거나 적당량 물에 섞어서 사용합니다.
- 가전제품의 외관 등을 닦는 용도로 사용할 경우 : 5% 구연산수를 사용합니다.
  패브릭 소파, 쿠션, 인형 장난감 등의 소독용으로 사용할 경우 : 1% 구연산수를 사용합니다.

> **❗ 구연산 사용 시 주의할 점**
> - 구연산의 산성 성분이 염소계 제품(락스)과 만나면 염소가스가 발생합니다. 염소가스는 흡입할 경우 인체에 매우 위험하니 절대 락스와 섞어서 사용하지 않도록 합니다.
> - 순수한 대리석 벽이나 타일 등에 사용하면 표면이 녹아 윤기가 없어지므로 대리석이나 타일에는 사용하지 않도록 합니다.
> - 쇠로 된 제품을 구연산에 오래 담가둘 경우 녹이 생길 수 있습니다.

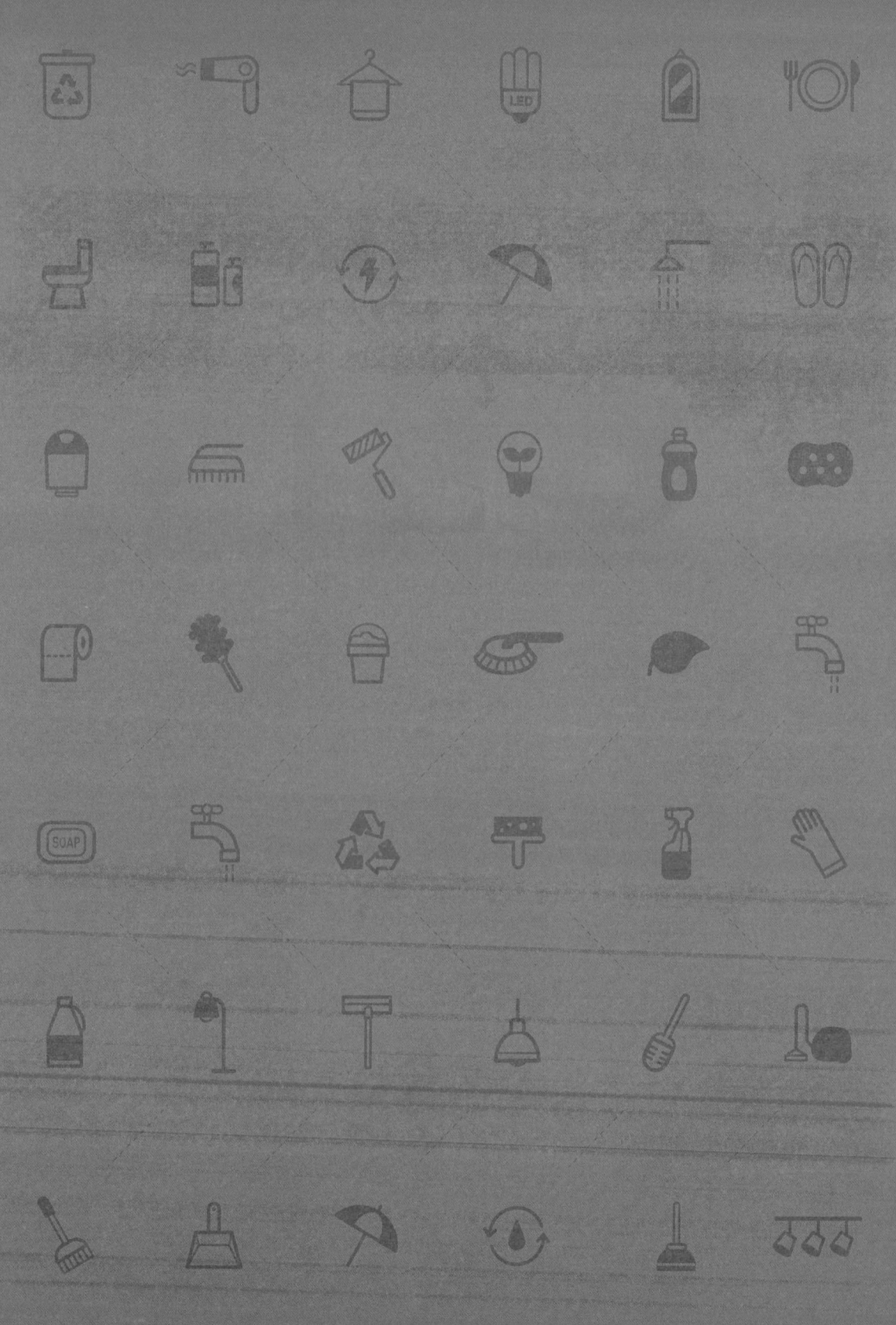

1장

진짜 기본
먹거리
관리법

다진마늘 냉동보관할 땐 비닐과 자를 준비하세요

한식에 빠지지 않는 다진마늘. 통마늘을 사서 음식을 할 때마다 필요한 만큼 까서 다져 쓰고 싶은 마음이야 굴뚝같습니다. 방금 다진마늘의 톡 쏘는 알싸한 향은 미리 다져 놓은 마늘이나 냉동한 마늘이 따라갈 수 없으니까요. 하지만 매번 마늘을 까고 다져야 한다면 음식 준비만으로도 정신없는 우리 주부들에게는 너무 가혹합니다. 게다가 마늘을 다질 때마다 여기저기 배는 냄새를 없애는 것 또한 여간 번거로운 일이 아닐 수 없습니다.

궁극의 맛보다는 조금이라도 편하고 신속한 게 우선인 주부라면, 이제부터 마늘은 한 번에 많이 다져서 냉동 보관해보세요. 냉동실에 보관한 다진마늘은 맛과 색의 변화가 아주 미미합니다. 하지만 다진마늘을 덩어리째 얼리면, 음식할 때 소량씩 사용하기 힘드니 필요한 만큼만 쉽고 편하게 쓸 수 있는 보관법을 궁리해 보겠습니다.

준비물

다진마늘, 젓가락(또는 자), 위생비닐(또는 얼음틀)

1 다진마늘을 위생비닐에 넣은 다음, 쟁반 위에 올린 후 얇게 펼칩니다.

마늘 양이 많을 때는 믹서나 절구 등을 사용해 다지는 것도 한 방법입니다.

2 위생비닐 대신 얼음틀에 얼려도 좋습니다.

얼음틀에 마늘 냄새가 배는 게 염려된다면 얼음틀에 랩을 깔고 담아 얼리거나, 다진마늘 전용 얼음틀을 사용해보세요.

3 얇게 편 다진마늘을 젓가락이나 자를 이용해 가로세로 칸칸이 나눕니다.

다진마늘 한 조각의 양을 1큰술이나 1작은술 등 요리할 때 자주 사용 계량 단위에 맞춰놓으면 더 편리합니다.

4 네모나게 나눈 다진마늘은 쟁반 위에 올린 상태로 냉동실에서 얼립니다.

5 마늘이 완전히 얼면 한 조각씩 뗍니다.

6 한 조각씩 떼어낸 마늘은 통에 옮겨 냉동보관합니다.

7 얼린 다진마늘은 냉동실에서 꺼내서 바로바로 사용하거나, 2~3일 사용할 양만큼 작은 반찬통에 담아 냉장보관하고 필요할 때 꺼내 사용합니다.

8 편으로 썬 마늘도 위생비닐에 넣어 냉동보관하면 요리할 때 편리합니다.

비닐 중간을 묶어 한 번 사용할 양만큼 나눈 다음 냉동하세요.

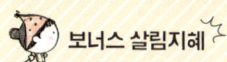
보너스 살림지혜

요리에 스피드를 불어넣는 양념 재료 얼음 큐브

생강도 마늘처럼 한꺼번에 다진 다음 냉동해두고 사용하면 편리합니다. 일반적으로 요리할 때 생강은 마늘보다 적게 넣기 때문에, 얼음 큐브 크기를 마늘보다 작게 만드세요. 울퉁불퉁 생강껍질 벗기는 게 어렵다면 양파망을 이용해보세요. 양파망으로 살살 문지르면 생강껍질이 쉽게 벗겨집니다.

양파나 배도 넉넉히 갈아서 얼음틀에 얼려놓으면, 고기 재울 때 아주 편리합니다.

간 양파 얼음 큐브

버터 유통기한 늘리고
설거지거리를 줄이는
냉동의 마법

1 도마 위에 종이 포일이나 알루미늄 포일을 깝니다.

포일을 깔아두면 버터를 자른 후 도마를 세척할 필요가 없어요.

조금만 사용해도 음식의 풍미를 살려주는 버터. 버터는 사용하는 빈도에 비해 유통기한이 짧아서 유통기한 안에 다 쓰지 못하고 버리는 경우가 많습니다.

한번 요리할 때 사용하는 양도 많지 않은 편인데, 대다수 버터는 덩어리째 포장되어 있어서 쓸 때마다 잘라 쓰고 재포장해야 하는 번거로움이 있습니다. 또 자를 때마다 여기저기 버터가 묻어 뒤처리하는 수고가 필요합니다.

버터를 냉동보관하면 좀 더 오래 두고 먹을 수 있고, 버터를 여기저기 묻히지 않고 깔끔하게 사용할 수 있습니다.

덩어리 버터를 자주 사용하는 양만큼 작게 잘라서 통에 넣어 냉동실에 보관하세요. 요리할 때 한 조각씩 꺼내 쓰면 번거로운 과정이 확 줄어듭니다.

2 종이 포일을 깐 도마 위에서 버터를 감싸고 있는 종이를 펼칩니다.

3 칼에 알루미늄 포일을 감싸주세요.

1~3번 과정은 버터가 묻은 도마와 칼을 씻는 번거로움을 없애기 위한 과정이므로 생략해도 됩니다.

준비물

버터, 칼, 알루미늄 포일(또는 종이 포일), 밀폐용기

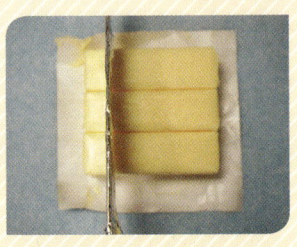

4 알루미늄 포일을 감싼 칼로 버터를 1회 사용할 양만큼 자릅니다.

요리마다 필요한 버터 양이 다르기 때문에, 자른 버터를 다시 손으로 쉽게 자를 수 있도록 납작하게 자르는 것이 좋습니다.

5 버터가 물컹거릴 땐, 냉장고에 잠시 넣어뒀다가 자르면 좀 더 깔끔하게 자를 수 있습니다.

6 자른 버터를 밀폐용기나 위생비닐에 넣습니다.

버터나 마가린은 음식 냄새를 잘 흡수합니다. 반드시 밀폐해서 보관하세요.

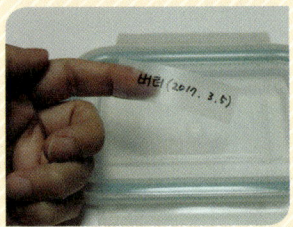

7 밀폐용기 뚜껑에 보관 일자를 적습니다.

버터는 냉동실에 넣어두면 최장 60일간 보관할 수 있습니다.

8 밀폐용기의 뚜껑을 닫은 다음 냉동실에 넣습니다.

9 버터가 필요할 때 한 조각씩 꺼내 쓰세요.

 보너스 살림지혜

버터 고를 때 유지방 함량을 꼭 확인하세요

버터는 유지방 함량에 따라 천연버터와 가공버터로 나뉩니다. 천연버터는 유지방(우유 속 지방) 함량이 80% 이상인 제품입니다. 가공버터는 유지방에 유화제, 조미료, 향료, 색소, 보존료 등을 섞은 제품입니다. 50~79%의 유지방에 마가린을 만드는 팜유와 같은 식물성 유지를 19~50% 섞습니다. 무조건 천연버터가 좋다고 할 수는 없습니다. 가공버터는 천연버터에 비해 가격이 저렴합니다.

그런데 문제는 '홈버터', '발효숙성버터' 등의 이름으로 소비자를 혼란스럽게 하는 제품들입니다. 버터 이름이 천연버터를 연상시킬 뿐만 아니라, 가공버터임에도 가격이 비싼 편입니다. 버터를 구입할 때는 포장지 뒷면에 '가공버터'라고 쓰여 있는지 꼭 확인하세요. 대체로 작은 글씨로 쓰여 있으니 '매의 눈'으로 꼼꼼히 살피세요.

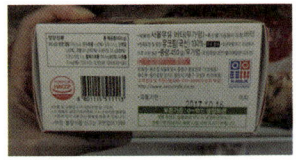

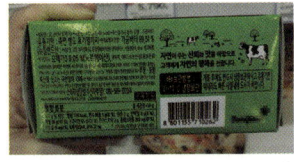

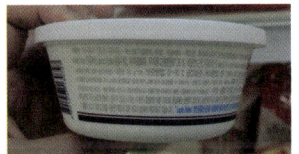

생참깨 볶고
절구 없이 깨소금 만들기

1 생참깨를 넓은 그릇에 담아 손으로 훑으며 불순물을 골라냅니다.

2 볼에 깨를 넣고 물을 부어 뜰채로 돌려가며 씻습니다.

깨는 불포화지방산이 풍부해서 피부 미용과 건강에도 좋습니다. 또한 고소한 맛과 향으로 음식의 맛을 업그레이드해줘 많은 음식에서 감초 역할을 합니다.

가끔 이런 걸 묻는 분들이 계십니다. 직접 농사지은 깨라고 하는데 생김새가 조금 달라 먹기가 망설여진다는 것이지요. 마트나 시장에서 사 먹는 깨는 동글동글 통통해서 깨가 처음부터 그렇게 생긴 줄 알고 계신 분들이 많습니다. 생참깨는 아주 납작합니다. 생참깨를 열을 가해 볶으면 그제야 동그스름하고 통통해지면서 고소한 향을 냅니다.

볶아서 파는 깨도 고소하지만, 생참깨를 집에서 직접 볶아 먹기 시작하면 차원이 다른 고소함에 매료되어 계속 볶아 먹게 된다고 합니다. 다만 깨를 씻고 볶는 과정이 좀 번거로울 수 있어서 조금은 부지런할 필요가 있습니다. 지금부터 깨를 씻고 볶는 과정을 살펴보겠습니다.

3 뜰채로 계속 깨를 돌려가며 위에 뜨는 깨들을 건져냅니다.

국산 참깨는 적은 양을 생산하기 때문에 검불 등을 일일이 수작업으로 없애는 경우가 많아요. 그래서 중국산 참깨보다 검불이나 이물질이 좀 더 많을 수 있어요.

준비물

생참깨, 볼, 뜰채, 채망, 프라이팬

4 바닥에 가라앉은 돌이나 불순물은 버립니다.

5 2~4번의 과정을 세 번 이상 반복합니다.

6 5번의 깨를 채망에 담은 다음 물로 씻습니다.

7 깨는 물에 오래 담가 놓으면 맛이 떨어지므로, 씻자마자 채반에 담아 물기를 탈탈 턴 다음 기름을 두르지 않은 프라이팬에 바로 볶아주세요.

8 깨의 물기가 사라질 때까지 센불에 볶습니다. 물기가 사라지고 나면 약한 불로 줄인 다음, 납작했던 깨가 동글동글해질 때까지 계속 볶습니다.

깨가 어느 정도 볶아지면 톡톡 튀기 시작합니다.

9 깨에 남은 열기를 완전히 식힌 다음 통에 담습니다.

색깔이 살짝 노릇해지고 고소한 향이 나면 깨 볶기 완성입니다! 깨에 열기가 남아 있을 때 담으면 깨를 담은 그릇에 습기가 생길 수 있어요.

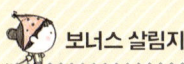 보너스 살림지혜

절구 없이 깨소금 만드는 방법

나물을 무치거나 주먹밥을 만들 때 깨소금을 넣으면 훨씬 고소합니다. 커피 원두도 그렇지만 깨도 빻고 시간이 지나면 맛과 향이 옅어져서, 깨소금은 넉넉히 만들어서 두고두고 사용하는 게 불가능합니다. 요리할 때마다 절구 꺼내고, 깨 빻고, 설거지하는 게 번거롭게 느껴지셨다면, 이제 비닐봉지와 숟가락만 준비하세요. 금세 깨소금을 만들 수 있을 뿐만 아니라, 설거지거리도 제로입니다.

1 지퍼백에 볶은 깨를 넣고 평평하게 폅니다.

2 숟가락으로 깨를 눌러 으깹니다.

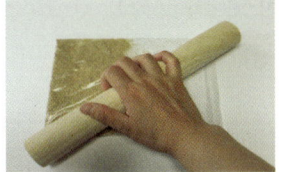

3 양이 많을 때는 밀대나 유리병으로 쭉쭉 밀어 깨를 으깹니다.

깨소금이 남으면 지퍼백째 보관하세요.

숟가락 하나로
개봉한 **두부팩** 밀봉하기

식구가 많지 않은 집에서는 두부를 한 모 사면 한 번에 다 먹는 경우가 거의 없습니다. 거기다 요즘은 두부를 두 모씩 묶어 저렴하게 파는 행사도 많고요. 그래서 두부 요리를 하고 나면 남은 두부를 어떻게 처리해야 할지 고민에 빠집니다.

오랫동안 보관하고 싶다면 두부를 으깬 다음 수분을 최대한 제거한 후 한 번 먹을 분량씩 랩에 싸서 냉동실에 넣어두고 필요할 때마다 꺼내서 사용하면 좋습니다. 하지만 보슬보슬 으스러진 두부는 아무래도 찌개나 부침요리에 사용하기에는 무리가 있습니다.

그럼 지금부터 두부 모양은 그대로 유지하면서 한 모를 남김없이 먹을 수 있는 두부 보관법에 대해 알아보겠습니다.

준비물
요리하고 남은 두부, 밀폐용기, 생수, 소금,
스테인리스 숟가락

1 두부 팩에 함께 들어있던 물을 싹 버립니다.

2 두부를 적당한 크기의 밀폐용기에 옮겨 담습니다.

3 두부가 들어있는 밀폐용기에 두부가 잠길 정도로 생수를 붓습니다.

4 소금을 소량 섞어서 간수와 비슷한 농도를 만듭니다.

전자레인지나 끓는 물에 두부를 살짝 데친 뒤 보관하면 좀 더 오래 보관할 수 있어요.

5 밀폐용기 뚜껑을 닫고 두부의 유통기한을 적은 다음 냉장고에 보관합니다.

2~3일에 한 번씩 물을 갈아줍니다. 이렇게 보관한 두부는 최고 10일까지 보관할 수 있습니다.

6 적당한 밀폐용기가 없거나, 여행지에서 두부를 밀봉 상태로 보관하고 싶다면 스테인리스 숟가락을 준비합니다. 가스레인지 등을 이용해 숟가락을 불에 달굽니다.

7 달군 숟가락으로 두부 포장 용기와 용기를 덮는 비닐이 맞붙는 부분을 꾹꾹 눌러 밀봉합니다.

숟가락을 좌우로 왔다 갔다 하지 말고 꾹꾹 눌러줘야 잘 붙어요!

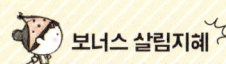 보너스 살림지혜

두부, 먹지만 말고 피부에도 양보해 보세요

두부로 팩을 하면 단백질이 피부에 스며들어 푸석푸석하고 건조한 피부에 윤기가 돕니다. 그리고 여드름과 피부 트러블의 원인이 되는 피지 배출도 도와줍니다.

1 두부는 한 시간 이상 물에 담가 간수를 뺀 다음, 팔팔 끓인 물에 데칩니다.

2 데친 두부는 얇게 썬 다음, 체온과 비슷해졌을 때 얼굴에 붙입니다.

3 30분이 지나면 두부를 떼어내고 미온수로 세안합니다.

육류에서 야채까지
세균 걱정 없는
안심 **해동**의 모든 것

• 소고기, 돼지고기 등 육류 해동법
• 생선 해동법
• 떡 해동법
• 채소, 나물 해동법
• 국 해동법

냉동은 식재료의 맛과 영양을 오랫동안 유지하는 보관법입니다. 식구가 적어 한 끼에 소비하는 식재료의 양이 많지 않거나, 날마다 장 보기 어려운 경우 냉동은 선택이 아닌 필수입니다. 시간적 여유가 있을 때 재료를 한꺼번에 손질해서 얼려두었다가 필요한 양 만큼 꺼내 쓰면 요리 시간을 단축할 수도 있습니다.

재료 본연의 맛과 영양을 살려 냉동하는 것만큼 중요한 것이 위생적으로 해동하는 것입니다. 재료마다 해동 방법에 차이가 있지만, 모든 재료에 동일하게 적용되는 원칙 한 가지는 '한번 해동한 식품은 다시 냉동하지 않는다'는 점입니다. 녹았다가 다시 얼릴 경우 미생물이 번식할 수 있기 때문이지요. 또 냉동한 식재료를 상온에서 천천히 해동하면 식중독균이 번식할 가능성이 커집니다. 냉장실이나, 차가운 물, 전자레인지 등을 이용해 빠르게 해동하세요.

냉장·냉동하면 안 되는 식품

냉동 금지

수분이 많은 채소 상추, 오이, 무 등 수분이 많은 채소는 얼리면 수분이 증발하며 조직감이 변해 먹을 수 없게 됩니다.

생 잎채소 시금치나 배추 등의 잎채소를 생으로 얼리면 식감이 변합니다. 잎채소는 끓는 물에 데쳐 물기를 적당히 짠 다음 얼리세요.

감자 생감자는 얼리면 색이 변하고 해동하면 수분이 빠져나가 푸석푸석해집니다.

마요네즈 기름과 달걀이 분리돼 층을 이루며 얼기 때문에 나중에 사용하기 어려워집니다.

냉장 금지

올리브유 올리브유는 8℃ 이하에서 보관하면 버터처럼 응고됩니다.

꿀 꿀은 온도가 15℃ 이하로 떨어지면 포도당 성분이 설탕처럼 굳습니다.

빵 냉장보관하면 수분이 빠져 딱딱해집니다.

감자 냉장보관하면 아크릴아마이드라는 유해 물질이 생성됩니다.

마요네즈 낮은 온도로 보관하면 내용물이 분리돼 세균이 번식할 가능성이 높아집니다.

초콜릿 초콜릿은 습기와 냄새를 잘 흡수하는 성질이 있어 밀폐하지 않고 냉장보관하면 반찬 냄새가 뱁니다.

소고기, 돼지고기 등 육류

냉동한 육류를 빠르게 해동하면 고기의 풍미가 떨어지고
식감이 퍽퍽해집니다. 냉동한 육류는 냉장실에서 천천히
해동해야 맛과 신선도를 유지할 수 있습니다.

고기를 해동할 때는 냉장고 냄새가 배지 않도록 랩이나 비
닐에 포장된 상태 그대로 해동합니다.

시간이 촉박하다면 차가운 물에 담가두거나 전자레인지에
살짝 돌려 사용합니다.

차가운 물에 담가둘 경우 물의 온도가 올라가지 않도록 물
을 수시로 교체해 주고, 전자레인지로 해동할 경우 얼어
있는 것을 녹이는 정도로만 짧게 열을 가합니다.

생선

냉동된 생선 역시 냉장실에서 천천히
해동하는 것이 좋습니다. 생선 비린내
가 냉장고에 밸 수 있으므로 비닐에 포
장된 상태 그대로 밀폐용기에 넣어 해
동합니다.

냉장 해동이라도 한번 냉동했던 생선을
오랜 시간 냉장실에 두는 건 좋지 않습
니다. 냉장실로 옮긴 뒤 12시간 이내에
는 사용하도록 합니다.

해동 시간이 부족할 경우 비닐에 넣은
상태로 찬물에 담가둡니다. 물의 온도
가 높아지면 세균이 증식할 수 있으니
찬물을 수시로 교체합니다.

떡

냉동한 떡은 전자레인지에 돌리면 수분이 날아가 표면이 딱딱해지고 질겨집니다. 냄비에 물을 넣은 다음 찜기에 올려 살짝 찌는 게 가장 좋은 해동 방법입니다. 떡을 얼릴 때 한번에 먹을 만큼 잘라서 얼리면 해동할 때 훨씬 편리합니다.

말랑말랑할 때 냉동한 떡은 냉동실에서 꺼내 실온에 3시간 정도 두면 다시 말랑말랑해집니다.

채소, 나물

나물은 살짝 데친 다음 물기를 빼고 한 끼 먹을 분량으로 나누어 얼리는 게 좋습니다.

얼린 채소나 나물은 상온에 두면 바로 시들기 때문에 조리할 때 바로 음식에 넣어 주는 게 좋습니다.

데쳐서 얼린 나물은 실온에 3시간 정도 두면 알맞게 해동됩니다. 해동한 나물은 찬물에 살짝 헹궈 물기를 꼭 짜서 무치면 방금 데친 나물 같아요.

애매하게 남은 채소는 잘게 다져 냉동했다가 볶음밥 만들 때 사용하면 좋습니다.

무쳐먹을 용도의 나물이라면 얼릴 때 물기를 완전히 짜지 마세요. 수분이 너무 없으면 나물이 냉동실 안에서 건조해져요.

국

얼린 국이 비닐과 분리될 정도로 전자레인지로 살짝만 해동한 다음, 냄비에 넣고 끓여서 완전히 녹입니다. 국은 우유팩에 한 끼 분량씩 넣어 얼리면 보관과 해동이 쉽습니다.

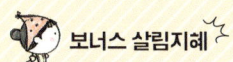
안전한 냉동을 위한 다섯 가지 원칙

1 공기를 차단해서 냉동한다

공기가 들어가면 식재료의 수분이 빠져나가고 산화돼 맛이 떨어집니다. 냉동할 때는 지퍼백을 평평하게 만들어 공기를 빼내고, 공기를 빼내기 힘든 식재료는 빨대로 공기를 흡입해서 밀폐합니다. 랩은 눈에 보이지 않는 구멍으로 공기가 들어가기 때문에, 랩에 싼 식재료는 다시 지퍼백에 넣어 보관합니다.

2 1회 사용할 분량씩 나눠서 냉동한다

냉동과 해동을 반복하면 세균이 번식할 가능성이 커져요. 1회분씩 나눠두면 해동 시간도 단축할 수 있어요.

3 재료명과 날짜를 적어둔다

냉동실을 너무 맹신해서는 안 돼요. 냉동실 안에서도 음식은 조금씩 변합니다. 냉동할 때는 내용물이 잘 보이도록 투명한 비닐이나 용기에 보관하고, 재료명과 날짜를 반드시 적어두세요.

4 확실히 식혀서 냉동한다

식재료를 식히지 않고 그대로 얼리면 물방울이 맺혀 맛이 떨어지고, 냉동실 온도를 올려 다른 식품이 상하는 원인이 됩니다.

5 액체류는 용기의 2/3만 채운다

액체는 얼리면 부피가 늘어나기 때문에, 가득 채워 얼리면 용기나 비닐이 터질 위험이 있어요.

빨대로 공기를 완전히 빼주세요.

랩에 싼 식품은 지퍼백으로 한 번 더 포장하세요.

1회분씩 나눠서 얼리세요.

스타킹 하나만 있으면 **양파**를 무르지 않게 오래 보관할 수 있다!

어떤 재료와도 잘 어울려 음식의 맛을 높여줄 뿐 아니라 육류나 생선 특유의 잡내를 잡아주는 양파. 열량이 낮고 콜레스테롤을 억제해주어 건강에도 좋은 채소지요. 양파는 파와 마늘만큼이나 우리 음식에서 빠질 수 없는 재료지만, 보관이 쉽지 않습니다. 특히 식구가 적은 집에서는 양파 한 망을 사다 놓으면 곰팡이 피고 물러서 버리는 게 3분의 1 정도 됩니다.

구입 당시 양파망에 들어 있던 상태 그대로 두면 양파가 금세 물러버립니다. 양파는 서로 닿지 않게 해서 서늘한 곳에 보관해야 합니다. 오래 보관해야 하는 경우라면 껍질을 벗겨 냉장보관하는 것이 좋아요. 이때도 양파는 하나씩 개별 포장해야 합니다.

오랫동안 신선한 양파를 먹으려면 무엇보다 신선한 양파를 사야겠죠. 신선한 양파는 껍질이 잘 말라 광택이 나고 무게가 있고 만져보았을 때 단단한 느낌이 듭니다. 손으로 눌러보았을 때 물렁물렁한 느낌이 든다면 썩어있을 가능성이 큽니다.

준비물

올 나간 스타킹, 위생비닐, 알루미늄 포일

실온보관법

1 올 나간 스타킹에 양파를 한 개 넣습니다.

올 나간 스타킹은 버리지 말고 세탁해서 모아 뒀다가 양파 보관과 청소에 활용하세요.

2 양파 바로 위에서 매듭을 짓습니다.

양파와 감자를 함께 보관하면 감자가 수분을 배출해 양파의 부패를 촉진해요.

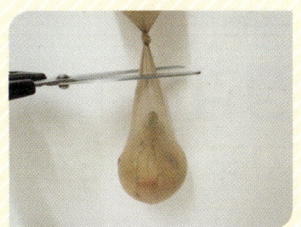

3 올 나간 스타킹에 양파를 더 넣고 사진처럼 양파 위에서 매듭을 짓습니다. 이 과정을 4~5회 반복합니다.

매듭을 짓는 이유는 양파끼리 닿지 않게 하기 위해서입니다. 스타킹 하나당 양파가 다섯 개 정도 들어갑니다.

4 양파를 서늘한 장소에 매달아 보관합니다.

통풍이 잘되고 양파끼리 닿지 않아야 양파를 오랫동안 보관할 수 있습니다.

5 양파를 사용할 땐 가위로 매듭 아래를 톡! 잘라서 쓰면 간편합니다.

냉장보관법 실온에서보다 더 오랫동안 보관할 수 있습니다.

1 양파의 껍질을 벗기고, 뿌리와 머리 쪽을 자릅니다.

2 양파를 물로 씻은 다음 키친타올로 닦거나 건조시켜 물기를 완벽하게 제거합니다.

3 위생비닐에 양파를 하나씩 넣고 공기가 들어가지 않도록 묶은 다음, 바구니나 통에 담아 냉장고에 보관합니다.

위생비닐 대신 비닐 랩이나 알루미늄 포일로 양파를 하나씩 감싸는 것도 좋습니다.

냉장고에
생감자가 들어 있다면
지금 당장 쓰레기통에 버려라!

감자는 햇빛을 받으면 껍질이 녹색으로 변하면서 싹이 납니다. 감자 싹에는 독성물질인 솔라닌이 들어 있으므로 섭취해서는 절대 안 됩니다. 솔라닌은 열을 가해도 분해되지 않습니다. 감자는 싹이 나지 않게 보관하는 게 중요한데요. 싹이 나지 않게 하려면 수분과 햇볕 두 가지를 차단해주어야 합니다. 만약 감자에 싹이 났다면 싹이 난 부분을 깊게 도려낸 후 먹습니다.
감자는 그늘지고 바람이 잘 통하는 곳에 보관합니다. 감자의 보관 온도는 5~10도가 적당합니다. 일반적으로 냉장고의 냉장실은 온도가 2도 정도입니다. 냉장실에서 감자를 보관하면 감자가 스트레스를 받아 감자 속 전분이 당분으로 바뀌면서 좋지 않은 단맛이 증가하고 식감도 나빠집니다. 그리고 감자를 4도 이하에서 보관하면 발암물질 '아크릴아마이드'가 생성됩니다. 생감자는 될 수 있으면 냉장보관하지 않도록 합니다.

준비물
신문지, 종이상자나 종이가방, 바구니, 검정 비닐봉지, 밀폐용기

감자는 구입 후 서늘한 곳에 신문지를 깔고 띄엄띄엄 놓은 다음, 껍질에 묻은 흙이 바짝 마르면 종이상자나 바구니 등으로 옮깁니다. 감자에 수분이 남아 있으면 금방 썩어요.

바구니에 보관

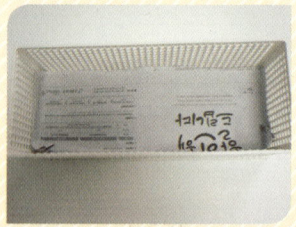

1 감자를 담을 바구니 바닥에 신문지를 깝니다.

2 감자를 듬성듬성 넣은 다음 햇빛이 들지 않고 통풍이 잘되는 서늘한 곳에 보관합니다.

종이상자에 보관

1 종이가방이나 종이상자에 신문지를 깔고 감자를 듬성듬성 넣어 보관합니다.

바람이 잘 통해야 하니 코팅된 쇼핑백이나 상자보다는 코팅되지 않은 종이가방이나 골판지로 되어 있는 상자가 좋아요.

2 감자의 양이 많을 경우, 층마다 신문지를 깔고 감자를 넣습니다.

신문지 - 감자 - 신문지 - 감자 - 신문지

3 사과를 하나 넣어주면 사과에서 나오는 에틸렌 가스가 감자 싹이 나는 걸 방해합니다.

감자 10kg 당 사과 하나 정도가 적당합니다. 감자와 양파는 둘 다 쉽게 상하고 무르기 때문에 같은 공간에 두지 않는 게 좋습니다.

껍질 벗긴 감자 보관

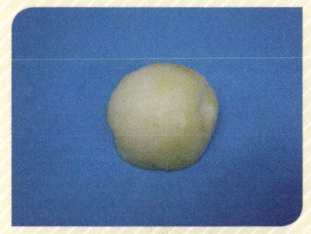

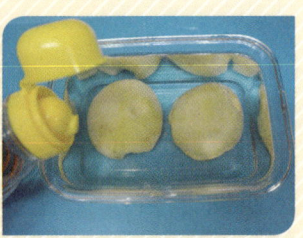

1 요리하고 남은 껍질 벗긴 감자는 밀폐용기에 보관합니다. 보관할 때는 감자가 푹 담길 만큼 물을 부은 다음 식초를 몇 방울을 떨어뜨립니다.

식초가 갈변을 막아줘요.

2 밀폐용기 뚜껑을 닫고 냉장보관합니다. 냉장보관은 5일을 넘기지 않도록 합니다.

비닐봉지 보관

감자를 비닐에 넣어 보관할 경우 감자를 신문지로 하나씩 감쌉니다.

비닐봉지는 묶지 마세요.

 보너스 살림지혜

생감자는 냉동실 NO!
찐 감자는 냉동실 OK!

생감자는 얼리면 색이 변하고 해동하면 수분이 빠져나가 푸석푸석해지니 냉동보관하지 마세요. 하지만 감자를 쪄서 바로 냉동하면 해동해도 보슬보슬한 식감이 유지됩니다.

껍데기에 세균이 많은 **달걀**, 냉장고에 넣기 전에 씻을까 말까?

달걀 세척과 관련해서 몇 가지 살펴봐야 할 것이 있습니다. 달걀 표면에는 살모넬라균 등 닭 분변에 있던 세균이 묻어 있을 수 있습니다. 살모넬라균은 식중독을 일으키는 세균이지요. 그런데 닭은 산란할 때 큐티클액을 분비해 달걀 표면을 코팅합니다. 큐티클 막은 외부에서 달걀 안으로 세균이 침입하는 걸 막아줍니다. 이 큐티클 막은 물로 씻으면 없어집니다. 그래서 달걀을 세척하면 오히려 유통기간이 짧아지지요.

유통 과정에서 유럽은 달걀 세척을 금지하고 있고, 미국과 일본은 세척이 의무입니다. 우리나라는 어느 쪽으로도 규제하지 않습니다. 주로 대기업 브랜드가 붙어 있는 달걀은 세척 과정을 거쳤다고 보시면 됩니다. 평범한 주부 입장에서 세척란과 비세척란, 어느 쪽이 더 위생적이라고 판단하기는 쉽지 않습니다. 하지만 달걀을 물로 씻어놓으면 신선도가 떨어지는 것은 분명한 사실이니, 씻어서 보관하지 말고 요리하기 전에 씻으세요.

준비물
달걀, 달걀판, 가위

1 먼저 신선한 달걀을 골라야겠죠?

흔들었을 때 소리가 나거나 흰자가 물처럼 퍼지는 달걀은 상한 거예요.

- 신선한 달걀은 껍데기에 얼룩이나 반점이 없고, 만졌을 때 까칠까칠한 감촉이 느껴집니다.
- 달걀을 깨트렸을 때 노른자와 흰자가 탱탱하게 솟아오른 것이 신선한 달걀입니다.

공기 주머니

뾰족한 부분이 아래로 향하게!

2 달걀은 뾰족한 부분이 아래로 향하게 보관합니다.

달걀의 둥근 쪽에 공기 주머니(기실)가 있어요. 달걀은 공기 주머니를 통해 산소를 공급받아요. 공기 주머니가 위쪽으로 가게 세워둬야 달걀을 더 신선하게 보관할 수 있습니다.

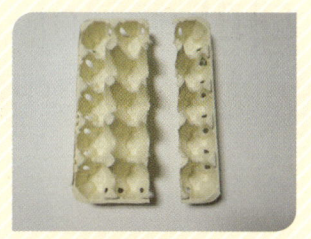

3 냉장고 달걀 수납함이 바구니 형태라 달걀을 세워서 보관하기 어렵다면, 달걀판을 이용합니다.

막 사온 달걀에 금이 가 있다면, 오염됐을 확률이 높으므로 미련 없이 버려주세요.

4 달걀판을 달걀 바구니 크기에 맞춰 자릅니다.

5 자른 달걀판을 달걀 바구니에 안에 넣고, 달걀의 뾰족한 부분이 아래로 향하도록 세워서 달걀을 넣습니다.

6 자르고 남은 달걀판도 2층에 올려서 달걀을 넣습니다.

7 달걀의 유통기한을 적어 달걀 바구니에 붙입니다.

달걀은 냉장보관할 경우 유통기한이 산란 후 30일 정도예요.

8 달걀은 충격을 받으면 신선도가 떨어지므로, 냉장고 문보다는 흔들리지 않게 안쪽에 보관하도록 합니다.

🐥 보너스 살림지혜

큰 달걀이 맛과 영양이 더 뛰어날까요?

달걀은 왕란, 특란, 대란, 중란, 소란 순으로 크기가 크고 개당 가격도 높습니다. 하지만 달걀의 크기와 맛, 영양은 관계가 없습니다. 닭은 나이가 들면 몸집이 커집니다. 몸집이 커진 늙은 닭이 알을 낳으면 달걀의 크기도 커져, 왕란이나 특란이 됩니다. 반대로 작은 달걀은 어린 닭이 낳은 것입니다.

대파 한 단이
세 단으로 불어나는 마법

각종 요리에 절대 빠질 수 없는 대파. 대파는 요리의 주재료인 경우는 별로 없어서, 한 단을 사면 조금씩 천천히 먹게 됩니다. 하지만 시간이 지나면 시들거나 짓물러서 버려야 하는 상황이 발생하곤 합니다. 대파는 뿌리 부분에만 물을 살짝 뿌려준 다음 신문지에 말아 서늘한 곳에 보관하면 보관 기간을 늘릴 수 있습니다. 그런데 대파는 뿌리와 약간의 줄기만 남아 있으면 잎을 잘라내도 또 자란다는 사실을 아시나요? 아예 흙에 심으면 더없이 좋겠지만, 물에 담가 만 놔도 쑥쑥 잘 자란답니다.

대파를 한 단 사면 윗부분은 잘라 다듬어 냉장보관하고 뿌리와 줄기 부분은 물에 담가 직접 키우는 재미를 느껴보세요. 싱싱한 대파를 먹을 수 있는 건 대파 키우기의 덤입니다.

준비물
대파, 지퍼백, 페트병

대파 오래 보관하기

1 대파 한 단을 깨끗하게 씻어 줍니다.

대파는 흰 줄기에서 초록 잎으로 갈라지는 틈새에 흙이 많이 끼어 있어요.

2 며칠 정도 먹을 분량의 파는 사진과 같이 잘라 밀폐용기에 넣어 냉장보관한 다음, 요리할 때 꺼내서 잘라 씁니다.

4~5번의 방법으로 대파를 냉동하는 것도 좋지만, 냉동하면 파 향이 떨어지기 때문에 냉장보관이 가능한 동안에는 냉장보관해서 싱싱한 파를 먹자고요.

3 파 뿌리는 버리지 말고 깨끗하게 씻어 따로 얼려 두었다가 국물 낼 때 사용하면 아주 좋아요!

4 남은 파는 요리에 사용할 크기로 자릅니다.

5 자른 파는 지퍼백에 넣은 다음 냉동합니다.

얼어서 엉겨 붙은 파는 지퍼백 채 바닥에 한번 떨어트리면 잘 떨어집니다.

보너스 살림지혜

버릴 게 하나도 없는 대파!

유명 맛집 육수에 빠지지 않고 들어가는 대파 뿌리. 대파 뿌리에는 혈액순환을 돕는 알리신과 신진대사를 촉진하는 폴리페놀이 많이 들어있다고 해요. 대파 뿌리는 물에 잠시 담가 두었다가 흙을 털어내고 칫솔 등으로 비벼 깨끗하게 씻어 말리거나 냉동보관해서 사용하세요.

대파 키우기

1 씻지 않은 대파를 뿌리와 줄기 부분을 10cm 정도 남기고 자릅니다.

2 페트병을 적당한 크기로 자른 다음, 자른 대파 뿌리와 줄기를 넣습니다.

투명한 일회용 컵을 사용해도 좋아요.

3 대파 뿌리가 잠길 정도로 물을 붓고, 햇볕이 잘 드는 곳에 둡니다.

물은 하루에 한 번씩 갈아줍니다.

4 이렇게 물에 담가 놓은 파는 이틀 정도만 지나도 자라는 게 보이기 시작해 열흘이 지나면 잘라 먹을 만큼 자라납니다.

물에 꽂아둔 대파는 잘라 먹고 나면 또 자라 몇 번은 먹을 수 있습니다. 대파가 아주 가늘어지면 영양분이 다 빠져나간 것이니 그때는 대파를 바꿔주세요.

5 새로 자란 대파 중 요리하고 남은 것은 적당한 크기로 잘라 냉장 또는 냉동 보관합니다.

비닐장갑 두 장만 있으면
김솔 없이도 **김 굽기** OK!

갓 구운 김으로 하얀 쌀밥을 살포시 감싸 입안에 넣으면, 김이 '바사삭' 경쾌한 소리를 내며 부서지면서 고소한 기름 향이 입안 가득 퍼집니다. 시판 김이 아무리 맛있어도 집에서 정성스럽게 한 장 한 장 기름 발라 소금 뿌려 구운 김 맛을 따라갈 수 없습니다.

어릴 적 엄마가 김 한 톳을 꺼내 김솔로 쓱쓱 기름을 바르면 옆에 앉아 톡톡톡 소금을 뿌리는 게 제 역할이었어요. 딴 생각하다 소금이 뭉텅뭉텅 뿌려지면 엄마한테 핀잔을 듣기도 했고요.

옛 추억을 떠올리며 가족들에게 맛있는 김을 먹일 요량으로 한 장 한 장 김을 재우다 보니 슬슬 귀찮음이 밀려옵니다. 김이 탈까, 손이 델까 김 모서리를 붙잡고 조심스레 한 장 한 장 김을 굽고 있자니, '이 귀찮은 걸 왜 시작했을까? 다음부터는 사 먹자!'라고 중얼거리게 됩니다.

김, 손쉽게 굽는 방법 없을까요? 일회용 비닐장갑만 있으면 정말 빠르게 기름과 소금을 바를 수 있습니다.

준비물
참기름(또는 들기름), 일회용 비닐장갑, 생 김, 종이 포일

1 참기름이나 들기름에 소금을 섞어 소금 기름을 만듭니다.

참기름과 들기름을 섞거나, 식용유를 섞어줘도 좋아요.

2 일회용 비닐장갑을 끼고 한 손에 소금 기름을 살짝 묻혀주세요.

3 양손을 비벼 소금 기름을 두 손에 고루 묻힙니다.

4 종이 포일 위에 생김을 한 장 펼친 다음, 두 손으로 김을 문질러 소금 기름을 쓱쓱 바릅니다.

김에 기름을 너무 많이 바르면 구울 때 오그라들고, 너무 조금 바르면 쉽게 탑니다.

5 4의 김 위에 새로운 김을 올리고, 손으로 소금 기름을 바릅니다.

김의 한 면에만 소금 기름을 발라도 김을 포개 놓으면 아래쪽에도 자연스레 소금 기름이 묻어요.

6 아래로 가라앉은 소금을 한 번씩 휘휘 저어 위로 떠오르게 합니다. 소금과 기름을 골고루 손에 묻힙니다.

7 소금 양이 좀 적다 싶으면 소금을 직접 뿌려도 좋아요.

8 약불에서 프라이팬을 살짝 달군 다음 김을 굽습니다.

김을 센불에서 구우면 타고 향도 없어져요.

9 김 모서리는 숟가락을 이용해 살짝 눌러주세요.

10 구운 김은 먹기 좋게 잘라 지퍼백이나 밀폐용기에 담아 냉동보관합니다.

김의 양이 많을 경우 김을 포갠 다음 칼로 잘라도 잘 잘립니다.

보너스 살림지혜

가위나 칼 없이 구운김 자르기

1 김 포장지를 살짝 뜯어 공기구멍을 만듭니다.

2 김을 포장지째 가로로 반 접고, 접은 면을 손으로 꾹꾹 눌러가며 문지릅니다.

3 김을 포장지째 세로로 반 접고, 접은 면을 손으로 꾹꾹 눌러가며 문지릅니다.

4 3번 김을 세로로 한 번 더 접고, 접은 면을 손으로 꾹꾹 눌러가며 문지르면 한입 크기로 잘립니다.

설탕으로 **깐마늘**의 생명 연장하기

거의 모든 음식에 빠지지 않고 들어가는 마늘. 많은 양의 마늘을 한꺼번에 까려면 꽤 손이 많이 갑니다. 햇마늘은 껍질이 쉽게 벗겨지지만, 묵은 마늘은 껍질이 마늘에 딱 달라붙어 있어 잘 벗겨지지 않습니다. 오랫동안 마늘과 사투를 벌이다 보면 손끝도 아리고 손끝에서 마늘 냄새가 진동합니다. 그러다 보니 장 볼 때면 껍질 벗긴 마늘에 자연스럽게 손이 가는데요. 껍질을 미리 까두면 마늘 향이 약해져서 바로 껍질을 벗겨 요리한 것보다는 맛이 떨어질 수밖에 없습니다.

서늘한 기후를 좋아하는 마늘은 햇볕이 잘 드는 곳에 보관하면 싹이 자랍니다. 마늘을 통째로 보관할 경우에는 바람이 잘 통하는 그물망 등에 담아 보관하는 것이 좋습니다. 마늘 껍질 벗기는 게 꽤 번거롭다 보니 대개 한꺼번에 껍질을 벗겨 냉장고에 두고 먹는 경우가 많습니다. 하지만 냉장고에 넣어둔 마늘은 눈 깜짝할 새 무르거나 곰팡이가 피어 끝까지 다 먹지 못하고 버릴 때가 많습니다.

조금만 머리를 쓰면 마늘 껍질을 손쉽게 벗기고, 깐마늘을 냉장고에서 오래 보관할 수 있습니다.

준비물

큰 그릇 2개, 설탕, 밀폐용기, 키친타올

껍질끼리 마찰시켜 까기

1 마늘을 손으로 대충 분리해서 큰 볼에 담습니다.

마늘을 한쪽씩 떼어내는 게 귀찮으면 마늘 뿌리 부분을 칼로 잘라도 됩니다.

2 큰 볼이나 그릇에 마늘을 넣고 같은 크기의 볼이나 마늘을 충분히 덮을 수 있는 그릇으로 사진처럼 마늘을 덮어주세요.

뚜껑 있는 냄비나 큰 밀폐용기에 마늘을 넣어도 좋습니다.

3 2의 마늘을 30초가량 좌우로, 위아래로 열심히 흔듭니다.

4 그릇을 열고 껍질이 벗겨진 마늘을 먼저 꺼냅니다.

마늘끼리 충돌해서 상처가 생기는 것을 방지하기 위해서입니다. 껍질이 덜 벗겨진 마늘은 손으로 쓱 밀면 껍질이 쉽게 벗겨집니다.

5 껍질이 벗겨지지 않은 마늘을 그릇으로 덮고 볼을 다시 흔듭니다.

6 그릇을 열고 나머지 마늘을 꺼냅니다.

7 마늘 껍질이 완벽하게 마른 상태가 아니라면, 이 방법으로는 껍질이 잘 벗겨지지 않습니다. 껍질이 덜 마른 마늘은 전자레인지로 15초 정도 가열한 다음 볼에 넣고 흔듭니다.

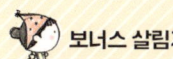 보너스 살림지혜

햇마늘은 마찰 요법으로 벗기지 마세요
마늘 껍질이 바짝 말라 있지 않으면 볼에 넣어 오랫동안 흔들어도 껍질이 잘 벗겨지지 않고, 흔들 때 마늘끼리 부딪쳐서 마늘에 상처가 생기기도 합니다. 마늘 껍질이 비교적 촉촉하고 알이 연한 햇마늘에 이 방법을 사용하는 건 권장하지 않습니다.

껍질을 물에 불려 까기

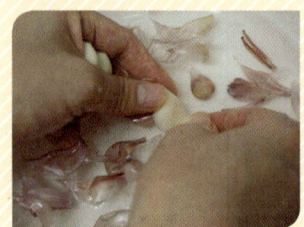

1 마늘을 물에 10~20분가량 담가둡니다.

2 마늘 껍질을 손으로 쓱 밀기만 해도 껍질이 잘 벗겨집니다.

깐마늘 보관법

1 밀폐용기 아래 설탕을 깝니다.

설탕이 수분을 흡수해 마늘을 더욱 오래 보관할 수 있습니다.

2 1 위에 키친타올을 깝니다.

마늘을 보관하는 동안 설탕과 키친타올이 축축해지면 교체해주세요.

3 마늘의 물기를 닦은 다음 2에 넣고 뚜껑을 닫고 냉장보관합니다.

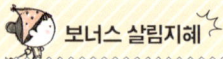 보너스 살림지혜

쉬워도 너무 쉬운 생강 껍질 까기

울퉁불퉁 굴곡이 많은 생강은 마늘보다 껍질 벗기기가 더 어려운데요. 생강을 얼리면 별다른 힘을 주지 않아도 껍질이 홀라당 벗겨집니다.

1 생강을 냉동실에 하루 정도 넣어둡니다.

2 냉동실에서 꺼낸 생강을 물에 담근 상태에서 손으로 문지르면 껍질이 쉽게 벗겨집니다.

'기름기 킬러'
시금치 데친 물

시금치는 장바구니에 자주 담는 채소 중 하나입니다. 시금치 나물을 할 때는 시금치를 꼭 끓는 물에 데치게 되어 있습니다. 이때 아무런 의심 없이 버렸던 물이 어떤 주방세제보다 뛰어난 세제라는 사실 알고 계셨나요? 시금치를 데치면 물속에 칼륨 이온과 엽록소가 빠져나옵니다. 엽록소는 오염물질을 잡아주고, 시금치에 풍부한 카테킨 성분은 기름때를 분해하고 제거하는 역할을 합니다.

준비물
시금치, 분무기

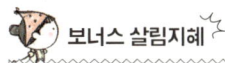 **보너스 살림지혜**

청소하고 남은 시금치 데친 물은 분무기에 넣어 냉장보관하고, 필요할 때 수시로 사용합니다. 시금치 데친 물이 따뜻할 때 베이킹소다를 섞으면 기름때가 훨씬 잘 닦입니다. 기름기가 묻은 행주를 시금치 데친 물에 넣고 삶으면 깨끗해져요.

1 물에 소금을 반 스푼을 넣은 다음, 팔팔 끓어 오르면 시금치를 넣습니다. 30초 후 시금치는 건져서 찬물에 헹궈 물기를 꼭 짠 다음 요리하고, 시금치 데친 물은 따로 담아둡니다.

소금을 넣어주면 시금치가 갈색으로 변하는 것을 막아줘요.

2 기름 묻은 프라이팬에 시금치 데친 물을 부어 기름기를 제거합니다

3 설거지통에 시금치 데친 물을 담아 설거지합니다.

4 시금치 데친 물을 분무기에 넣어 가스레인지나 가스레인지 후드 등 기름때가 묻어 있는 곳에 뿌린 후 닦습니다.

타이어도 자르는 **통조림** 뚜껑, 숟가락만 있으면 겁나지 않아요

음식 하나 하려고 해도 재료 손질에만 한참이 걸리는 초보 주부에게 밑손질이 되어 있는 통조림은 참 고마운 식품입니다. 아기 때문에 찬거리 사러 마트 가기도 쉽지 않은 요즘은 유통기한이 넉넉한 통조림을 몇 개씩 쌓아두면 든든합니다.

시중에는 생선, 과일, 채소, 밑반찬 등 다양한 종류의 통조림이 판매되고 있습니다. 통조림이 우리 식생활 깊숙이 파고들며 친근해진 만큼 안전사고도 빈번하게 발생하고 있습니다. 특히 통조림을 따다가 날카로운 절단면에 손을 베이는 일이 빈번하게 발생합니다. 또 종종 고리가 떨어져 당황스러운 상황이 발생하기도 합니다. 통조림 뚜껑은 당근이나 오이 같은 채소는 물론이고 타이어까지 잘릴 만큼 날카롭습니다.

부상의 위험이 도사리고 있는 통조림 따기, 이제부터는 손으로 바로 따지 말고 주방에서 손쉽게 구할 수 있는 도구를 이용해 안전하게 따보세요.

준비물
통조림, 스테인리스 숟가락, 집게

고리가 있는 통조림 따기

1 숟가락 손잡이 부분을 통조림 고리에 사진처럼 끼워 넣습니다.

2 숟가락의 둥근 부분이 통조림 캔 끝에 닿도록 밀어 넣고, 숟가락을 힘을 줘 들어올립니다.
지렛대의 원리를 이용하는 거예요.

고리가 떨어져 나간 통조림 따기

1 얇은 포크나 젓가락을 이용해 통조림의 열린 곳을 살짝 들어 공간을 크게 만듭니다.

2 숟가락 손잡이 부분을 벌어진 공간에 밀어 넣습니다.

3 힘을 줘서 숟가락을 들어 올립니다.

4 통조림 뚜껑이 반 정도 젖혀지면 나머지는 집게로 젖힙니다.

통조림 뚜껑을 젓가락이나 숟가락으로 끝까지 젖히면 자칫 손을 다칠 수도 있으니 집게를 이용하세요.

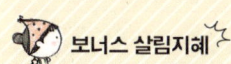 보너스 살림지혜

먹고 남은 통조림 보관법

통조림을 개봉한 뒤에 내용물이 남았을 경우 반드시 다른 용기에 담아 냉장보관합니다. 개봉한 후 캔 채 보관하면 제대로 밀봉되지 않아 미생물에 오염될 수 있습니다.

일반적으로 통조림 캔은 주석, 스테인리스스틸, 알루미늄 등으로 되어 있고 식품과 닿는 안쪽 면은 녹스는 것을 방지하기 위해 에폭시 수지 코팅이 되어 있습니다. 특히 과일 통조림에 많이 쓰이는 주석으로 도금된 캔은 산소와 접촉하면 부식이 빨라집니다.

통조림은 유통기한이 길어 방부제가 많이 들어 있다고 오해하기 쉬운데요. 오히려 방부제가 들어 있지 않기 때문에 제품을 개봉한 후에는 될 수 있는 대로 빨리 먹어야 합니다.

남은 참치 통조림을 밀폐용기에 보관할 경우 유통기한은 3일 정도입니다. 참치를 밀폐용기에 옮겨 담고 랩을 씌워 전자레인지에서 30초~1분가량 가열한 후 뚜껑을 닫아 냉장보관하면 조금 더 오래 두고 먹을 수 있습니다.

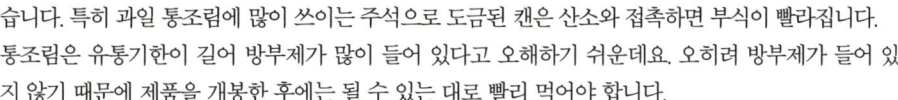

세탁소 옷걸이로 **바나나** 걸이 만들기

1 바나나가 잠길 정도의 물에 소금을 반 스푼에서 한 스푼 정도 넣고 녹인 다음, 이 물에 바나나를 담갔다가 흐르는 물에 헹굽니다.

껍질에 있을지도 모르는 잔류 농약을 씻는 과정이예요.

바나나를 한 다발 사다 놓고 빨리 먹지 않으면 금방 거뭇거뭇한 반점이 생겨요. 바나나의 검은 반점은 '슈거 포인트(또는 슈거 스팟)'이라고 해서, 바나나의 후숙이 절정을 이뤄 당도가 최고조에 달했을 때 생기는 점이예요. 일본의 한 연구기관의 연구 결과에 따르면 슈거 포인트가 생긴 바나나는 덜 익어 녹색을 띠는 바나나에 비해 면역력을 증가시켜주는 효과가 여덟 배 이상 높다고 합니다.

문제는 바나나가 그 상태에서 머물러 있는 게 아니라, 슈거 포인트가 나타나고 얼마 지나지 않아 온통 시커멓고 물러서 먹지도 못하고 버리는 상황에 직면하게 된다는 점입니다. 먹을 수 있는 만큼만 사서 가능한 빨리 먹는 게 가장 좋은 방법이지만, 요즘 바나나는 큰 데다 가격도 저렴한 편이라서 그때그때 남김없이 먹는 게 쉽지만은 않습니다.

바나나에 흐르는 시간을 조금이라도 더디게 만들어줄 몇 가지 방법을 알아보겠습니다.

2 바나나의 줄기 윗부분을 비닐 랩이나 알루미늄 포일로 감싸 놓으면 바나나의 후숙이 느리게 진행됩니다.

성숙 촉진 호르몬인 '에틸렌 가스'의 발생을 더디게 해줘요.

준비물

소금, 비닐 랩, 알루미늄 포일, 세탁소 옷걸이, 끈

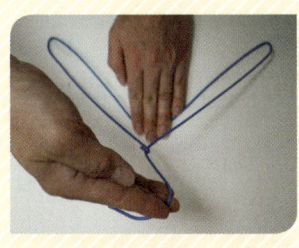 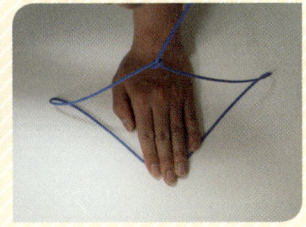 

3 세탁소 옷걸이를 사진처럼 구부려 바나나 걸이대를 만든 다음, 바나나를 걸어둡니다.

바나나를 세워두면 덜 물러요.

4 세탁소 옷걸이에 바나나를 매달아 둡니다.

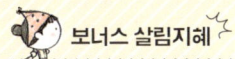
보너스 살림지혜

과일 보관도 궁합을 살펴서

사과, 배, 감 등은 성숙 촉진 호르몬인 에틸렌 가스를 방출하기 때문에 다른 과일과 함께 보관하면 빠른 속도로 후숙이 진행됩니다. 후숙 속도가 빠른 바나나는 사과 등의 과일과 함께 보관하면 안 되겠죠. 에틸렌 가스를 역으로 이용할 수도 있어요. 덜 익어서 딱딱하고 시큼한 키위를 사과와 함께 비닐봉지에 넣고 밀폐시키면 며칠 후 말랑말랑하고 달콤한 키위를 먹을 수 있어요.

우린 함께 할 수 없어요.

5 노끈이나 줄을 이용해 바나나를 매달아 둡니다.

2~5번 과정은 후숙을 지연시켜주는 방법일 뿐이니, 바나나는 가능한 빨리 드세요.

6 바나나 껍질을 벗겨 비닐 랩으로 감싼 다음 지퍼백이나 밀폐용기에 담아 냉동실에 보관합니다. 얼린 바나나는 우유와 함께 갈면 맛있는 셰이크가 돼요.

바나나는 밀폐해서 얼려야 변색되지 않아요.

삶은 **달걀 껍데기**
벗기기 삼총사,
소금·식초·숟가락

간식으로 먹어도 좋고 간장 넣고 조려 반찬으로 먹어도 좋은 삶은 달걀. 하지만 노른자가 덜 익거나 너무 익어 색깔이 검게 변하기도 하고 달걀 삶는 과정에 껍데기가 깨지기도 합니다. 흰자에 상처 없이 매끈하게 벗기는 것도 생각보다 쉽지 않습니다. 이번 기회에 달걀 삶기를 마스터해보세요.

달걀을 예쁘게 삶는 비장의 무기는 소금과 식초입니다. 소금과 식초는 단백질인 흰자를 빨리 굳히는 역할을 합니다. 삶는 중에 달걀 껍데기에 금이 간다고 해도 소금·식초물이 흰자를 빠르게 굳혀서 흰자가 많이 빠져나오는 것을 막아줍니다. 그리고 식초는 달걀 껍데기를 산화시켜서 삶은 다음 껍데기가 쉽게 벗겨지게 해줍니다. 하지만 식초나 소금을 너무 많이 넣으면 달걀 맛이 변할 수 있으니 적당량 넣어주도록 합니다.

준비물
달걀, 냄비, 소금, 식초, 컵, 밀폐용기, 숟가락

달걀 맛있게 삶는 방법

1 달걀이 냉장보관되어 있다면, 삶기 20분 전쯤 꺼내놓습니다.
냉장보관했던 달걀을 바로 삶으면 달걀과 물의 온도 차이로 껍데기가 깨질 수 있어요.

2 달걀을 흐르는 물에 씻습니다.
달걀 껍데기에는 식중독을 일으키는 살모넬라균이 있을 수 있어요.

3 냄비에 달걀이 잠길 정도로 물을 붓고 소금과 식초를 각각 1/2티스푼씩 넣습니다.

4 냄비에 달걀을 넣고 센 불에서 끓이다가, 14분 뒤 불을 끄고 달걀을 찬물에 담급니다.

10분 뒤에 꺼내면 반숙 달걀이 됩니다.

반숙 vs 완숙, 원하는 대로 삶는다!

노른자의 삶아진 정도를 원하는 스타일에 맞춰 조절해보세요.

8분 10분 14분

달걀 껍데기 쉽게 벗기는 방법

1 삶은 달걀이 하나일 때는 컵에 넣고 물을 3분의 1 정도 채운 다음, 컵을 막고 3초간 강하게 흔듭니다.

2 삶은 달걀이 여러 개일 때는 밀폐용기에 넣고 3초간 강하게 흔듭니다.

3 1과 2에서 달걀을 꺼낸 다음 흐르는 물에서 껍데기를 벗기면 잘 벗겨집니다.

4 삶은 달걀을 단단한 바닥에 톡톡 부딪쳐서 금이 생기면 숟가락을 넣고 살살 돌려가며 껍데기를 벗깁니다.

기름 튀지 않게
생선 굽는 방법 없을까요?

1 위생비닐에 밀가루와 생선을 넣고 흔들어 생선 앞뒤로 밀가루를 골고루 묻힙니다.

맛 좋고 영양 많고 요리 방법도 단순한 생선구이. 그런데 주부 입장에서는 생선 구울 때 나는 연기와 냄새, 그리고 가스레인지 주변에 잔뜩 튄 기름 때문에 자주 요리하게 되지 않습니다.

환경부가 고등어를 미세먼지의 주범으로 지목했던 적이 있습니다. 전 국민이 일제히 고등어를 구운 것도 아닌데……. 고등어 입장에서는 매우 억울했겠지요. 그런데 밀폐된 주방에서 생선을 구울 때 미세먼지 농도가 매우 높아진다고 합니다. 생선을 굽고 나면 창문을 열고 30분 정도 환기해야 합니다.

생선을 굽기 전에 물기를 없애고, 굽는 동안 프라이팬 뚜껑을 덮어주면 기름 튀는 걸 줄일 수 있습니다. 하지만 프라이팬 뚜껑이 없다면 어떻게 할까요? 그럴 때를 위한 방법 두 가지를 알아보겠습니다.

1 프라이팬에 기름을 두르고 밀가루 묻힌 생선을 굽습니다.

준비물
위생비닐, 밀가루, 종이 포일

3 생선에 밀가루를 묻히면 기름 튀는 것도 확실히 줄어들고, 식감까지 아주 바삭해집니다.

4 종이 포일을 프라이팬에 깔고 접어서 생선을 덮을 수 있는 크기로 자른 다음, 프라이팬 위에 깝니다.

알루미늄 포일은 NO! 알루미늄은 열에 약해서 가열하면 유해물질이 나온다고 해요.

5 종이 포일 위에 기름을 두르고 물기를 제거한 생선을 올립니다.

생선에 물기가 남아 있으면 기름이 많이 튀어요.

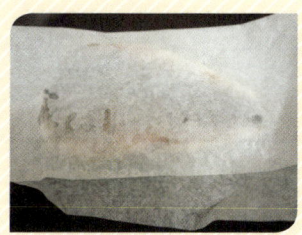

6 종이 포일로 생선을 덮습니다.

7 생선을 뒤집을 땐 종이 포일의 양 끝을 살짝 올린 다음 뒤집습니다.

8 종이 포일을 깔고 생선을 구우면 기름이 튀지 않을 뿐만 아니라, 프라이팬에 비린내가 배지 않습니다.

 보너스 살림지혜

생선 구운 팬에 밴 비린내 없애기

생선 굽고 난 프라이팬은 주방세제로 꼼꼼히 닦아도 비린내가 가시질 않습니다. 그래서 생선 전용 프라이팬을 따로 두기도 하는데요. 프라이팬 넣어둔 싱크대를 열 때마다 생선 비린내를 맡는 것도 고역입니다. 프라이팬에 밴 비린내의 정도에 따라 다음 방법으로 세척하면 비린내가 사라집니다.

• 비린내 강 : 주방세제로 프라이팬을 닦은 다음, 먹다 남은 소주나 맥주가 있으면 프라이팬에 붓고 잠시 기다렸다 헹굽니다.

• 비린내 중 : 프라이팬에 베이킹소다 한 스푼과 물을 넣고 끓입니다.

• 비린내 강 : 프라이팬에 커피 찌꺼기를 뿌린 다음 기름을 닦아내거나, 인스턴트 커피 가루 반 스푼과 물을 넣고 끓입니다.

왜 **딸기**는 물에 씻기 전에 꼭지를 자를까?

1 딸기가 잠길 정도의 물에 소금을 반 스푼에서 한 스푼 정도 넣고 녹입니다.

소금이 딸기에 남아 있는 농약을 제거해줘요.

2 딸기는 꼭지를 제거한 다음, 바로 먹을 만큼만 소금물에 담가주세요.

꼭지를 제거하지 않고 씻으면, 세척 후에도 딸기에 농약이 남아 있을 수 있어요.
딸기에 곰팡이가 생기지 말라고 꼭지에 곰팡이 방지제를 뿌리는 경우가 있으니, 꼭지 부분은 먹지 마세요.

딸기는 봄을 대표하는 과일이지만, 하우스 재배가 활발해져서 한겨울에도 맛있는 딸기를 먹을 수 있어요. 향이 진하고, 마치 뷰러로 쓱 올린 속눈썹처럼 꽃받침(꼭지)이 위로 뒤집힌 딸기가 맛있어요. 그리고 전체가 빨간 것보다는 꼭지 아래 하얀빛이 약간 보이는 것이 맛있는 딸기입니다.

딸기는 습도에 약해서 금방 무르고 곰팡이가 잘 생기기 때문에 구입 후 바로 먹고, 될 수 있으면 일주일 안에 먹어야 합니다. 또 미리 씻어두면 물러서 식감이 좋지 않으니 먹기 직전에 씻고 꼭지를 떼지 않고 냉장보관합니다.

딸기는 껍질째 먹는 반면 과육이 부드러워서 씻기 까다로운 과일이지요. 딸기를 씻을 때는 스피드가 생명이예요. 물에 오래 담가두면 비타민C가 물에 빠져나오기 때문입니다.

준비물
딸기, 소금, 지퍼팩

3 20초 정도 지나 손으로 한번 저어줍니다.

4 흐르는 물에 딸기를 2~3번 헹굽니다.

5 체에 받쳐 물기를 빼 주세요.

6 쟁반에 키친타올을 깔고 딸기를 하나씩 세워 물기를 제거합니다.

7 딸기를 오래 두고 먹으려면 1~6번 방법으로 씻은 다음 지퍼팩에 넣어 냉동합니다.

8 지퍼팩에 보관 일자를 적은 다음 냉동보관합니다.

얼린 딸기는 딸기 주스나 딸기우유를 만들어 먹을 때 사용하면 좋아요.

 보너스 살림지혜

귤도 껍질을 씻고 먹어요

한 개 두 개 먹다 보면 어느새 한 바구니를 다 먹는 귤. 귤은 껍질을 벗기고 먹는 과일이라 씻지 않고 드시는 분들도 많은데요. 껍질 표면에 남은 농약이나 왁스 성분이 껍질을 벗기는 손에 묻어 입으로 들어갈 수 있으니 깨끗하게 씻은 후 드시는 게 좋아요. 딸기와 마찬가지로 물에 소금을 조금 넣고 귤을 1~2분간 담갔다가 흐르는 물에 헹굽니다. 세척한 귤은 키친타올이나 마른 행주로 닦아 물기를 제거합니다. 이때 소금물 농도가 진하면 삼투압 현상으로 소금물이 귤에 스며들 수 있으니, 소금물은 옅게 만들어주세요.

귤은 서로 부딪치며 생기는 수분 때문에 물러질 수 있으니 오래 두고 먹을 때는 서로 붙지 않게 해서 보관하세요. 냉장고에 보관하면 신맛이 강해지니, 서늘한 곳에 보관합니다.

화초 관리에서 청소까지, 친환경 살림 1등 공신
쌀뜨물

쌀뜨물에 들어있는 전분 성분은 촘촘한 그물 구조입니다. 이 성분이 지방을 잡아주어 식기나 프라이팬에 묻은 기름기를 효과적으로 제거합니다. 반찬통에 밴 음식 냄새를 없애는데도 쌀뜨물만한 게 없지요. 생선을 굽기 전에 쌀뜨물에 담가두면 비린내를 잡아주고, 우엉이나 토란 등에서 나는 아린 맛 역시 쌀뜨물에 담가두면 사라집니다. 된장찌개나 김치찌개를 끓일 때 쌀뜨물을 넣어주면 맛이 업그레이드됩니다!

쌀뜨물에는 각종 미네랄과 비타민이 풍부하게 들어있어 세수할 때 사용하면 피부 노화를 방지하고, 보습과 화이트닝 효과를 볼 수 있습니다.

피부 관리 용도로 사용할 때는 유기농 쌀을 사용하거나 쌀을 세 번 이상 씻은 다음 나오는 물부터 사용하도록 합니다.

〰〰〰〰〰〰〰〰〰〰〰〰〰〰

준비물
쌀뜨물

쌀을 첫 번째 씻은 물은 버리고 두 번째나 세 번째 씻은 물부터 사용합니다.

첫 번째 씻은 물에는 먼지 등 이물질이 들어 있어요.

1   된장찌개 육수로 사용하기
쌀뜨물에는 쌀의 수용성 영양소가 녹아 있었어요. 그래서 쌀뜨물로 찌개를 끓이면 구수한 맛이 나고 생선이나 고기 등 재료의 잡내가 사라집니다. 또 국물에 적당한 점성이 생깁니다.

2   화분에 물주기
쌀뜨물을 물 대신 화초에 부어주면 영양분을 공급할 수 있습니다.

3 설거지

쌀뜨물로 설거지하면 음식물이 잘 씻기고 헹굼 과정이 짧아져 물을 절약할 수 있습니다. 또한 세제 잔여물을 걱정할 필요가 없습니다.

4 기름기 제거

기름기 있는 팬이나 그릇을 쌀뜨물에 10분 정도 담가 두었다가 씻으면 기름기가 잘 제거됩니다. 쌀뜨물이 부족하면 밀가루를 섞어주세요.

쌀뜨물에 들어 있는 전분 입자가 때를 구성하는 입자를 흡착해서 제거합니다.

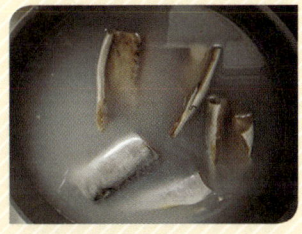
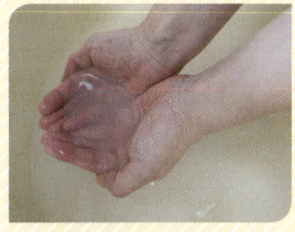

5 반찬통에 밴 반찬 냄새 제거

반찬통에 쌀뜨물을 채워 하루 정도 두면 냄새가 제거됩니다.

6 생선 비린내 제거

생선을 굽기 전에 쌀뜨물에 30분 가량 담가두면 비린내가 사라지고 쌀뜨물의 영양소가 스며들어 식감이 탱탱해집니다.

7 피부 세안

쌀뜨물을 이용해 꾸준히 세안을 하면 피부가 하얘지고 촉촉해집니다.

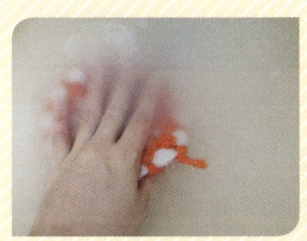

8 유리나 거울 등의 얼룩 제거

수건에 쌀뜨물을 적셔 유리나 거울 등을 닦으면 물 얼룩이 쉽게 제거됩니다.

쌀뜨물 입자가 먼지를 흡착해요.

물 VS 냉장고 VS 양초,
양파 매운 성분 잡기 대결 승자는?

양파 껍질을 벗기거나 썰 때 눈물이 나는 이유는 양파 속에 들어 있는 매운맛을 내는 '황화아릴'과 '이황화프로필아릴'이라는 성분이 공기 중으로 떠다니면서 눈꺼풀과 안구를 자극하기 때문입니다. 파를 썰 때 눈물이 나는 것도 같은 이유입니다.

이 성분들은 휘발성이 강하고 수용성이라 물이나 냉기, 열 등에 쉽게 파괴됩니다. 양파를 썰기 전에 전처리를 잠깐 해주면 그냥 썰 때보다 눈물을 덜 흘릴 수 있습니다.

눈물이 흐르는 정도는 사람마다 조금씩 차이가 있지만 (한 방송의 실험에 따르면 양파를 썰 때 눈이 전혀 맵지 않은 사람도 있었고 약간 맵다고 느끼는 사람도 있었습니다), 무방비상태로 있다가 눈물을 줄줄 흘리기보다는 전처리 과정을 거쳐 울지 않고 양파를 손질해봅시다. 굳이 양파가 아니어도 눈물 흘릴 일은 많으니까요.

〰〰〰〰〰〰〰〰〰〰〰〰〰

준비물

양초

껍질 벗기고

뿌리 자르고

1 양파 껍질을 먼저 벗긴 다음 뿌리를 자릅니다. 양파를 자를 때 매운 성분이 퍼지기 때문에 껍질을 다 벗긴 다음 후다닥 뿌리를 자르면 껍질 벗기는 동안은 눈이 전혀 맵지 않습니다.

양파 속껍질은 깨끗하게 씻은 다음 말려 모아둡니다.

2 양파를 물에 담가 뒀다가 씁니다. 양파의 매운 성분은 수용성이라 물에 잘 녹기 때문에, 물에 담가두면 매운 성분이 공기 중으로 퍼지는 것을 줄일 수 있습니다.

양파를 물에 담근 상태에서 껍질을 벗기는 것도 좋은 방법이예요.

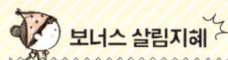

3 양파를 차갑게 하면 매운 성분이 줄어듭니다. 양파는 썰기 15분 전에 냉장고에 넣어 차갑게 만든 다음 썰면 매운 성분이 공기 중에 덜 퍼집니다.

4 양파를 썰 때 초를 켜두면 촛불이 매운 성분을 분해하기 때문에 눈이 자극을 덜 받습니다.

보너스 살림지혜

알맹이보다 더 실속있는 양파 껍질

양파 껍질에는 혈관 속 지방을 분해하고 체내 독소를 제거하는 케르세틴과 일린 성분이 다량 함유되어 있어요. 양파 속껍질은 버리지 말고 깨끗이 씻은 다음 잘 말려 모아두세요. 물에 양파 껍질을 넣고 끓인 '양파차'는 성인병을 예방하고 다이어트에 효과적입니다. 또 육수 낼 때 양파 껍질을 넣으면 시원한 맛이 나고 고기 누린내도 싹 사라집니다.

보너스 살림지혜

셰프처럼 폼나게 양파 다지기

1 껍질 벗긴 양파의 뿌리와 머리쪽을 잘라냅니다.

2 양파를 반으로 자릅니다.

요만큼은 자르지 마세요.

3 평평한 쪽이 아래로 가도록 놓고 양파를 결 반대 방향으로 촘촘하게 자릅니다.

4 양파를 완전히 자르지 말고 끝부분은 남겨두세요.

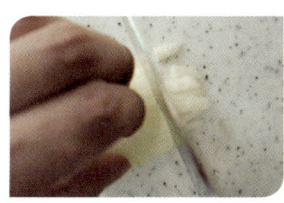

5 양파를 결 방향으로 촘촘하게 썹니다.

6 양파 다지기 끝!

신문지로 둘둘 말아
전자레인지로 5분!

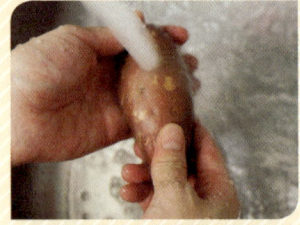

1 고구마를 물에 깨끗하게 씻습니다.

고구마는 표면이 매끈하고 단단하며 선명한 적자색을 띠고 있는 게 좋아요.

고구마는 구워 먹어야 제맛입니다. 고구마를 구우면 단맛이 강해지고 불향이 더해지면서 풍미가 깊어집니다. 얼마 전까지만 해도 겨울밤이면 길에서 군고구마 장수를 쉽게 만날 수 있었습니다. 고구마가 익어갈 때 골목 가득 퍼지는 달콤하면서도 구수한 향은 추위에 귀가를 서두르던 발걸음을 멈추게 했어요. 퇴근길 술 한잔 드시고 늦게 귀가하시던 아버지는 종이봉투 한가득 군고구마를 사서 가슴팍에 품고 오셨어요. '드렁드렁' 코를 골며 잠든 아빠 가슴에서는 한참 동안 군고구마 냄새가 났지요.

몇 년 전부터 오븐과 직화냄비가 가정에 많이 보급되면서 군고구마 장수들이 자취를 감추었습니다. 군고구마 장수가 귀해지니 집에서 직접 고구마를 굽지 않으면 군고구마를 맛 볼 수 없습니다. 오븐과 직화냄비가 없으면 군고구마를 먹을 수 없는 걸까요? 전자레인지와 신문지만 있으면 쉽고 빠르게 군고구마를 만들 수 있습니다.

2 신문지를 반으로 자른 다음, 고구마를 신문지 모서리 쪽에 놓습니다.

3 신문지로 고구마를 둘둘 말아 주세요.

준비물

고구마, 신문지, 전자레인지

4 고구마 양 끝의 신문지를 여며 감쌉니다.

5 신문지로 말은 고구마를 물에 충분히 적십니다.

7 고구마가 작을 경우 5~6분, 클 경우 7~10분가량 전자레인지로 돌립니다.

전자레인지에 너무 오래 돌릴 경우 고구마의 수분이 증발해 딱딱해질 수 있으니 작은 고구마는 5분, 큰 고구마는 7분 돌린 다음 꺼내서 젓가락으로 찔러보고 잘 익었는지 확인합니다.

6 고구마를 접시에 올려 전자레인지에 넣습니다.

고구마가 여러 개일 경우 고구마끼리 너무 붙지 않도록 간격을 벌립니다.

8 고구마가 잘 익었으면 신문지를 벗깁니다.

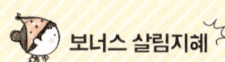 보너스 살림지혜

고구마 신선하게 보관하기

그동안 고구마를 냉장고에 보관하셨다고요? 삐! 삐! 삐! 고구마는 추위에 약해서 습기가 있거나 얼었다가 녹으면 쉽게 상해요. 고구마는 어둡고 통풍이 잘되는 곳에서 보관하도록 합니다. 고구마를 신문지로 감싸 놓으면 오랫동안 신선하게 보관할 수 있어요.

고기, 사온 즉시 마트에서 해준 포장을 벗겨야 하는 이유

1 비닐 랩을 펼칩니다.

2 소고기를 1회 먹을 분량만큼 랩 위에 올립니다.

비닐 랩 대신 1회용 위생비닐이나 밀폐용기를 이용해 소분해도 좋습니다.

완전히 진공포장된 상태의 소고기라면 1년까지 냉동 보관이 가능하다고 합니다. 하지만 가정에서는 진공포장 상태를 유지하는 게 쉽지 않기 때문에 냉장실(4도 이하)에서 최대 5일, 냉동실(영하 12~18도)에서 최대 3개월이 넘기 전에 섭취하도록 합니다.

함박스테이크나 아기 이유식 등을 만들 때 많이 사용하는 다짐육은 덩어리 고기보다 부패 속도가 훨씬 빠릅니다. 다짐육은 반드시 물기를 제거한 후 밀봉해 보관하고, 냉장보관했을 때는 1~2일, 냉동보관했을 때는 2주 안에 섭취하도록 합니다.

고기를 보관할 때는 밀폐용기에 넣거나 랩, 지퍼백 등으로 잘 포장해 공기를 차단해줘야 합니다. 한 번 해동한 고기는 해동 과정에서 세균이 번식할 수 있기 때문에 다시 냉동하는 것은 좋지 않습니다. 해동 후 다시 냉동하는 일을 막으려면 고기를 냉동하기 전에 한번에 먹을 양만큼 나눠 보관합니다.

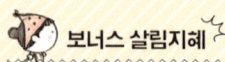 보너스 살림지혜

돼지고기는 소고기보다 빨리 드세요!

돼지고기는 소고기보다 세균 감염이나 부패 속도가 세 배정도 빠릅니다. 돼지고기는 냉장실에서 2일, 냉동실에서는 15일~1개월까지 보관 가능합니다.

돼지고기는 소고기보다 빨리 상해요.

준비물

비닐 랩, 지퍼백

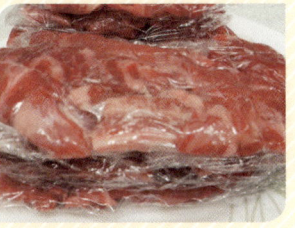
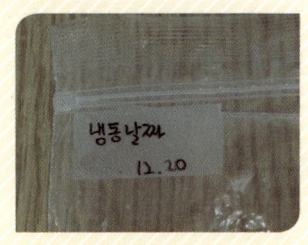

3 고기를 평평하게 편 다음 랩으로 빈틈없이 감쌉니다.

최대한 공기가 들어가지 않도록 포장하는 것이 포인트입니다. 덩어리 고기 역시 한 번 먹을 분량만큼 납작하게 썰어 비닐 랩으로 포장합니다.

4 지퍼백에 고기를 포장한 날짜를 적습니다.

5 소분해서 비닐 랩으로 싼 고기를 지퍼백에 넣습니다.

랩은 눈에 보이지 않는 미세한 구멍이 있어서, 랩으로만 포장하면 재료가 건조되거나 냉장고 냄새가 뱁니다.

6 지퍼백에 넣은 고기는 냉동합니다.

7 삼겹살이나 목살은 덩어리째 얼리면 해동하기도 불편하고 맛도 떨어집니다. 한 끼 분량씩 나눈 다음 고기를 펼쳐서 냉동합니다.

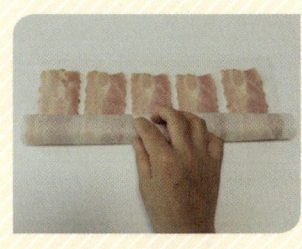

8 베이컨은 포장된 상태로 얼리면 나중에 사용할 때 불편합니다. 종이 포일이나 비닐 랩에 베이컨을 한 장씩 펼쳐 올린 다음, 김밥 싸듯이 둘둘 말아 지퍼백에 넣어 냉동합니다.

 보너스 살림지혜

이대로 냉동보관하면 안돼요!

고기를 맛있게 오래 먹으려면 재포장은 필수!

고기를 샀을 때 포장된 스티로폼 팩 그대로 냉동보관하면 스티로폼의 단열효과로 냉동 시간이 길어집니다. 고기를 천천히 얼리면 얼음 입자가 커져 고기의 세포 조직이 파괴되고 해동했을 때 수분이 많이 생겨 고기 맛이 떨어집니다. 맛있는 고기를 먹으려면 번거롭더라도 재포장해서 보관하세요.

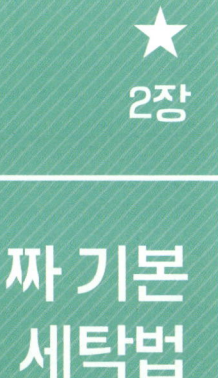

★

2장

진짜 기본
세탁법

패딩, 드라이클리닝 할수록 보온력이 점점 떨어진다!

1 30도 정도의 따뜻한 물에 중성세제와 베이킹소다를 각각 소주잔 3분의 2정도씩 덜어 섞습니다.

겨우내 한파 속에서 우리 몸을 따뜻하게 지켜준 패딩 점퍼. 따뜻한 봄이 오면 다음 겨울을 기약하며 옷장에 넣기 전에 수고했다고 토닥토닥 먼지도 털어주고 찌든 때도 말끔히 세탁해주어야겠죠.

많은 겨울옷이 그렇듯 패딩 점퍼 역시 집에서 세탁하면 옷이 망가질 것으로 생각하기 쉬운데요. 패딩 점퍼 안쪽에 있는 라벨을 살펴보세요. 거위털이나 오리털 등 충전재의 종류에 상관없이 패딩 점퍼는 물세탁을 권합니다. 오리털이나 거위털 등은 드라이클리닝을 하면 솜털의 기름 성분이 줄어듭니다. 기름이 줄어든 깃털은 서로 부딪치는 가운데 손상돼 오히려 보온성이 떨어집니다. 패딩 점퍼, 굳이 비싼 돈 들여 세탁소에 맡기지 말고 집에서 직접 세탁해보세요. 단, 세탁에 앞서 점퍼 안쪽의 세탁 주의 사항 라벨을 반드시 읽어보세요. 겉감의 소재에 따라 세탁 방법이 달라질 수 있으니까요.

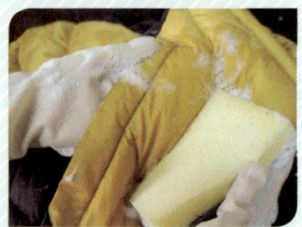

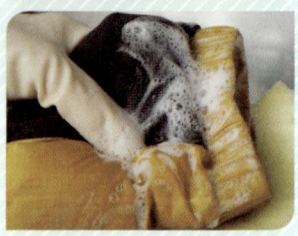

2 1번에서 만든 세제 물을 부드러운 수세미에 적셔 점퍼에서 때가 중점적으로 생기는 부분(목 뒤, 손목, 주머니, 밑단)을 문지릅니다. 수세미가 없을 때는 양손으로 살살 비벼도 됩니다.

모자에 붙은 여우 털 등 물로 빨면 안 되는 장식은 미리 제거하세요.

준비물
중성세제(울샴푸), 베이킹소다, 스펀지 붙은 수세미, 칫솔, 세탁망

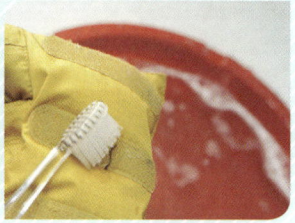
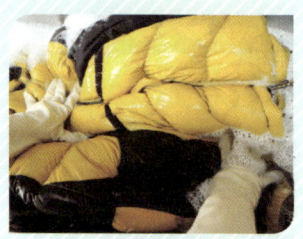

3 손목의 밸크로(찍찍이)는 보풀이나 먼지 등이 잘 끼는 부분입니다. 칫솔로 살살 문질러 이물질을 제거합니다.

4 큰 대야나 욕조에 패딩 점퍼가 잠길 정도의 물을 담고 1번에서 만든 세제 물을 전부 붓습니다. 패딩 점퍼를 손으로 조물조물 주물러 때를 제거합니다.

식초
희석액

5 세제 잔여물이 남지 않도록 충분히 헹굽니다.

섬유유연제는 옷감의 방수력을 떨어뜨리니 사용하지 마세요.

6 패딩 점퍼를 뒤집어 지퍼를 잠근 다음 세탁망에 넣습니다.

7 패딩 점퍼를 세탁기에 넣고 울세탁 코스로 2회 헹구고 탈수해 (헹굼→탈수→헹굼→탈수) 세제 잔여물을 제거합니다.

식초를 반 스푼 정도 물에 희석해 헹굼물에 넣어주면 세제 잔여물을 더 효과적으로 제거하고 정전기를 예방할 수 있습니다.

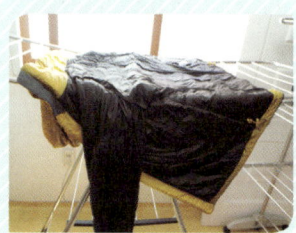

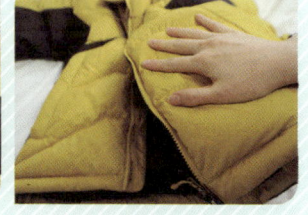

8 탈수가 끝난 패딩은 잘 편 다음 건조대에서 말립니다.

9 건조된 패딩은 손이나 빈 페트병으로 팡팡 두들겨 뭉쳐있거나 죽어있는 솜을 살려주세요.

패딩 점퍼가 완벽히 건조된 상태에서 세탁볼과 함께 세탁기에 넣고 '약한 탈수' 기능으로 1회 탈수해도 솜이 살아납니다. 처음부터 끝까지 손빨래하는 게 너무 힘들다면, 애벌빨래(1~4번) 한 패딩 점퍼를 뒤집어 세탁기에 넣은 다음 '울세탁' 과정으로 돌려도 됩니다.

★ 세탁법 ★

71

청바지,
늘 새 옷처럼 입으려면
두 번째 세탁은
주방에서 하라!

1 청바지를 뒤집습니다.

2 청바지의 지퍼와 단추를 잠가
주세요.

청바지는 남녀노소 누구나 한 벌쯤은 가지고 있는 '국민 바지'죠. 어떤 옷과 매치해도 잘 어울려 편안하게 입을 수 있지만, 몇 번 빨고 나면 색도 옅어지고 틀어져서 처음의 멋있던 모습은 흔적도 없이 사라지고 맙니다. 그런 이유로 청바지는 가능한 세탁을 안 하는 게 좋다고 하지요. 하지만 외부 활동을 하다 보면 자연스럽게 옷에 들러붙는 여러 가지 오염물질과 세균들을 막무가내로 방치할 수는 없는 법! 너무 잦은 세탁은 피하되 올바른 방법으로 세탁해서 청바지의 색과 모양을 유지하면서도 깔끔하게 입을 수 있도록 해요. 청바지를 사고 맨 처음 세탁할 때는 물 빠짐 및 변형을 막기 위해 드라이클리닝을 하는 게 좋아요. 두 번째 세탁부터는 집에서 할 수 있죠. 이때 반드시 찬물로 빨고 가능한 손빨래 하도록 해요.

3 찬물에 소금을 한 스푼 정도
넣고 녹입니다.

찬물로 빨아야 물빠짐을 막을 수
있어요. 물과 소금의 비율은 10 : 1
정도로 합니다.

준비물

소금, 중성세제(울샴푸)

4 소금물에 청바지를 넣고 조물조물 주무른 다음, 그 상태로 10~30분 정도 담가둡니다.

청바지를 소금물에 담가두면 물 빠짐을 막아줘요.

5 청바지를 깨끗한 물로 헹굽니다.

6 찬물에 중성세제를 푼 다음, 청바지를 넣고 조물조물 세탁해 주세요.

7 세제 잔여물이 남지 않도록 찬물로 여러 번 충분히 헹굽니다.

8 청바지의 물기를 제거하고 밑단이 위로 향하게 거꾸로 매달아 말립니다.

청바지를 빨면 길이가 조금씩 줄어드는데, 거꾸로 널면 줄어듦을 방지할 수 있어요.

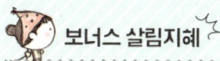 **보너스 살림지혜**

무릎 나온 청바지 복원하기

청바지가 무릎이 늘어져 후줄근해졌을 땐 소주를 뿌려 다려보세요. 소주 속에탄올이 다림질 온도를 상승시켜 섬유가 빠르게 수축하면서, 늘어졌던 청바지 무릎이 빳빳하게 펴집니다.

머리보다 **니트**에 사용할 때 더 극적인 효과가 나타나는 **린스**

니트를 별생각 없이 세탁기에 빨았다가 하염없이 작아져 못 입게 되는 경우가 많습니다. 니트가 줄어드는 이유는 세탁하는 과정에서 니트를 구성하고 있는 조직들이 엉키기 때문입니다. 조직끼리 얽히고설키다 보니 자연스레 니트의 사이즈도 줄어든 것이지요.

이렇게 엉킨 조직은 린스 등을 이용해 부드럽게 만들어 준 다음 조심스럽게 풀어주는 과정을 거치면 다시 원래의 사이즈로 돌아갑니다. 세탁 후 확 줄어든 니트를 발견해도 당황하거나 슬피 울며 버리지 마세요.

그리고 줄어들기 쉬운 니트 종류의 의류는 세탁소에 맡기거나 좀 수고스럽더라도 중성세제를 이용해 손으로 조물조물 부드럽게 빨아주세요.

니트를 오랫동안 물에 담가두는 것도 좋지 않습니다. 반드시 짧은 시간 안에 세탁하도록 합니다.

〰〰〰〰〰〰〰〰〰〰〰〰〰〰

준비물
린스, 마른 수건

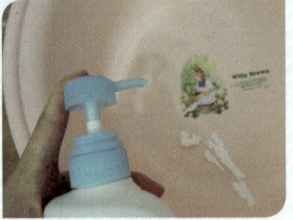

1 대야에 린스나 헤어트리트먼트를 두 번 펌핑합니다.

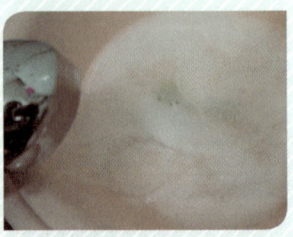

2 30도의 미온수에 린스를 녹입니다.
린스에 들어 있는 윤활제와 보습제 성분이 엉킨 실을 풀어줘요.

3 니트를 뒤집어 린스물에 넣습니다.

4 니트를 조물조물 주무릅니다.

5 린스물이 충분히 스며들도록 5~10분 정도 담가둡니다.

6 니트를 꺼내 돌려 짜지 말고 손으로 꾹꾹 눌러가며 물기를 제거합니다.

헹구지 말고 바로 물기를 제거합니다.

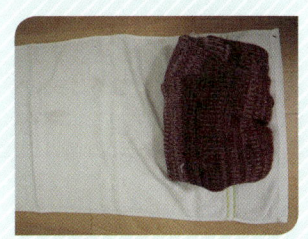

7 니트를 마른 수건으로 감쌉니다.

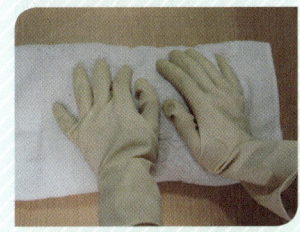

8 손으로 꾹꾹 눌러 물기를 제거합니다.

9 니트를 바닥에 펼친 다음, 가로세로 골고루 결대로 잡아당기면서 엉킨 조직을 풀어줍니다.

10 통풍이 잘되는 그늘진 곳에 니트를 펼쳐서 말립니다.

Before

After

🍄 **보너스 살림지혜**

늘어난 니트 복원하기

니트를 오래 입으면 목이나 소매 둘레가 처음과 달리 헐렁해집니다. 소매나 목둘레를 접어서 오므린 다음, 스팀을 쏘면서 다림질하면 늘어난 부위가 조금은 줄어듭니다.

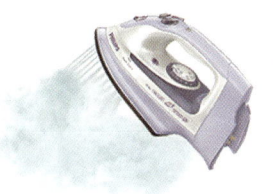

비닐봉지만 있으면 **운동화**를 쉽고 빠르게 빨 수 있다!

금방 더러워지고 냄새나는 운동화는 발 건강을 위해서라도 수시로 세탁해야 합니다.

운동화는 세탁하기 전에 물세탁 가능 여부를 살펴봐야 합니다. 요즘에는 운동화의 디자인과 소재가 다양해지면서 가죽이나 세무 등으로 만든 제품도 있습니다. 이런 제품은 물세탁이 불가능하므로 밑창만 꺼내서 빨고 겉면은 솔을 이용해 얼룩만 살살 제거하거나 전용 클리너를 이용해 닦아야 합니다.

물세탁이 가능한 운동화는 신발 밑창 등에 붙은 흙먼지를 탈탈 털어내고 빨면 됩니다. 하지만 쪼그리고 앉아서 하염없이 솔질하고 있으려니, 때도 잘 빠지지 않을뿐더러 허리도 아픕니다. 세제 물에 때를 좀 불리려고 하면 운동화가 대야 위로 둥둥 뜨기 일쑤라 세탁하기 번거롭습니다. 그렇다고 매번 빨래방에 세탁을 맡기려니 비용이 만만치 않습니다.

조금만 머리를 쓰면 손발이 편해지고 돈도 절약되는 법. 집에서 좀 더 쉽고 빠르고 깨끗하게 운동화를 세탁하는 방법을 알아보겠습니다.

준비물
커다란 비닐봉지, 세탁세제

1 운동화의 흙먼지를 제거하고, 끈과 밑창을 분리합니다.

2 운동화 속 먼지를 흐르는 물로 제거합니다.

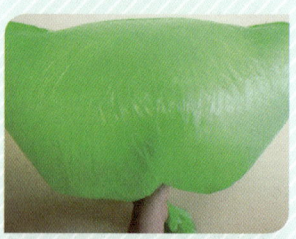

3 커다란 비닐봉지에 공기를 가득 넣어 구멍 여부를 확인합니다.

이후 세탁 과정에서 물이 새는 것을 막기 위해 사전에 꼼꼼히 점검하는 것이예요.

4 비닐봉지에 세탁세제를 두 스푼 넣습니다.

Shake It!
Shake It!

5 비닐봉지에 30도 정도의 온수를 붓고 세제를 충분히 녹입니다.

6 비닐봉지에 운동화를 넣고 입구를 꽁꽁 묶어 10분 정도 둡니다.

운동화를 세제 물에 오랫동안 담그면 접착 부분이 떨어질 수 있고, 운동화의 색이 변하거나 오염물이 달라붙을 수 있으니, 불리는 시간은 20분을 넘기지 않도록 합니다.

7 한 주 동안 싸인 스트레스를 모아 비닐봉지를 사정없이 흔드세요.

이 과정에서 세제 물에 불은 운동화 때가 많이 떨어져 나갑니다.

8 비닐봉지를 열어 운동화를 꺼내고 세제 물은 대야에 따라 놓습니다. 운동화에 남은 때는 솔로 문질러 제거합니다.

9 운동화 끈을 비벼 뺍니다.

10 운동화를 물로 충분히 헹굽니다.

비눗물을 충분히 헹구지 않으면 운동화를 신었을 때 미끄러울 수 있어요.

11 운동화의 물기를 제거한 다음 통풍이 잘되는 그늘에서 말립니다.

운동화를 세탁망에 넣어 세탁기에 1회 탈수해도 좋습니다. 운동화를 말릴 때 신문지를 말아 안에 넣으면 더 빨리 마릅니다.

🐷 **보너스 살림지혜**

식구가 많아서 운동화를 자주 세탁해야 하는 가정이라면, 비닐봉지 대신 운동화가 들어갈 크기의 커다란 밀폐용기를 운동화 세탁 전용통으로 정해두고 세탁할 때마다 사용하는 것도 좋아요.

세탁소 김 사장님의
다림질 필살기 대공개!

빨래바구니에 하루에 하나씩 쌓이는 와이셔츠를 바라보고 있자면 한숨이 절로 나옵니다. 와이셔츠 세탁 뒤에는 '다림질'이라는 무시무시한 산이 버티고 있기 때문이지요. 귀찮은 다림질을 건너뛰고 입히자니 남편의 후줄근한 모습이 안쓰럽습니다.

와이셔츠를 쉽고 빠르게 다리려면 먼저 다림질하는 순서를 정해야 합니다. 다림질에 정해진 순서가 있는 건 아니지만, 다리미의 동선을 최소화하면 다림질 시간이 확 줄어듭니다. 제 경험상 '카라 → 소매 → 왼쪽 앞판 → 왼쪽 등판 → 오른쪽 등판 → 오른쪽 앞판 → 등판 상단' 순으로 다릴 때 시간이 많이 단축됐습니다.

다림질은 적절한 수분과 열 그리고 압력이 필요합니다. 옷이 살짝 덜 마른 상태에서 다리면 좀 더 쉽게 다릴 수 있습니다.

준비물

다리미, 다리미판, 수건

와이셔츠 다리는 순서

카라
소매
왼쪽 앞판
왼쪽 등판
오른쪽 등판
오른쪽 앞판
등판 상단

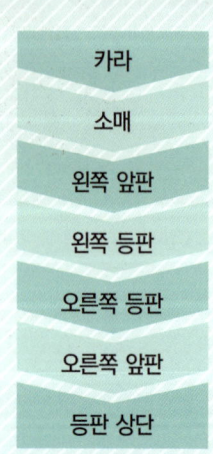

카라 다리기

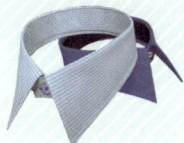

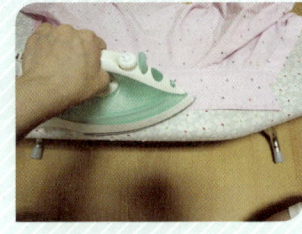 

카라는 다림질을 하는 과정에 와이셔츠를 이리저리 움직여도 구겨질 염려가 없으므로 제일 먼저 다리는 게 좋습니다. 카라를 다릴 때는 뒷면에서 앞면 순으로 다립니다.

소매 다리기

1 와이셔츠의 소매를 봉제선에 맞춰 정리한 다음 다림질합니다.

2 소매를 뒤집어 반대쪽도 다립니다.

다림질할 때 다리미를 들고 있지 않은 손으로 셔츠를 잡아 당기면 좀 더 손쉽게 주름을 펼 수 있어요.

3 손목 안으로 다리미 끝을 넣어 동그랗게 굴리듯 다립니다.

몸통 다리기

와이셔츠 몸통은 단추를 끼우는 쪽에서 시작해 단추가 달린 쪽으로 옷을 돌리면서 다린다고 생각하며 순서를 정합니다. 이렇게 하면 옷을 이리저리 돌리며 드는 시간 낭비를 막고 이 과정에서 생기는 구김도 방지할 수 있습니다.

순서 : 왼쪽 앞판→왼쪽 등판→오른쪽 등판→오른쪽 앞판→등판 상단

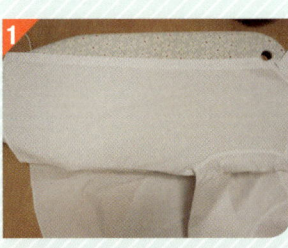 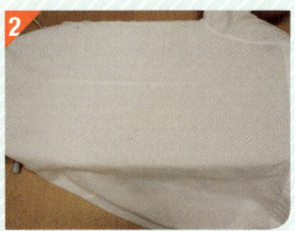

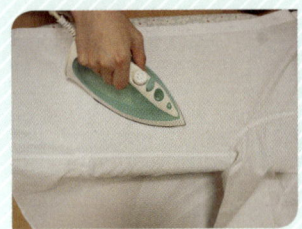 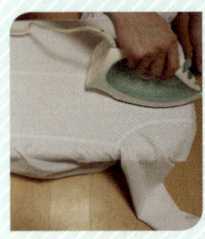  

1 와이셔츠의 왼쪽 앞판을 다립니다.

2 그대로 와이셔츠를 슬쩍 밀어 왼쪽 등판을 다린 다음, 나머지 오른쪽 등판을 다립니다.

가정에서 사용하는 다림판은 좁아서 왼쪽 등판과 오른쪽 등판을 나누어 다리면 쉽게 다릴 수 있어요.

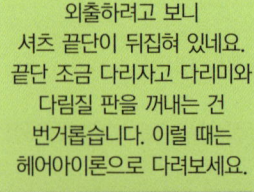

외출하려고 보니 셔츠 끝단이 뒤집혀 있네요. 끝단 조금 다리자고 다리미와 다림질 판을 꺼내는 건 번거롭습니다. 이럴 때는 헤어아이론으로 다려보세요.

3 와이셔츠의 오른쪽 앞판을 다립니다.

4 다리미 끝으로 단추 사이사이를 다립니다.

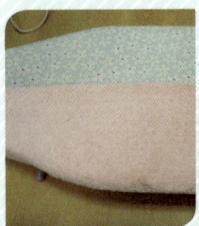 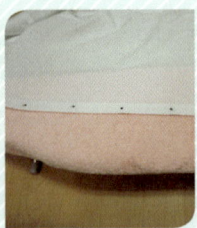 

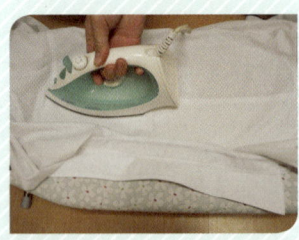

5 단추 사이 사이를 다리는 것이 어렵다면 이 방법을 사용해보세요. 수건을 반으로 접어 와이셔츠 아래 깔고 단추가 아래로 향하도록(수건과 맞닿도록) 뒤집은 다음 다립니다.

6 등판 상단을 다려 다림질을 마무리합니다.

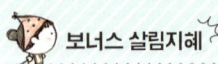 **보너스 살림지혜**

다림질하고 나니 누렇게 변한 옷, 무엇이 문제였을까요?

옷감과 다리미 온도가 맞지 않았거나, 옷감이 물기를 너무 많이 머금고 있었기 때문일 수 있습니다. 옷에 물기가 너무 많을 경우 옷이 잘 다려지지 않을 뿐만 아니라, 열이 오랫동안 가해져 누렇게 변색될 수 있습니다. 다림질로 옷을 바짝 말리기보다는, 옷의 수분이 금방 사라질 정도의 상태에서 다림질을 멈추는 것이 좋습니다.

아세톤 VS 살충제 VS 설탕 VS 다리미, **껌 떼기** 승자는?

어린 시절, 자고 일어났더니 곱게 기른 머리카락에 껌이 딱 붙어 있었습니다. 껌 주인은 껌을 씹다 잠이 든 언니였지요. 지금이라면 머리카락에 붙은 껌쯤 쉽게 떼어냈을 텐데, 당시에는 이 방법 저 방법 다 써보다 결국 머리카락을 싹둑 자르고 펑펑 울었던 기억이 있습니다.

머리카락에 껌이 붙으면 무스나 마요네즈, 식용유 등을 껌이 붙은 자리에 꼼꼼하게 바른 다음 물티슈 등으로 살살 문지르다가 빗으로 살살 빗으면 됩니다. 머리카락에 붙은 껌은 생각보다 쉽게 떨어져 나옵니다. 그런데 우리 엄마는 왜 제 머리카락을 싹둑 잘라버렸을까요?

껌이 머리카락이 아닌 옷에 붙었을 때는 아세톤이나 뿌리는 살충제 등으로 제거할 수 있습니다. 단 옷감에 따라 손상 위험이 있으므로 주의가 필요합니다.

준비물

얼음, 아세톤, 뿌리는 살충제, 설탕, 다리미, 신문지

얼음 + 아세톤(Good!)

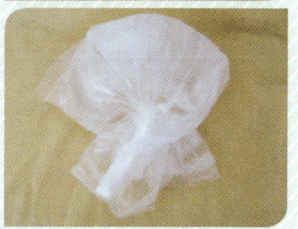

1 얼음을 비닐봉지에 넣습니다. 얼음주머니를 껌이 붙은 부위에 올려두고 껌을 딱딱하게 굳힙니다.

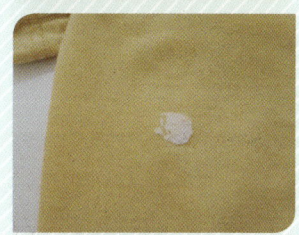

2 플라스틱 카드나 자 등을 이용해 껌을 긁습니다.

껌을 얼음으로 굳히면 깨끗하게 떨어지는 경우도 있지만, 얼음만으로는 완벽하게 떨어지지 않는 경우가 더 많습니다.

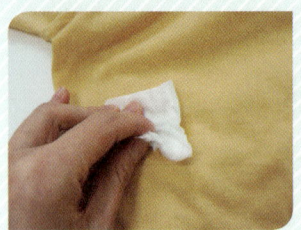
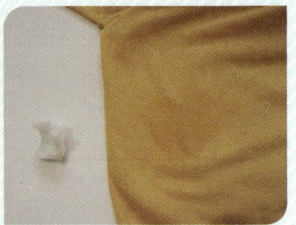

3 화장솜에 아세톤을 묻혀 커다
란 껌 덩어리를 떼냅니다. 남은 껌
자국 위에 아세톤 묻힌 화장솜을
올려놓습니다.

4 화장솜으로 남은 껌을 살살 문지른 다음 뗍니다.
실크와 레이온, 아세테이트, 테드론 소재의 옷에는 아세톤을 쓰면 안
돼요.

살충제(Good!)

1 옷에 붙은 껌에 살충제를 뿌립
니다.
살충제를 뿌리면 껌이 굳는 게 눈
으로 보여요.

2 껌을 플라스틱 카드나 자 등을 이용해서 긁어내거나 손으로 뜯어
냅니다.

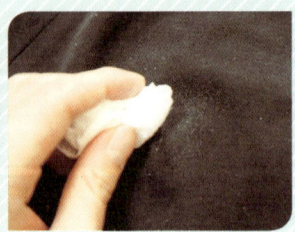

3 잔여물이 남았다면 살충제를 한 번 더 뿌린 다음 껌을 긁습니다.
껌이 안 떨어질 때는 옷을 살짝 비벼서 껌이 으스러지게 합니다.

설탕(So So)

1 설탕을 껌이 붙은 옷 위에 뿌립니다.

  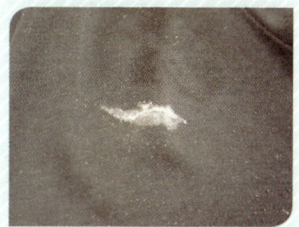

2 손이나 칫솔 등으로 껌을 문지릅니다.

3 껌이 어느 정도 으스러지면 설탕을 털고, 아세톤 등으로 나머지 잔여물을 닦습니다.

 보너스 살림지혜

다리미와 신문지로 껌 떼기(비추천 -.-p)

옷에 붙은 껌을 떼는 방법 중 많이 알려진 다리미 사용하기. '껌이 붙은 옷 위에 신문지를 올린다 → 다림질을 한다 → 신문지에 껌이 붙어 나온다' 설명대로라면 껌을 쉽고 빠르게 떼어낼 수 있을 것 같습니다. 하지만 다리미를 사용하면 껌이 녹아 옷 안으로 스며들어 자칫 옷감이 심하게 상할 우려가 있습니다.

 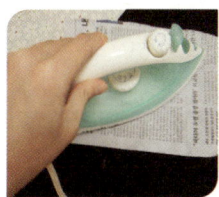  

How To

어떤 **얼룩**이든 한 방에 지우는 '만능 얼룩 리무버'

흰색 옷만 입으면 출근길 지하철 안에서 이름 모를 여인이 등짝에 슬그머니 입맞춤하고 도망가질 않나, 커피를 흘리기도 합니다. 기껏 국물 음식을 피해서 점심 메뉴를 골랐더니 동료가 김칫국물을 튀기고는 미안하다며 머리를 긁적이는 상황이 연출됩니다.

일상생활 속에서 조금만 방심하면 옷에 음식물, 화장품, 볼펜 자국 등 다양한 얼룩이 생깁니다. 어떤 얼룩이든 오랫동안 방치하면 제아무리 탁월한 방법으로도 잘 지워지지 않습니다. 그래서 얼룩 제거는 시간과의 싸움이지요.

얼룩을 제거하려면 얼룩의 정체부터 파악해야 합니다. 얼룩의 종류에 따라 지우는 방법이 달라지기 때문입니다. 얼룩은 크게 물로 쉽게 지울 수 있는 수용성 얼룩(간장, 주스, 커피 등)과 기름기를 머금은 지용성 얼룩(파운데이션, 립스틱, 초콜릿 등)이 있습니다. 수용성 얼룩은 주방세제를 이용하면 대부분 지워지고, 지용성 얼룩은 소독약으로 쓰이는 에탄올이나 마요네즈, 버터 등을 이용해 지울 수 있습니다.

이번에는 두 종류의 얼룩을 제거해보고, 얼룩의 종류를 따질 필요 없이 바로 사용할 수 있는 '만능 얼룩 리무버'를 만들어보겠습니다.

수용성 얼룩 지우기
(간장, 주스, 커피, 빨간 양념 등)

준비물 주방세제, 식초

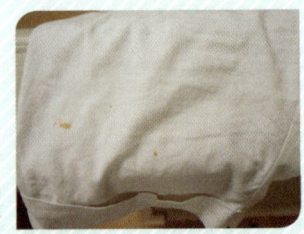

1 면봉이나 휴지에 물을 적셔 얼룩을 톡톡 두드려 1차로 옷에 붙은 음식물을 제거합니다.
얼룩을 비비지 말고 톡톡 두드리세요.

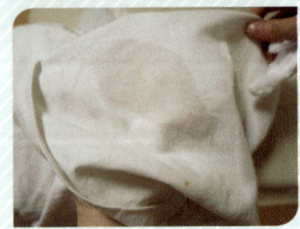

2 면봉이나 휴지에 주방세제를 적당량 발라 얼룩을 톡톡 두드려 제거합니다.
음식 얼룩은 주방세제에 잘 지워져요.

 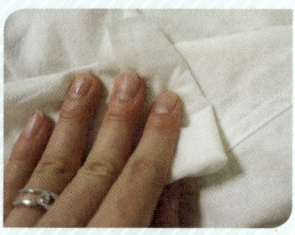 

3   2번 과정 후에도 얼룩이 남았다면, 면봉이나 휴지에 식초를 묻혀 얼룩을 톡톡 두드립니다.

식초는 옷에 착색된 색소를 없앱니다.

4   옷에 식초를 바른 채 10분 정도 뒀다가 미지근한 물로 헹굽니다.

지용성 얼룩 지우기 (파운데이션, 립스틱, 초콜릿 등)   준비물   마요네즈, 주방세제

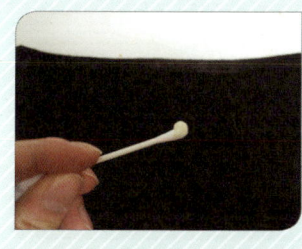 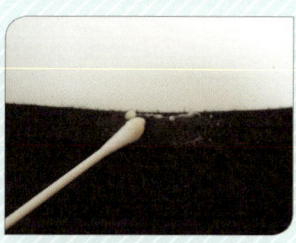 

1   면봉이나 휴지에 마요네즈를 묻혀 얼룩을 닦습니다.

마요네즈 대신 버터를 사용해도 좋습니다.

 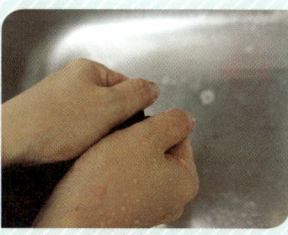 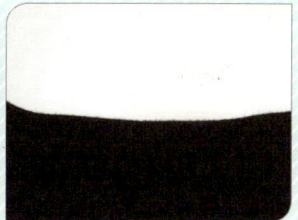

2   얼룩이 지워지면 옷에 주방세제를 묻힌 다음 비빕니다.

주방세제가 마요네즈의 유분기를 제거합니다.

볼펜 얼룩 지우기

준비물 에탄올, 면봉

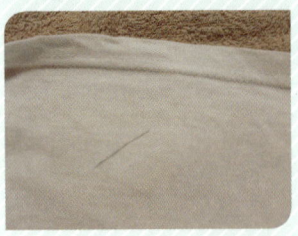
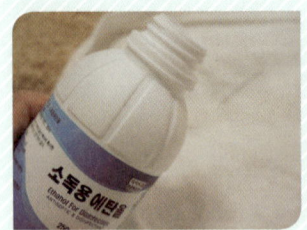

1   2차 오염을 막기 위해 볼펜 자국 아래 마른 수건을 깝니다.

마른 수건을 대지 않으면 얼룩과 닿은 옷이나 바닥 등에 얼룩이 번질 수 있습니다.

2   볼펜 자국에 에탄올을 뿌리고 면봉에도 에탄올을 발라 볼펜 자국을 문지릅니다.

얼룩에 에탄올을 뿌린 채 면봉으로 닦지 않고 그대로 두면, 볼펜의 잉크가 주위로 번집니다.

3   볼펜 자국이 한 번에 지워지지 않으면 2번 과정을 2~3번 반복합니다.

만능 얼룩 리무버 만들기

준비물 에탄올, 식초, 중성세제(샴푸나 주방세제)

1   에탄올과 식초, 중성세제를 1 : 1 : 1 비율로 섞습니다.

에탄올은 지용성 얼룩을, 식초는 수용성 얼룩을 녹이고, 중성세제는 계면활성제 역할을 합니다.

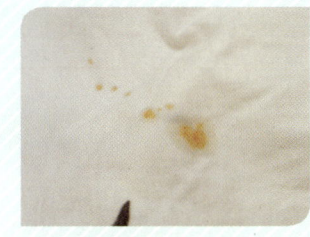
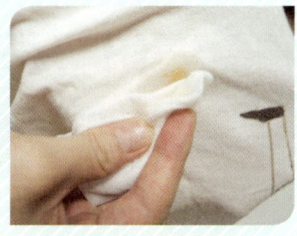

2 1의 혼합물이 잘 섞이도록 흔듭니다.

만능 얼룩 리무버는 물세탁이 가능한 옷이면 모두 사용할 수 있고, 라면 국물, 파운데이션, 커피 등 수용성·지용성 얼룩 모두에 효과적입니다.

3 면봉이나 휴지에 물을 적셔 얼룩을 톡톡 두드려 1차로 옷에 붙은 음식물을 제거합니다.

얼룩을 강하게 비비면 얼룩이 옷에 스며드니 가볍게 톡톡 두드려주세요.

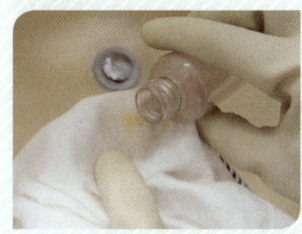
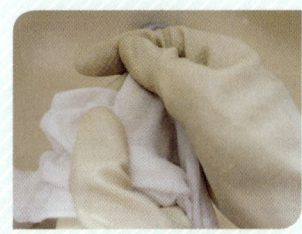
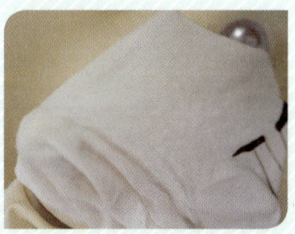

4 얼룩이 있는 부분에 만능 얼룩 리무버를 바릅니다.

5 얼룩을 살살 문지릅니다.

6 40도 정도의 온수에서 얼룩을 살살 비벼줍니다.

 보너스 살림지혜

만능 얼룩 리무버로 옷에 묻은 립스틱 지우기

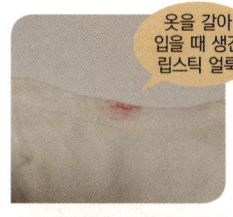

옷을 갈아 입을 때 생긴 립스틱 얼룩

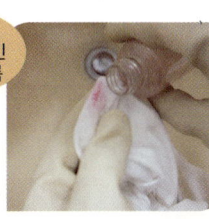
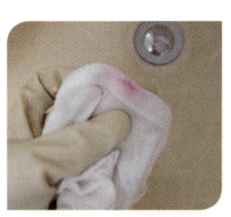

얼룩 클리어!

더러운 **어그부츠**는 우유로 빤다?!

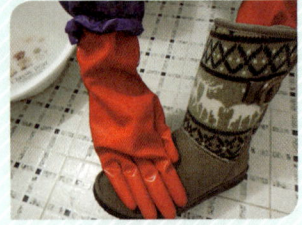

1 어그부츠의 먼지를 털어냅니다.

어그부츠는 호주에서 방한 목적으로 양털을 이용해 만든 투박하고 못생긴 남성용 신발을 '어글리'(ugly)라고 불렸던 데서 유래했다고 해요. 앞코가 둥글고 펑퍼짐해서 마치 애니메이션 속 스머프가 신는 신발 같기도 해요. 하지만 너무 따뜻해서 한번 신으면 벗을 수 없는 마성의 신발이기도 하죠.

어그부츠는 통풍에 취약하기 때문에 냄새가 나기 쉬워요. 그런데 스웨이드 소재에 안쪽으로 양털이 두툼하게 채워져 있어 세탁이 쉽지 않습니다. 어그부츠를 집에서 세탁했다가 변형되었다는 후일담은 쉽게 찾아볼 수 있어요.

고가의 어그부츠일 경우 어그부츠 전문 세탁업체에 맡기는 것이 안전해요. 하지만 세탁비를 두세 번 모으면 새 어그부츠를 살 수 있을 만큼 세탁비가 무척 비쌉니다. 고가의 어그부츠가 아니라면 직접 세탁에 도전해 보세요. 집에서 어그부츠 세탁할 때 꼭 기억할 두 가지! '찬물'로 '빨리' 세탁하는 것입니다.

2 차가운 물에 소주잔으로 우유 반 컵, 중성세제 반 컵을 넣고 섞습니다.

우유의 유지방 성분은 어그부츠의 가죽을 보호하고 기름때를 녹이는 역할을 합니다.

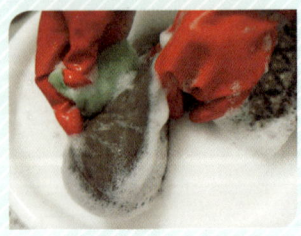

3 어그부츠를 세제 물에 담근 다음 부드러운 솔이나 칫솔, 스펀지를 이용해 살살 문지릅니다.

준비물

중성세제, 우유, 식초, 마른 걸레, 신문지

4 손으로 조물조물 주물러 부츠 속까지 빨아주세요.

5 거품이 빠질 때까지 부츠를 헹굽니다.

세제 물을 충분히 헹구지 않으면 부츠가 마른 후에 얼룩져 보여요.

6 물에 식초를 소주잔으로 반 컵 정도 섞은 다음 부츠를 담급니다.

식초는 부츠를 소독하고 색 빠짐을 방지합니다. 식초 대신 구연산을 이용해도 좋습니다.

7 부츠를 물로 헹굽니다.

8 손으로 부츠의 물기를 짠 다음 부츠 안에 마른 걸레나 수건을 넣습니다.

9 부츠를 세탁망에 넣어 1회 탈수합니다.

10 부츠 안에 뭉친 신문지를 넣어 모양을 잡습니다. 바람이 잘 통하는 그늘에서 건조합니다.

부츠를 오랫동안 신지 않을 때도 신문지와 실리카겔을 함께 넣어 습하지 않은 곳에서 보관하면 변형과 곰팡이를 예방할 수 있어요.

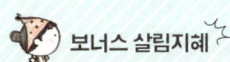

보너스 살림지혜

어그부츠 관리법

어그부츠는 자주 세탁할 수 없기 때문에 평소 관리가 중요해요. 어그부츠를 신은 다음에는 칫솔이나 신발 솔로 외피의 결 방향으로 쓸어 바로바로 먼지를 털고, 비나 눈이 오는 날은 전용 방수스프레이를 뿌린 다음 외출합니다. 부츠가 비나 눈에 젖었다면 집에 돌아와 마른 수건으로 물기를 제거하고 신문지를 신발 안에 채워 그늘에서 2~3일 동안 말립니다. 얼룩이 생겼다면 전용 클리너로 닦거나 지우개로 살살 지웁니다. 물 얼룩은 분무기로 물을 살짝 뿌린 다음 칫솔 등을 사용해 털을 살살 세워주면 감쪽같이 가릴 수 있습니다.

주부의 일손을 덜어주는
빨랫감 3분류

1 빨래바구니는 최소 3개 정도 준비합니다.

빨랫감을 분류하지 않고 한꺼번에 세탁기에 넣고 돌리면 옷끼리 엉켜 있거나 짙은 색깔 옷이 흰색 옷을 물들이는 불상사가 발생할 수 있습니다. 또 오염이 심한 옷이 그렇지 않은 옷을 더럽히기도 합니다. 빨랫감은 색상과 소재별로 분류해 세탁해야 변색도 막고 오랫동안 입을 수 있습니다.

빨랫감을 분류할 때 제일 먼저 할 일은 드라이할 옷과 물세탁 가능한 옷을 구분하는 것입니다. 드라이할 옷은 세탁소에 맡기고, 물세탁할 옷은 색깔별로 구분합니다. 평소 세탁실에 빨래바구니를 여러 개 놓고 빨랫감이 생길 때마다 해당 바구니에 넣어 놓으면, 세탁하기 전에 빨랫감을 분류할 필요가 없어 세탁 시간이 단축됩니다. 또 빨래바구니 옆에는 작은 쓰레기통을 둬 주머니에 들어있는 휴지나 영수증, 옷에 붙어 있는 머리카락이나 오염물 등을 버리고 분류할 수 있게 합니다. 이런 작은 장치가 바쁜 주부의 일손을 덜어줍니다. 니트나 속옷류 등 변형되기 쉬운 옷은 세탁망을 이용해 분류합니다.

2 빨래바구니에 '흰옷' '색깔옷' '수건'이라고 적습니다.

흰옷 바구니
흰색, 노란색, 연한 하늘색 등의 파스텔톤 옷과 속옷을 넣습니다.

색깔옷 바구니
파란색, 녹색, 붉은색, 검은색 등 짙은 색상 옷을 넣습니다.

수건
수건은 수건끼리 단독 세탁하는 것이 좋습니다. 수건의 양이 적을 경우에는 흰색 계통의 옷과 함께 세탁해도 됩니다. 단 섬유유연제는 수건의 흡수성을 떨어트리니 헹굼은 따로 하세요.

준비물
빨래바구니, 세탁망

3 흰옷과 색깔옷 바구니는 세탁기 앞에 두고, 옷을 벗어 넣을 때 색깔에 맞게 바구니에 넣습니다.

5 니트나 스타킹 등 늘어나거나 엉키기 쉬운 옷은 세탁망에 넣습니다.

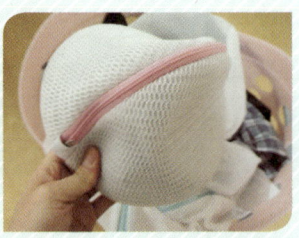

6 틀어지기 쉬운 여성 속옷은 손빨래하거나 속옷 전용 세탁망에 넣어 세탁합니다.

의류 전용 세탁망과 속옷 전용 세탁망을 빨래바구니 옆에 빨래집게 등으로 고정해 두고, 옷을 벗어 바로 망 안에 넣을 수 있게 합니다.

4 수건 바구니는 욕실 앞에 둡니다.

수건을 젖은 채로 빨래바구니에 넣어 놓으면 세탁한 수건에서 퀴퀴한 냄새가 날 수 있습니다. 사용한 수건은 가능한 말린 다음 바구니에 넣도록 합니다.

보너스 살림지혜

세탁기에 넣기 전 한 번 더 체크하세요

✔ 접혀 있는 바짓단은 펼쳐서 먼지를 털어냅니다.

✔ 긴 팔 와이셔츠는 소매 단추를 몸통 단추에 끼워 빨면 엉키지 않습니다.

✔ 점퍼는 지퍼를 끝까지 올리고 빨아야 다른 옷을 상하지 않게 합니다.

✔ 스팽글이나 구슬, 자수 등 장식이 붙어 있는 옷은 뒤집어 빱니다.

보풀 제거,
비싼 새 면도기보다
낡은 면도기가 좋다!

옷 표면에 작은 공처럼 뭉쳐 있는 보풀은 옷의 미관을 해치는 골칫덩어리입니다. 니트나 평소 수시로 빨아 입는 옷들은 쉽게 보풀이 일어나 지저분하고 낡아 보입니다. 보풀이 잔뜩 일어난 옷을 입고 있으면 왠지 그 옷을 입고 있는 사람까지 후줄근하게 느껴집니다.

보풀을 하나하나 손으로 떼자니 그 수도 많을 뿐만 아니라, 손으로 잡아떼면 주변의 섬유까지 뜯겨 옷이 더 심각하게 손상됩니다. 보풀은 보풀제거기로 떼어내는 것이 가장 안전합니다. 하지만 칫솔이나 일회용 면도기, 눈썹용 칼 등 가정에서 흔히 볼 수 있는 아이템으로도 보풀을 제거할 수 있습니다.

고가의 옷이라면 보풀제거기를 이용하고, 부담 없이 입는 니트나 티셔츠, 트레이닝복 등은 굳이 돈 들여 보풀제거기를 살 것이 아니라 집에서 손쉽게 구할 수 있는 도구들로 보풀을 제거해보세요.

준비물
일회용 면도기, 눈썹용 칼, 칫솔, 비닐 테이프

일회용 면도기로
보풀 제거하기

1 한 손은 옷을 잡아 고정하고, 다른 한 손은 일회용 면도기를 듭니다. 일회용 면도기를 보풀이 있는 부분에 대고 위에서 아래로 쓱 내립니다.

고가의 면도기는 날이 잘 들어 자칫 천이 상할 수도 있으니, 날이 어느 정도 무뎌진 면도기나 일회용 면도기를 사용하는 편이 좋습니다.

2 위에서 아래로 내리기를 여러 번 반복합니다. 이때 손에 너무 힘을 주지 않도록 주의하세요.

3 보풀을 옷 한쪽으로 모읍니다.

  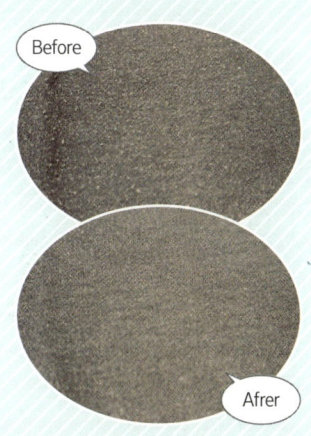

Before

Afrer

4 모아놓은 보풀은 비닐 테이프로 한 번에 떼냅니다.

눈썹용 칼로 보풀 제거하기

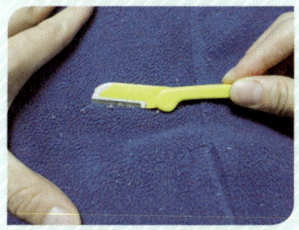  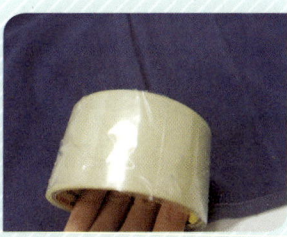

1 면도기와 같은 방법으로 눈썹 칼을 위에서 아래로 내려주되, 칼 날을 사진과 같이 살짝 기울입니다.

2 떨어져나온 보풀은 비닐 테이프로 한 번에 떼냅니다.

칫솔로 보풀 제거하기

Before

Afrer

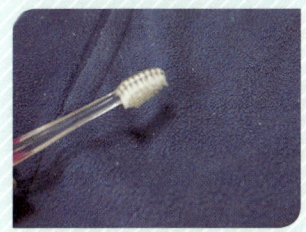 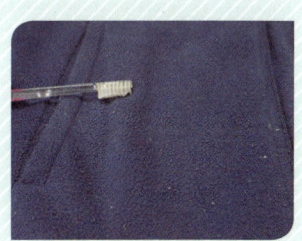

1 가위로 칫솔모를 3분의 2 정도 자릅니다.

칫솔모를 자르면 남은 부분이 더 탄탄해져 보풀이 잘 떨어집니다.

2 손에 힘을 빼고 부드럽게 위에서 아래로 보풀을 긁습니다.

힘 조절이나 각도 조절이 불안하다면, 버려도 될 만한 옷으로 미리 연습해 보는 것이 좋습니다.

93

아이 서랍에서 찾은 후줄근한 **바지 복원** 잇 아이템

옷을 오래 입다 보면 인체의 움직임에 따라 변형되기 마련입니다. 트레이닝 바지가 그 대표적인 예입니다. 트레이닝 바지를 오래 입으면 움직임이 많은 무릎 부위가 보기 싫게 툭 튀어나옵니다. 무릎이 툭 튀어나온 바지를 입으면 맵시도 나지 않고, 자칫 게을러 보일 수 있습니다.

무릎이 살짝 나왔을 경우에는 무릎 부위에 물을 충분히 뿌린 다음 쭉쭉 당기면서 다림질하면 예전 모습을 어느 정도 찾을 수 있습니다. 하지만 조금만 활동하면 무릎이 금방 또 튀어나오고, 무릎이 심하게 나온 바지에 이 방법은 효과가 없습니다.

이럴 땐 공작 시간에 사용하는 물풀(액체풀)을 써보세요. 섬유가 풀을 먹어 탱탱해지면서 늘어진 무릎이 빳빳하게 펴집니다. 풀을 먹여 무릎을 복원하는 방법은 마나면 소재의 바지와 청바지에도 응용할 수 있습니다. 이때 사용하는 풀은 딱풀이 아닌 물풀만 가능합니다.

준비물

물풀(딱풀 ×), 분무기, 다리미

1 분무기에 물 한 컵과 물풀 한 숟가락 정도를 넣고 잘 섞이도록 충분히 흔듭니다.

물과 물풀의 비율은 10 : 1 정도가 좋아요. 물풀의 양이 너무 많아지면 나중에 옷이 딱딱해질 수 있어요.

Yes!   No!

2 무릎 나온 바지를 뒤집습니다.

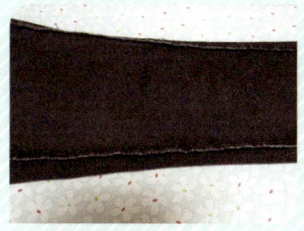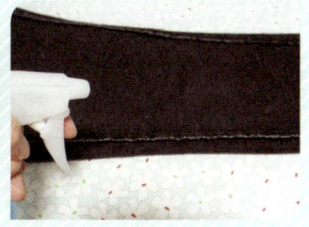

3 무릎 부분에 물풀 혼합액을 뿌립니다.

한번에 너무 많은 양을 가까이에서 뿌리면 끈적일 수 있으므로 어느 정도 거리를 두고 적당량을 고루 분사합니다.

4 물풀 혼합액을 뿌린 부위를 다리미로 다립니다.

소주를 뿌린 다음, 바지를 잡아당기며 다림질 해도 무릎의 주름을 효과적으로 없앨 수 있습니다.

5 열에 민감한 섬유로 된 옷은 수건이나 천을 덧댄 후 다리세요.

Before

Afrer

쑥 튀어나왔던 무릎이 쏙!

 보너스 살림지혜

옷에 묻은 먼지 쉽게 제거하기

강아지나 고양이 같은 애완동물을 키우다 보면 조심한다고 해도 옷이 늘 털 범벅 상태입니다. 특히 검은색 옷을 입은 날이면 눈뜨고 보기 힘든 지경이지요. 옷에 덕지덕지 붙은 먼지나 동물 털은 고무장갑만 있으면 빠르게 제거할 수 있습니다(모직 코트는 조직이 망가질 수 있으니 주의해주세요).

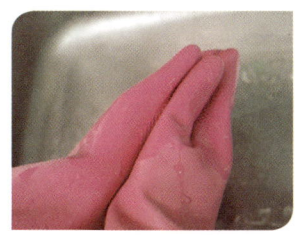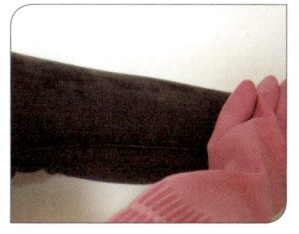

1 양손에 고무장갑을 끼고 물을 묻힙니다.

2 물을 탈탈 털어주세요.

3 먼지 묻은 곳을 두세 번 훑어주기만 하면 먼지 제거 완료!

낡은 티셔츠도 새 옷으로 바꾸는 우레탄 실 한 가닥

티셔츠의 목둘레는 머리를 넣고 빼기 편하게 신축성 있는 조직으로 되어 있습니다. 그렇다 보니 티셔츠에서 세월의 무게를 견디지 못하고 가장 먼저 변형되는 곳이 목둘레입니다. 서랍을 열어보면 다른 곳은 멀쩡한데 목이 늘어나 입지 못하는 티셔츠가 많습니다. 버리기에는 아까운 티셔츠에 다시 생명을 불어넣을 방법 없을까요?

외출 준비를 하다가 갑작스럽게 티셔츠의 목이 늘어난 것을 발견했다면, 스팀다리미로 목둘레를 돌아가며 지그시 눌러줍니다. 이렇게 하면 일시적이지만 늘어난 목둘레를 어느 정도 복원할 수 있습니다. 장기적으로 티셔츠의 늘어난 목둘레를 복구하고 싶다면 우레탄 실(신축성 있는 투명한 실)을 사용해보세요. 우레탄 실은 늘어났다 줄어들었다 하는 복원력이 뛰어나, 늘어난 목 부분을 바로 잡아줍니다.

준비물
우레탄 실, 바늘, 가위

1 티셔츠의 목 부분은 두 겹으로 되어 있습니다. 목둘레 안으로 우레탄 실을 넣어줄 것입니다.

바지 허리에 고무줄을 넣는 것과 같은 원리입니다.

2 우레탄 실을 바늘귀에 꿰닙니다. 우레탄 실이 잘 들어가지 않으면 실을 대각선으로 잘라서 넣습니다.

우레탄 실이 너무 얇으면 끊어질 수 있으므로 0.8~1mm 정도의 두께를 사용하는 게 좋아요.

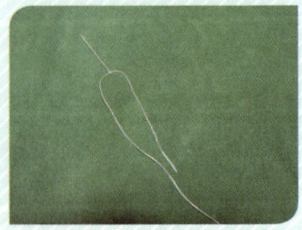

3 우레탄 실이 목둘레를 통과할 때 실이 바늘에서 빠질 수 있으므로, 반대쪽 실 길이를 여유 있게 뺍니다.

4 티셔츠 목둘레 안쪽에 박음질되어 있는 부분에 바늘귀를 꽂습니다.

바늘 끝(뾰족한 부분)을 먼저 넣으면, 목둘레를 따라 우레탄 실을 넣을 때 바늘이 옷 밖으로 계속 튀어나옵니다.

들어간 실
나온 실

5 고무줄 바지의 허리에 고무줄을 넣듯이 목둘레를 따라 바늘을 밀어 넣어 통과시킵니다.

6 우레탄 실이 목둘레를 한 바퀴 다 돌면 바늘을 처음 넣었던 위치에서 바늘귀를 뺍니다.

바늘귀에 우레탄 실이 꽂혀 있는 상태입니다.

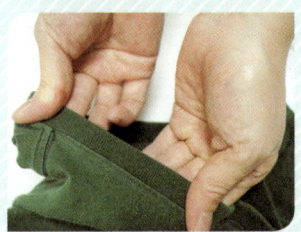
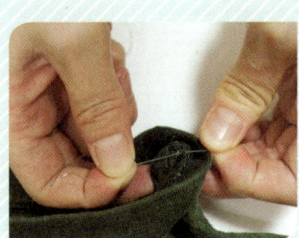

7 티셔츠 목둘레에 맞춰 양손으로 잡아당기며 우레탄 실의 길이를 조절합니다.

욕심을 내서 우레탄 실을 너무 잡아당기면 오히려 목선이 쭈글쭈글해집니다.

8 우레탄 실의 양 끝을 묶어 매듭을 짓습니다.

매듭은 2~3번 정도 지어주세요.

9 나머지 실은 잘라냅니다.

모자와 찰떡궁합 세제는
욕실에 있다!

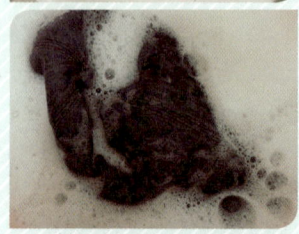

1 미지근한 물에 샴푸를 푼 다음, 모자를 담급니다.

모자는 머리에서 나오는 땀과 유분 등을 그대로 흡수하기 때문에 의류와 마찬가지로 주기적인 세탁이 필요합니다. 모자마다 세탁 방법이 조금씩 다르지만, 한 가지 공통점이라면 세탁기에 넣어 세탁하는 건 피해야 한다는 점입니다. 세탁기로 세탁하면 모자의 입체적인 모양이 변형될 수 있기 때문입니다. 모자는 안쪽 라벨에 기재되어 있는 세탁 주의 사항을 참고하여 손세탁하는 것이 좋습니다.

세제는 샴푸가 무난합니다. 샴푸는 머릿기름이나 각질 등을 제거하는데 최적화된 세제이기 때문이지요. 야구모자처럼 면으로 된 모자는 미온수에 샴푸를 풀어 조물조물 빨아주고, 니트 모자나 비니 등은 찬물에 중성세제(울샴푸)를 풀어서 손세탁합니다. 밀짚모자는 비눗물에 담가 살살 흔든 다음 샤워기로 모자 틈새에 끼어있는 때와 먼지를 씻어내면 됩니다. 펠트 소재의 모자는 물세탁이 불가능하므로 헝겊에 휘발성 약품이나 알코올을 묻혀 오염된 부분만 닦아주세요.

2 오염된 부분과 모자 안쪽을 칫솔로 문질러 때를 제거합니다.

모자 안쪽에 이마와 맞닿는 띠에 파운데이션 등 화장품이 묻어 있을 때는 칫솔에 클렌징품을 묻혀 문지릅니다.

3 모자를 10~20분간 샴푸 물에 담가둡니다.

준비물
샴푸, 칫솔, 마른 수건

4 모자를 조물조물 주물러 손세탁합니다.

5 모자를 깨끗한 물로 충분히 헹굽니다.

6 모자는 쥐어짜지 말고 탈탈 턴 다음, 수건으로 눌러가며 물기를 제거합니다.

7 모자 속에 마른 수건이나 신문지 뭉치를 집어넣어 모양을 잡은 후, 바람이 잘 통하는 그늘에서 말립니다.

 보너스 살림지혜

최소한의 비용으로 당신을 패피(패션피플)로 만들 모자!

저는 캠핑 다음 날 머리를 감지 못했을 때 모자를 즐겨 쓰는데요. 떡진 머리를 가리는 용도에 국한하기에는 모자의 세계는 참으로 넓습니다. 모자는 크라운(머리를 감싸는 부분)과 챙의 크기와 모양, 소재에 따라 이름이 달라집니다. 드라마틱한 효과를 보장하는 모자 몇 가지를 알아볼까요.

캐플린
크라운의 높이가 낮으면서 챙이 넓고 부드러운 소재를 써서 물결치듯 자연스럽게 휘어지는 모자.

페도라
크라운이 낮고 챙이 살짝 위로 접힌 모자.

볼러
일명 '채플린 모자'라고 불리며, 딱딱한 펠트 소재로 만든 동그란 볼 모양의 크라운과 위로 말려 올라간 짧은 챙이 특징인 모자.

클로슈
크라운이 종처럼 생겨 머리에 꼭 맞으면서, 챙이 아래로 늘어져 얼굴을 살짝 덮는 모자.

와이셔츠에
누런 다리미 자국이 생기면
약국으로 달려가세요

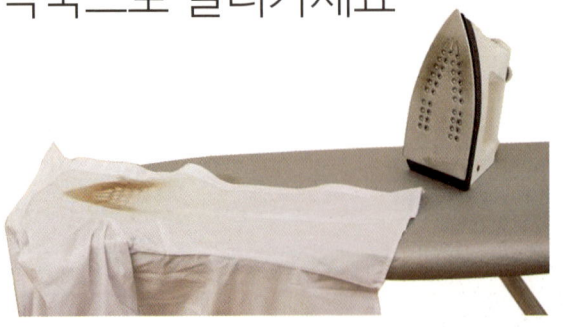

와이셔츠나 면바지에 물을 많이 먹이거나, 다리미 바닥에 생긴 그을음을 미처 발견하지 못하고 다림질하면 옷에 누런 얼룩이 생깁니다. 옷이 심하게 탄 것이 아니라면 다리미 자국은 과산화수소를 이용해 복원할 수 있습니다.

산소와 수소의 화합물로 이루어진 과산화수소를 다리미 자국에 뿌리면 화학반응이 일어나면서 살균 표백작용이 시작됩니다. 이때 색이 변한 섬유가 무색으로 돌아오게 됩니다. 산소계 표백제인 과탄산소다를 뿌려 화학반응을 증폭시키면 얼룩을 더 효과적으로 제거할 수 있습니다.

과산화수소는 다리미 자국 외에도 여러 가지 얼룩을 제거하는 데 유용하기 때문에 집에 꼭 갖춰 두면 좋습니다(약국에서 500원이면 구입할 수 있습니다). 모든 얼룩이 그렇듯이 옷에 생긴 다리미 자국 또한 신속하고 빠르게 제거해야 합니다.

준비물
과산화수소, 산소계 표백제(과탄산소다), 분무기

1 다림판 위에 수건을 깔아준 다음 다리미 자국이 생긴 부분을 펼칩니다.

다리미 바닥에 생긴 얼룩은 식초를 적신 천으로 닦으면 쉽게 제거됩니다.

2 다리미 자국에 물을 뿌립니다.

3 다리미 자국에 과산화수소를 골고루 뿌립니다.

4 그 위에 산소계 표백제를 골고루 뿌립니다.

5 옷에서 1센티미터 가량 떨어진 거리에서 스팀다리미로 스팀을 쏘입니다.

스팀다리미가 없으면 그대로 햇볕에 말립니다.

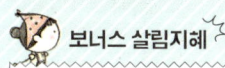 보너스 살림지혜

상처, 과산화수소로 소독하지 마세요

날카로운 물건에 베였거나 찰과상을 입었을 때 상처를 소독하기 위해 과산화수소를 바르지요. 그럼 상처에서 보글보글 기포가 발생하는데요. 이걸 보고 살균이 되고 있다고 생각합니다. 하지만 이때 세균과 상처가 아물도록 하는 데 중요한 세포가 함께 죽는다고 해요. 상처 부위는 흐르는 물로 씻어내는 것만으로도 충분히 살균된다고 합니다.

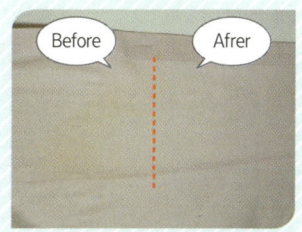

Before   Afrer

6 옷에 남은 산소계 표백제를 탈탈 털고 세탁합니다.

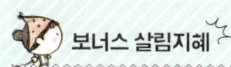 보너스 살림지혜

과산화수소로 핏자국 없애기

자기도 모르는 사이 몸에 작은 상처가 생겨 옷에 핏자국이 묻는 경우가 있습니다. 핏자국은 발견했을 때 바로 찬물로 빨면 쉽게 없앨 수 있습니다. 뒤늦게 발견한 핏자국이라면 과산화수소를 사용해 없앨 수 있습니다.

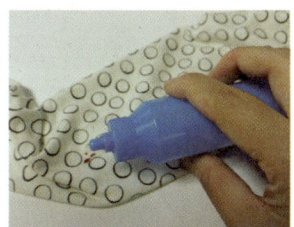 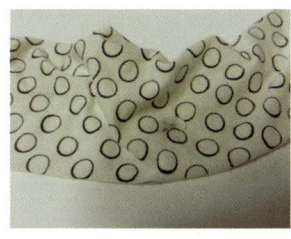 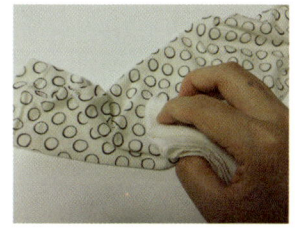

1 핏자국에 과산화수소를 뿌립니다.

2 거품이 사라질 때까지 기다립니다.

3 깨끗한 물수건으로 과산화수소를 닦습니다.

니트 세탁할 때 필수품, 마른 수건

따뜻하고 포근한 느낌 때문에 찬바람이 솔솔 불어오면 찾게 되는 니트는 세탁이 꽤 번거롭습니다. 집에서 세탁했다가는 줄어들거나 늘어나 못 입게 되는 경우가 많지요. 그렇다고 매번 세탁소에 맡기기에는 금액 부담이 만만치 않습니다. 하지만 전용세제를 사용하고 몇 가지 원칙만 지킨다면 니트도 얼마든지 집에서 세탁할 수 있습니다.

니트는 되도록 세탁 시간을 짧게 해야 합니다. 그리고 가능한 손빨래를 해주세요. 세탁하기 전에는 보풀 방지 차원에서 옷을 뒤집어주고, 변형을 막기 위해 단추와 지퍼는 잠가줍니다. 색이 쉽게 빠지는 경우가 있으니, 이염을 방지하는 차원에서 단독세탁하는 것을 원칙으로 합니다. 미지근한 물에 중성세제(울샴푸)를 푼 다음 손으로 조물조물 주물러 빨고, 헹굴 때는 찬물을 사용해야 니트가 줄어드는 것을 최소화할 수 있습니다. 건조할 때는 가능한 약하게 탈수한 다음, 뉘어서 말려야 늘어나는 것을 방지할 수 있습니다. 헹굼물에 레몬즙이나 식초 한 스푼 넣어주면 보풀 방지에 도움이 됩니다.

1 니트는 뒤집어서 30도 정도의 미온수에 담급니다.

지퍼나 단추가 있는 경우 다 잠가 주세요.

2 중성세제를 넣어주세요.

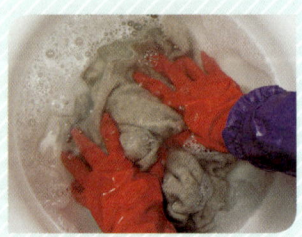

3 손으로 약하게 조물조물 주물로 빱니다.

첫 번째와 두 번째 세탁할 때는 미지근한 물을 이용합니다.

준비물
중성세제(울샴푸), 마른 수건

4 세 번째 헹굼부터는 찬물에서 조물조물 주물러 세제를 제거합니다. 세탁 시간은 10분 이내로 짧게 끝내는 게 좋아요. 니트를 물에 오래 담가 놓으면 줄어들 수 있습니다.

5 니트를 세탁망에 넣어서 세탁기의 '약한 탈수' 기능으로 돌려줍니다.

 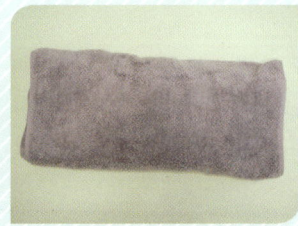 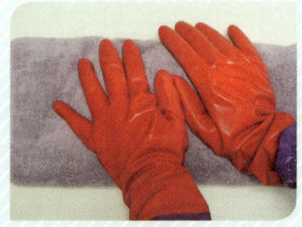

6 세탁기를 사용하지 않고 탈수하려면 수건을 이용하세요. 니트를 전체적으로 꾹 눌러 물기를 어느 정도 제거한 다음, 수건에 돌돌 말아 남은 물기를 제거합니다.

7 물기를 제거한 니트는 통풍이 잘되는 그늘진 곳에 넓게 펼쳐서 건조합니다.

8 니트를 오랫동안 입지 않을 때는 니트 사이에 신문지를 넣고 잘 접어서 보관하고, 자주 입는 계절에는 접어서 옷걸이에 걸어 보관합니다.

니트 개는 방법과 보관법은 118쪽을 참조하세요.

세트법

누렇게 변한 옷
하얗게 되돌리는 기적의 비율
2 : 2 : 1 : 1

분명 눈부시게 빛나던 새하얀 티셔츠였는데 오랜만에 꺼냈더니 누레졌다거나, 몇 번 입지 않은 흰색 셔츠의 소매와 카라가 누렇게 변해 속상했던 경험 있으시죠? 섬유에 묻은 땀, 피지 등의 노폐물이 공기 중의 가스와 만나면 누렇게 변하는 황변 현상이 일어납니다. 특히 습한 장소에 옷을 보관했을 경우 그 현상이 심해집니다. 흰색 옷은 색상의 특성상 이런 황변 현상이 특히나 도드라져 보이기 때문에 평소 보관할 때 세심한 주의가 필요합니다. 황변 현상은 옷에 여러 가지 오염물이 쌓여 발생하기 때문에 옷을 입고 난 후에는 바로 세탁해야 합니다. 또 입고 난 옷은 눈에 보이는 오염이 없더라도 세탁해서 보관해야 합니다. 세제를 깨끗하게 헹구지 않아도 옷이 누렇게 변합니다.

이미 누렇게 변해버린 옷은 염소계 표백제(락스)나 산소계 표백제(과탄산소다)를 이용해 하얗게 되돌릴 수 있습니다. 하지만 모나 실크 소재의 옷에는 두 가지 세제 모두 사용할 수 없으니, 애초 변색하지 않게 잘 관리하는 수밖에 없습니다.

준비물

과탄산소다(산소계 표백제), 베이킹소다, 과산화수소,
중성세제(울샴푸), 구연산

1 대야에 과탄산소다를 종이컵으로 반 컵 정도 넣습니다.

2 1에 베이킹소다를 종이컵으로 반 컵 정도 넣습니다.

3 1에 중성세제를 종이컵으로 4분의 1컵 정도 넣습니다.

4 1에 과산화수소를 종이컵으로 4분의 1컵 정도 넣습니다.

5 들어가는 세제 등의 비율은
과탄산소다 (2) : 베이킹소다 (2) : 과산화수소 (1) : 중성세제 (1) 입니다.
과탄산소다 50ml, 베이킹소다 50ml, 과산화수소 25ml, 중성세제 25ml

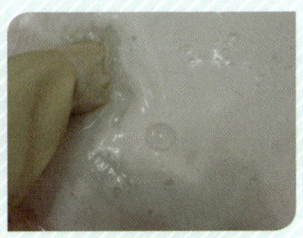

6 40~50도의 따뜻한 물 5~6리터에 5의 세제를 충분히 녹입니다.
꼭 따뜻한 물을 사용하세요.

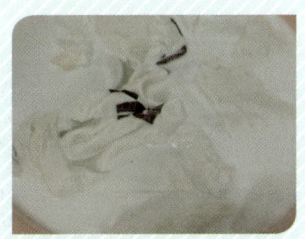

7 변색된 옷을 10~30분가량 담
가두고 중간중간 한 번씩 주무릅
니다.

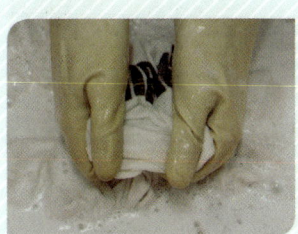

8 세제물에 담근지 10~30분이
지나면 충분히 주물러 세탁합니다.
누런 얼룩이 있다면 얼룩 부분을
더 신경 써서 주무릅니다.

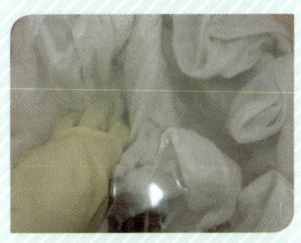

9 따뜻한 물에서 세제 잔여물이
남지 않도록 충분히 헹굽니다.

Before

Afrer

10 마지막 헹굼물에 구연산 1티스푼 넣고 녹인 다음, 옷을 헹굽니다.
구연산은 섬유를 부드럽게 만들어주고, 얼룩이 다시 생기지 않도록 해줍니다.

How To

AS 부를 필요 없는
언 세탁기 녹이기 ABC

일반적으로 세탁기가 있는 세탁실이나 베란다는 난방이 되지 않아 날씨가 추워지면 세탁기가 얼어 작동하지 않는 경우가 있습니다. 이런 불편을 겪지 않으려면 세탁기를 따뜻한 곳에 설치해야 하지만, 현실적으로 그렇지 못한 가정이 많기 때문에 겨울이 오면 세탁기가 얼기 전에 미리미리 예방해야 합니다.

세탁기 동결과 동파의 원인은 세탁 후 호스에 남아있던 물이 얼어붙기 때문입니다. 한 겨울철에는 세탁 후 급수 호스와 배수 호스에 물이 남아 있지 않도록 하는 것이 매우 중요합니다.

세탁기가 얼었을 때 무리하게 작동하면 모터가 고장날 수 있습니다. 한파 예보가 있는 날은 세탁기를 돌리기 전에 동결 여부를 확인해 보는 것도 잊지 마세요. 세탁기가 얼었다고 해도 따뜻한 물을 이용해 쉽게 녹일 수 있으니 너무 걱정하지 마세요.

준비물

수건, 대야, 따뜻한 물

세탁기 동결 · 동파 예방하기

1 세탁 후 세탁기의 수도를 잠급니다.

2 급수 호스를 수도꼭지에서 분리한 다음, 호스 안에 있는 물을 완전히 다 빼냅니다.

드럼세탁기의 경우 세탁기 하단에 있는 커버를 연 다음 잔수 제거 호스 마개를 열어 펌프 내부에 남아 있는 물을 제거합니다.

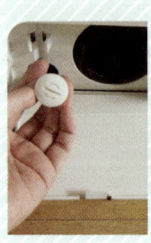

3 평소 배수 호스 안에 물이 고이지 않게 호스가 구부러진 곳이 있으면 곧게 펴놓습니다. 세탁 후에는 호스에 남아 있는 물을 완전히 뺍니다.

4 세탁 후에는 세탁기 문을 열어 통 내부의 물기를 말립니다.

세탁기 동결 확인하기

1 세탁기 전원을 켜고 '헹굼 버튼'을 누릅니다. 세탁기의 세제 투입구를 열어 물이 잘 나오는지 확인합니다.

물이 나오지 않는다면 급수 호스가 얼어있는 상태입니다.

2 세탁기에 물을 4~5컵 정도 넣은 다음, 전원을 켜고 '탈수 버튼'을 눌러서 배수구로 물이 잘 나오는지 확인합니다.

배수구로 물이 나오지 않는다면 배수 호스가 얼어있는 상태입니다.

언 세탁기 녹이기

드럼세탁기는 세탁 통 내부의 고무 부분까지 따뜻한 물을 넣습니다.

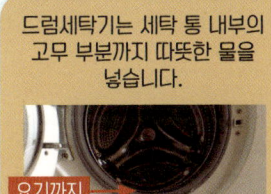

요기까지

1 수도꼭지가 얼었다면 뜨거운 물수건으로 수도꼭지를 감쌉니다.

헤어드라이기로 녹여줘도 좋아요.

2 급수 호스가 얼었다면 50도 정도의 온수에 호스를 담가둡니다.

3 50~60도 정도의 따뜻한 물을 세탁기 바닥 빨래판이 잠길 정도까지 부은 다음, 1~2시간 정도 지난 후 '1회 헹굼→1회 탈수' 과정으로 세탁기를 돌려 배수구로 물이 빠지는지 확인합니다.

물이 빠지지 않는다면 아직 덜 녹은 상태이므로 온수를 그대로 두었다가 다시 '1회 헹굼→1회 탈수' 과정으로 세탁기를 돌립니다.

운동화 끈만 있으면
베게 세탁 뚝딱!

1 베개에 붙어 있는 취급 주의 사항 라벨을 꼼꼼히 살펴 물세탁이 가능한지 확인합니다.

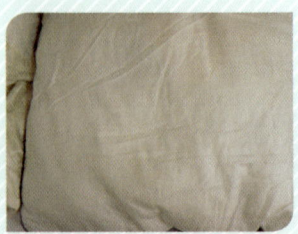

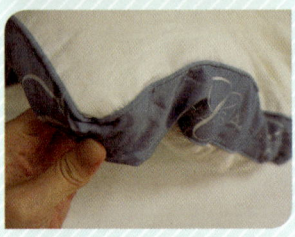

2 베개 커버를 벗겨내고 베갯속의 박음질 상태를 확인합니다.
박음질이 제대로 되어 있지 않으면 세탁 도중 베갯속이 밖으로 빠져나올 수 있습니다.

베개는 하루 동안 쌓인 피로를 씻어내고 내일의 에너지를 충전해주는 잠자리의 동반자입니다. 베개는 피부와 아주 가깝게 접촉하기 때문에 청결에 특히 신경 써야 합니다. 두피에서 떨어진 각질, 유분, 땀, 침 등 각종 분비물과 곰팡이, 진드기, 각종 세균이 기생하는 베개는 피부염과 알레르기의 원인이 됩니다.

일반적으로 베개 솜은 그냥 두고 베개 커버만 세탁하는 경우가 많은데요. 베개 솜을 그대로 방치하면 위험합니다. 위생을 생각한다면 수시로 빨아서 사용할 수 있는 충전재가 들어 있는 베개를 선택하는 편이 좋습니다. 세탁이 가능하지 않은 베개 솜이라도 1주일에 한 번씩은 충분히 털어서 먼지를 제거하고 종류에 따라 햇볕이나 그늘에서 충분히 말려야 합니다. 베게 커버는 여유분을 갖춰두고 1주일에 한 번씩 세탁해 번갈아가며 사용해야 합니다.

3 베갯속이 뭉치지 않도록 운동화 끈 등으로 베개를 3등분해 묶습니다.

준비물

중성세제(울샴푸), 운동화 끈

4 베개는 단독세탁을 원칙으로 하며 중성세제로 세탁합니다.

세제는 바로 넣기보다 물에 희석해 넣으면 세척력을 높일 수 있어요.

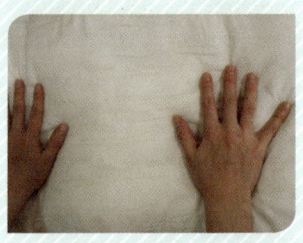

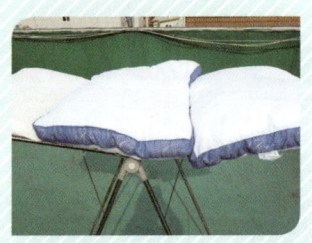

5 세탁이 끝나면 운동화 끈을 풀고, 베개를 손으로 탁탁 쳐서 베갯속을 고르게 폅니다.

6 세탁이 완료된 베개는 뉘여서 말립니다.

세워서 말리면 베개 솜이 아래로 쏠릴 수 있어요.

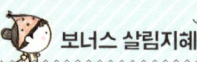 보너스 살림지혜

오래된 베개와는 쿨하게 이별하세요!

물건을 오래 사용하는 것은 미덕이지만, 베개만은 그렇지 않습니다. 곡물류나 깃털 베개는 최대 1~2년, 솜 베개는 최대 2~3년, 메모리폼이나 라텍스 베개는 3~4년 주기로 교체하는 것이 좋습니다.

 보너스 살림지혜

물세탁이 불가능한 베개 관리법

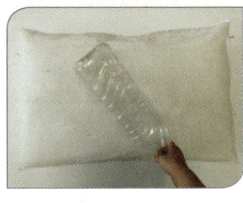

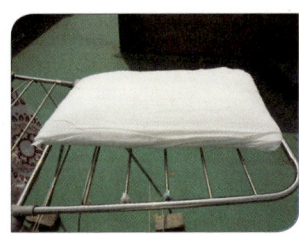

1 베개 솜을 빈 페트병이나 손으로 팡팡 두드려 먼지를 제거합니다.

2 베개 솜을 햇볕에 5시간 이상 널었다가, 죽은 진드기들이 떨어져 나가도록 다시 한 번 팡팡 두드립니다.

베갯속의 진드기는 햇볕에 5시간 이상 노출되었을 때 효과적으로 제거됩니다. 햇볕을 쬐기 힘들 때는 헤어드라이기로 열을 가하세요.

메모리폼·라텍스 베개

메모리폼·라텍스 베개는 직사광선이나 강한 열에 오랫동안 노출되면 형태가 변형될 수 있습니다. 손이나 막대기로 팡팡 두드려 먼지를 제거하고 통풍이 잘되는 그늘에 말려서 건조합니다.

곡물 베개

베갯속에 습기가 차면 벌레가 생길 수 있으므로, 평소 습기 없는 상태를 유지하고 자면서 땀을 많이 흘렸을 때는 반드시 햇볕에 말립니다.

아이가 물고 빠는 **솜 인형**, 베이킹소다와 비닐봉지로 초고속 세탁

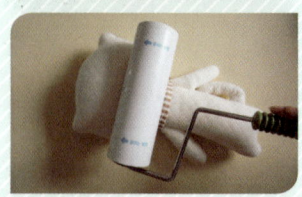

인형은 수시로 먼지를 제거합니다.

아이에게 인형은 껴안고, 비비고, 물고, 빠는 진한(?) 스킨십 대상입니다. 그래서 옷이나 이불처럼 청결에 신경 써야 할 대상이지요. 인형은 수시로 먼지를 털고 햇볕에 말려야 하며, 주기적으로 물세탁하는 것이 좋습니다.

건전지가 들어 있어 물세탁이 어려운 인형은 비닐봉지에 인형과 베이킹소다를 함께 넣고 흔든 다음 탈탈 털어주세요. 작은 인형은 손으로 조물조물 주물러 빨거나 세탁망에 넣어 세탁기로 빨면 됩니다.

부피가 아주 큰 인형은 번거롭지만 바느질을 뜯어서 솜을 꺼낸 다음 솜과 인형 외피를 따로 빠는 작업이 필요합니다.

준비물
베이킹소다, 큰 비닐봉지,
중성세제(울샴푸 또는 아이 옷 전용 세제)

베이킹소다로 소독하기

1 세탁할 인형을 큰 비닐봉지에 넣습니다.

2 비닐봉지에 베이킹소다를 넣습니다.

베이킹소다 양은 인형 개수에 맞게 조절하세요. 크기별로 차이가 있지만, 인형 한 개당 소주잔 한 컵 정도가 적당합니다.

3 비닐봉지 입구를 단단히 묶은 다음 마구 흔들면 베이킹소다가 인형 속의 먼지와 진드기를 흡착합니다.

4 인형을 꺼내서 베이킹소다를 탈탈 터세요.

물세탁하기

1 30도 정도의 미온수에 중성 세제를 소주잔으로 3분의 2 정도 부은 다음 잘 섞습니다.

베이킹소다를 중성세제와 같은 양 넣어주면 더 좋습니다.

2 인형을 물에 넣고 손으로 조물조물 주물러 빱니다.

 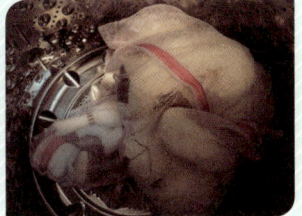 

3 인형을 세탁망에 넣은 다음, '울세탁' 코스로 세탁합니다.

세탁기를 사용하지 않고 손빨래할 경우 꼼꼼하게 헹궈주세요.

4 세탁한 인형은 햇볕이 잘 드는 곳에 뉘어서 말립니다.

건조하는 도중에 인형을 손으로 툭 툭 두드려주세요. 솜 사이에 공기 가 들어가 변형이 줄어듭니다.

세탁부터 건조까지
쉬워도 너무 쉬운
커튼 빨기

1 진공청소기나 먼지털이로 커튼에 붙은 먼지를 제거합니다.

먼지를 제거하지 않고 세탁하면 세탁 후에도 커튼에 먼지가 그대로 남아 있을 수 있어요.

1년 365일 내내 걸려있는 커튼은 집 안팎의 온갖 먼지들이 붙기 때문에 1년에 2~3번 정도는 세탁해야 합니다. 커튼의 종류에 따라 물세탁이 안되는 경우가 있기 때문에 세탁하기 전 '세탁 주의 사항'을 반드시 확인해야 합니다.

햇빛 차단 효과가 뛰어나 가정에서 많이 사용하는 암막커튼의 경우에는 물세탁이 가능하지만, 첫 세탁은 드라이크리닝을 하는 게 좋습니다.

집에서 세탁할 때는 반드시 커튼만 단독세탁해야하고, 얼룩이 있다면 일차적으로 손으로 애벌빨래를 한 다음 세탁해야 합니다. 커튼은 오랫동안 물에 담가놓으면 색상이 변할 수 있기 때문에 물에 때를 불리는 건 좋지 않습니다. 액체 및 가루 세제가 바로 직물에 닿을 경우, 이염 및 탈색의 원인이 될 수도 있기 때문에 세제를 넣을 때 주의해야 합니다. 원단 특성상 물이 골고루 적셔지지 않을 수 있기 때문에 물을 미리 적신 다음 세제를 넣는 게 좋습니다.

2 커튼을 커튼봉에서 분리합니다. 커튼에 얼룩이 있다면 중성세제를 바른 다음 손으로 주물러 애벌빨래합니다.

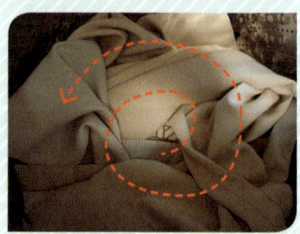

3 커튼을 그냥 넣지 말고 병풍처럼 길게 접은 다음 뱀이 똬리를 틀듯이 뱅글뱅글 돌려가며 세탁기에 넣습니다.

이렇게 넣어야 골고루 세탁됩니다.

준비물

진공청소기, 중성세제

4 세제를 넣기 전에 커튼이 물에 충분히 젖도록 물을 붓습니다.

물의 온도가 높을 경우 커튼이 수축될 수 있으므로 찬물로 세탁합니다.

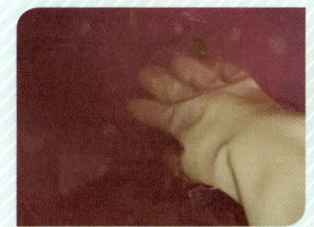

5 세제가 커튼에 바로 닿으면 얼룩이 생길 수 있기 때문에, 대야에 물과 중성세제(울샴푸)를 넣고 희석한 다음 세탁기에 붓습니다.

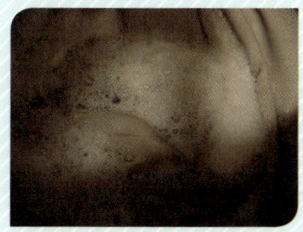

6 울세탁 과정으로 세탁기를 작동합니다.

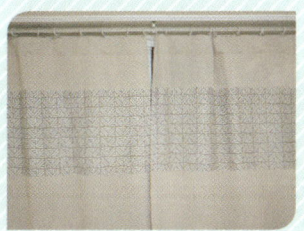

7 세탁이 끝난 커튼은 별도로 건조대에 널 필요 없이 바로 커튼봉에 걸어 건조합니다.

커튼봉에 걸어 건조하면 구김이 생기지 않아 별도로 다림질할 필요가 없어요.

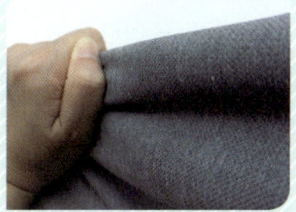

8 린넨 소재의 커튼은 세탁 후 수축해 있을 수 있습니다. 커튼이 젖어 있는 상태에서 세로(길이) 방향으로 쫙 잡아당긴 후 널면 됩니다.

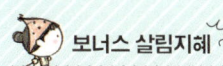 보너스 살림지혜

암막커튼을 세탁했더니 얼룩덜룩해졌어요

밝은 색상의 암막커튼은 젖은 상태에서는 거뭇하게 얼룩져 보일 수 있습니다. 이건 암막커튼 안쪽 면이 어두운 색상으로 되어 있어, 물에 젖었을 때 짙은 색이 더 도드라져 보이기 때문입니다. 커튼이 마르면 다시 밝은 색상으로 돌아오니 안심하세요.

3장

진짜 기본 수납 & 리폼

공간을 많이 차지하지 않고 한눈에 찾을 수 있는
목도리 보관법

겨울의 필수품 목도리. 하나둘 사모으다 보니 어느새 옷장에서 꽤 넓은 공간을 차지하게 되고, 한 곳에 보기 좋게 정리하기도 쉽지 않습니다. 목도리보다 부피가 작은 스카프라고 해서 사정이 다르지는 않습니다. 여기저기 아무렇게나 걸려 있는 목도리와 스카프는 세탁소 옷걸이로 정리하면 옷장을 알차게 활용하면서 깔끔하고 찾기 쉽게 정리할 수 있습니다.

세탁소 옷걸이는 옷을 오랫동안 걸어놓으면 형태가 망가지기 때문에 옷을 보관하는 측면에서는 부족함이 많은 물건입니다. 하지만 조금만 변형하면 활용 가능성이 무궁무진해지는 훌륭한 재활용 재료가 세탁소 옷걸이입니다. 자 지금부터 재료도 과정도 초 간단한 목도리걸이를 함께 만들어볼까요.

준비물
세탁소 옷걸이 4개 이상, 펜치

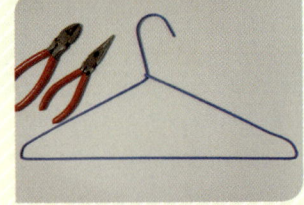

1 먼저 목도리걸이의 머리 부분을 만들어보겠습니다. 옷걸이의 걸개 부분을 적당한 길이로 자릅니다.

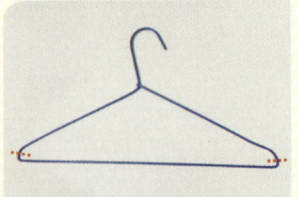

2 잘라낸 옷걸이의 양 끝을 펜치로 동그랗게 말아줍니다.

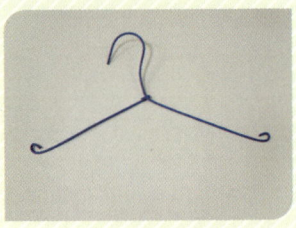

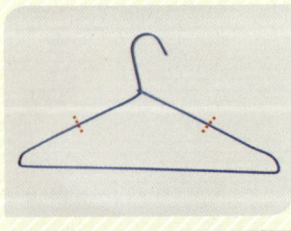

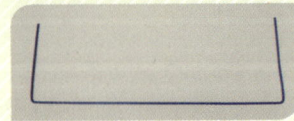

3 목도리를 걸어줄 몸통 부분을 만들어보겠습니다. 옷걸이를 잘라 'ㄷ'자 모양으로 만듭니다.

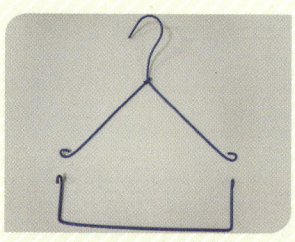

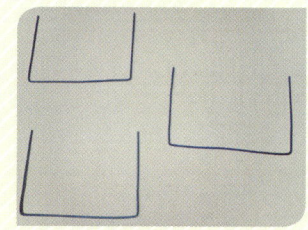

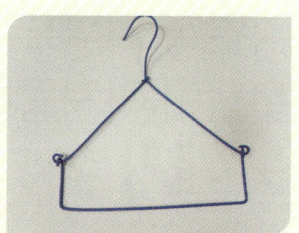

4 'ㄷ'자 모양의 옷걸이 양 끝을 동그랗게 말아줍니다.

5 나머지 옷걸이들도 잘라내 'ㄷ'자 모양을 여러 개 만들고 양 끝을 동그랗게 말아줍니다.

'ㄷ'자 모양 옷걸이 개수로 목도리 걸이의 단 수를 조절할 수 있어요.

6 1, 2번에서 만든 머리 부분에 3~4번에서 만든 몸통 부분을 연결합니다.

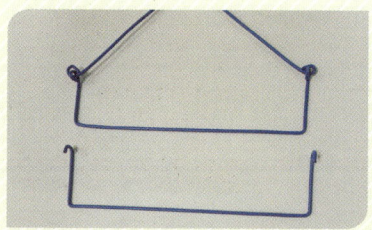

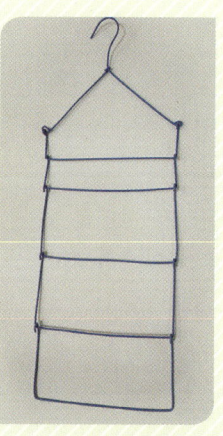

7 그리고 5번에서 만든 나머지 몸통들도 연결합니다.

8 몸통이 분리되지 않도록 펜치로 연결고리를 꾹 눌러 고정합니다.

연결고리가 뾰족하면 목도리 올이 걸릴 수 있으니, 최대한 둥글게 말아주세요.

9 완성된 목도리걸이에 목도리나 스카프 등을 차곡차곡 걸어 옷장 안에 넣습니다.

시간이 지나도 옷장이 어지럽혀지지 않는 **옷 개기** ABC

옷장처럼 깔끔한 모습을 오랫동안 유지하기 어려운 곳도 없는 것 같아요. 하루에도 몇 번씩 옷을 꺼내입다 보니 정리했을 때 반짝 깔끔했다가 금세 어질러집니다. 또 옷의 형태가 천차만별이다 보니 개어 놓은 모양도 크기도 제각각입니다. 어지러운 옷장을 그대로 두면 정리의 악순환에 빠질 수 있습니다. 옷을 찾을 때마다 옷장을 헤집게 되고 옷을 하나 꺼내면 나머지 옷들도 줄줄이 헝클어지기 때문이죠.

옷을 조금만 신경 써서 개고, 꺼내 입을 때를 고려해 수납하면 정리와 어질러짐의 무한 반복을 멈출 수 있습니다. 옷을 바르게 개서 수납하면 찾는 것도 쉬워질 뿐 아니라 주름도 잘 생기지 않아 언제나 기분 좋게 입을 수 있습니다. 또 개개의 옷이 차지하는 부피가 작아져 수납공간에도 여유가 생깁니다. 옷을 꺼내고 새로 넣어 둘 때 다른 옷에 영향을 덜 미치도록 수납해두면 여러 사람이 옷장을 사용해도 한결같이 깔끔한 모습을 유지할 수 있습니다.

한 번만 알아두면 두고두고 사용하는 깔끔하게 옷 개고 정리하는 방법에 대해 지금부터 하나씩 살펴보겠습니다.

상의-니트와 긴팔티

1 니트를 펼칩니다.

2 니트의 옆쪽을 3분의 1가량 안으로 접은 다음, 소매를 사진처럼 정리합니다.

3 반대쪽도 같은 방법으로 접습니다.

4 접힌 니트를 아래에서 위로 반 접습니다.

5 신문지를 두 번 접어 옷걸이에 겁니다.

옷걸이에 신문지를 걸고 그 위에 옷을 걸면, 옷에 옷걸이 자국이 남는 걸 방지할 뿐만 아니라 습기도 잡을 수 있습니다.

6 니트를 신문지 위에 건 다음 옷장에 보관합니다.

자주 입는 니트는 접어서 보관하는 것보다 옷걸이에 걸어서 보관하는 게 좋아요.

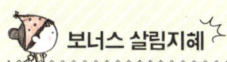

상의-니트를 오랫동안 입지 않을 때 보관법

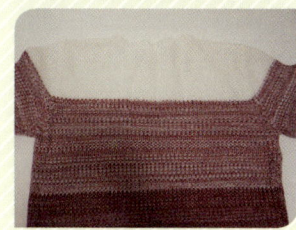

1 니트를 펼칩니다.

2 목선에 맞춰서 반으로 접은 신문지를 올려놓습니다.

니트는 모 혼방이나 모 100% 제품이 많죠. 모는 습기에 약해서 옷장에 오랫동안 넣어 놓으면 퀴퀴한 곰팡내가 날 수 있어요. 요 신문지가 습기를 꽉 잡아줄 거예요.

3 니트의 옆쪽을 3분의 1가량 안으로 접은 다음 소매는 사진과 같이 정리합니다.

4 반대쪽도 같은 방법으로 접습
니다.

5 접힌 니트를 아래에서 위로 반
접습니다.

6 한 번 더 반으로 접어 보관합
니다.

니트에 실리카겔을
끼워 두면 습기 방지
에 더 효과적입니다.

상의-반팔 티셔츠

1 반팔 티셔츠를 등이 위로 향
하게 펼칩니다.

2 티셔츠의 옆쪽을 3분의 1가량 안으로 접은 다음 소매를 사진과
같이 정리합니다.

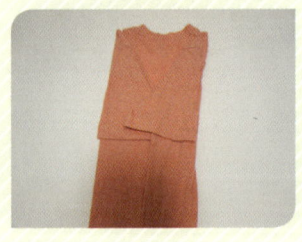

3 반대쪽 소매도 같은 방법으로
접으세요.

4 접힌 티셔츠를 아래에서 위로
반 접습니다.

5 한 번 더 반으로 접습니다.

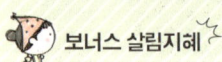 **보너스 살림지혜**

쉽게 꺼내입을 수 있는 티셔츠 수납법

티셔츠를 세워서 수납하면 옷을 찾을 때마다 뒤
적이지 않고 바로 찾을 수 있어 서랍 속을 깔끔
하게 유지할 수 있어요. 티셔츠의 개수가 적어 옷
이 쓰러진다면 북엔드(책을 세워둘 때 사용하는
철물)를 이용해 고정해주세요.

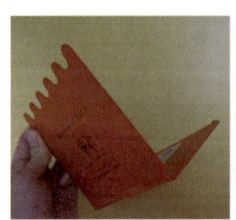

상의-후드 티셔츠

 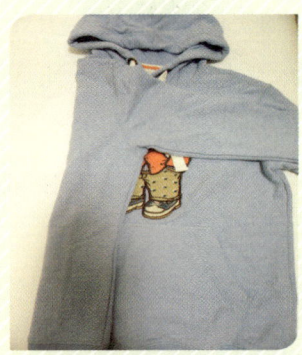

1 후드 티셔츠 앞면이 위로 향하게 펼칩니다.

2 티셔츠의 옆쪽을 3분의 1가량 안으로 접은 다음 소매를 사진과 같이 정리합니다.

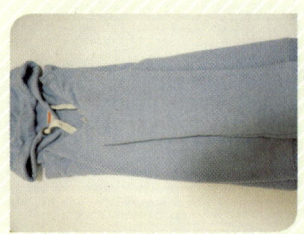 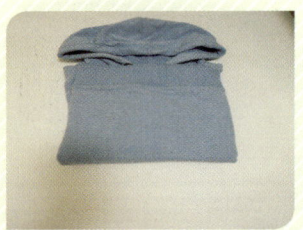 

3 반대쪽도 같은 방법으로 접으세요.

4 티셔츠를 아래에서 위로 반 접습니다.

5 티셔츠를 아래에서 위로 돌돌 맙니다.

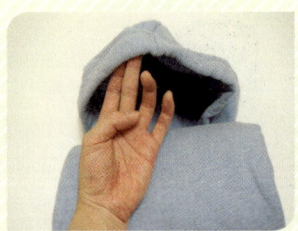  

완성!

6 돌돌 만 티셔츠 몸통 부분을 모자 안으로 집어넣습니다.

7 후드 티셔츠 앞면이 위로 향하게 펼칩니다.

8 사진처럼 양팔을 티셔츠 몸통 위에 포갭니다.

9 티셔츠를 아래에서 위로 3분의 1씩 두 번 접어 사진처럼 만듭니다.

완성!

10 좌우 몸통을 사진처럼 모자와 비슷한 크기로 접습니다.

11 모자를 잡아당겨서 티셔츠 몸통에 씌웁니다.

하의-긴바지 : 바지 돌돌 말아 보관하기

1 엉덩이 부분이 바깥으로 나오도록 해서 바지를 반으로 접습니다.

2 바지를 아래에서 위로 반 접고, 엉덩이에 뾰족하게 튀어나온 부분을 접어서 일자로 정리합니다.

3 바지를 허리에서부터 돌돌 맙니다.

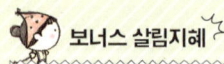 보너스 살림지혜

바지 수납 방법 1
돌돌 만 바지는 서랍이나 오픈형 옷장에 수납할 수 있습니다.

하의-긴바지 : 바지 접어서 보관하기

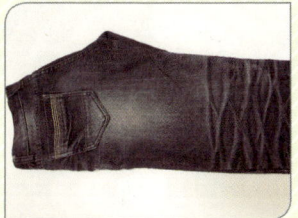 

1 엉덩이 부분이 바깥으로 나오
도록 해서 바지를 반으로 접습니다.

2 바지에서 뾰족하게 튀어나온 부분을 사진처럼 안으로 접어 엉덩이
부분을 일자로 정리합니다.

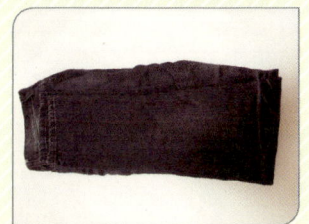  

3 바지를 아래에서 위로 반 접
습니다.

4 허리 부분을 위로 3분의 1 접
어 올립니다.

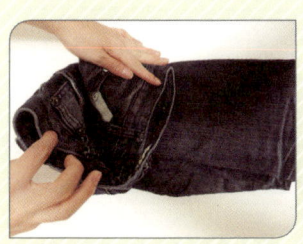  

완성!

5 포개 놓은 허리 부분을 벌린 다음, 바지 아랫부분을 접어 집어넣
습니다.

 보너스 살림지혜

바지 수납 방법 2

바지도 세워서 수납하면 찾을 때 뒤적일 필요가 없어 서랍 속을
깔끔하게 유지할 수 있어요. 세워놓은 바지 사이에 북엔드를 꽂아
두면 바지가 쓰러지지 않아요

하의-반바지

1 엉덩이 부분이 바깥으로 나오도록 해서 바지를 반으로 접습니다.

2 엉덩이에 뾰족하게 튀어나온 부분을 안으로 밀어넣어 엉덩이 부분을 일자로 정리합니다.

3 허리 부분을 위로 3분의 1 접습니다.

4 아랫부분을 접어 올려 바지 허리에 넣습니다.

하의-치마

1 치마의 좌측과 우측을 안으로 접되, 치마 아래를 허리 쪽보다 좀 더 많이 접어 직사각형에 가까운 모양을 만듭니다.

2 허리 부분을 위로 3분의 1 접습니다.

3 허리 부분을 벌린 다음 아래 부분을 위로 접어 넣습니다.

접었을 때 구김이 가는 소재의 치마는 개지 말고 옷걸이에 걸어 보관합니다.

🐷 **보너스 살림지혜**

플레어스커트 개기

폭이 넓거나 나풀거리는 소재의 치마도 같은 방법으로 접으면 깔끔하게 정리할 수 있어요.

옷 찾느라 서랍을 뒤적거려도 흐트러지지 않아요.

속옷-브래지어

1 브래지어의 캡을 한쪽으로 모아 포갭니다.

2 등을 감싸는 부분을 안으로 접습니다.

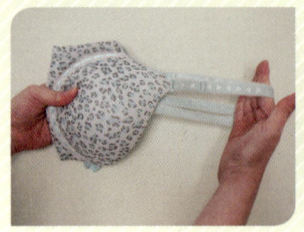 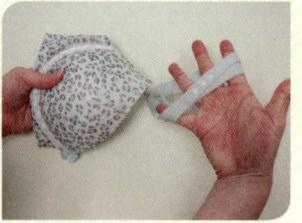 

3 어깨끈을 포갠 다음 손을 넣고 사진과 같이 한번 돌립니다.

4 어깨끈으로 브래지어 캡을 감 쌉니다.

 보너스 살림지혜

브래지어를 다른 옷과 함께 세탁기에 돌렸다가 레이스가 뜯기거나 와이어가 삐죽 튀어나오거나, 어깨끈이 늘어나 낭패를 보신 적 없으신가요? 브래지어는 20가지 이상의 부자재가 들어가는 예민한 옷이라고 해요. 미지근한 물에 중성세제를 풀어 손세탁하고 약하게 탈수하는 것이 가장 좋은 세탁법입니다. 브래지어를 세탁기에 빨 때는 세탁망에 넣어야 레이스가 뜯기거나 다른 옷과 엉켜 형태가 변형되는 것을 방지할 수 있습니다.

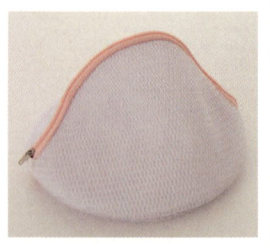

속옷-여성 삼각팬티

1 엉덩이 부분이 위로 향하게 팬티를 펼칩니다.

2 팬티의 옆면을 3분의 1만큼 접고, 반대쪽도 같은 방법으로 접어 포갭니다.

3 밴드가 있는 윗부분을 3분의 1만큼 접어 올립니다.

4 아랫부분을 위로 접어 올려 허리 밴드 안으로 넣습니다.

속옷-남성 사각팬티 : 남성 사각팬티 개기 1

1 엉덩이 부분이 위로 향하게 팬티를 펼칩니다.

2 팬티의 옆면을 3분의 1만큼 접습니다.

3 반대쪽도 3분의 1만큼 접어 포갭니다.

4 밴드가 있는 윗부분을 3분의 1만큼 접어 올립니다.

5 팬티 아랫부분을 안으로 모아 접습니다.

6 팬티 아랫부분을 위로 접어 올려 밴드 안으로 넣습니다.

속옷-남성 사각팬티 : 남성 사각팬티 개기 2

1 팬티 앞부분을 위로 향하게 펼칩니다.

2 팬티를 반으로 접습니다.

3 팬티를 다시 반으로 접습니다.

4 밴드가 있는 윗부분을 3분의 1만큼 접어 올립니다.

5 팬티 아랫부분을 위로 접어 올려 윗부분 밴드 안으로 넣습니다.

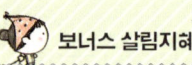
보너스 살림지혜

속옷 깔끔하고 꺼내기 편하게 수납하기

잘 갠 속옷은 바구니에 세워서 보관하거나, 갠 상태에서 반으로 접어 칸막이가 있는 수납함에 넣어 보관합니다.

양말-발목이 긴 양말

1 양말을 사진과 같이 펼칩니다.

2 양말을 포개주세요.

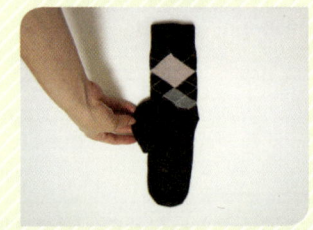

3 위에 포갠 양말만 위로 3분의 1 접습니다.

4 양말의 발목 부분을 3분의 1 접어 올립니다.

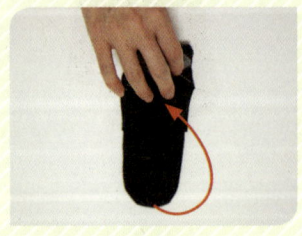

5 펼쳐진 채로 남아있는 아래쪽 양말의 발 부분을 발목 안으로 끼워 넣습니다.

양말의 한쪽 발만 발목 안에 넣어주는 이유는 발목이 늘어나는 것을 방지하기 위해서입니다.

6 이 상태로 수납함에 세워서 보관합니다.

7 수납함의 높이가 낮을 경우 5번 상태에서 한 번 더 반으로 접어 보관합니다.

양말-발목이 짧은 양말

1 양말을 사진과 같이 펼칩니다.

2 양말을 포개주세요.

3 위에 포갠 양말만 위로 3분의 1 접습니다.

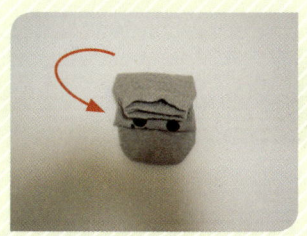

4 양말의 발목 부분을 3분의 1 접습니다.

5 펼쳐진 채로 남아있는 양말의 발 부분을 발목 안으로 끼워 넣습니다.

6 이 상태로 수납함에 세워서 보관합니다.

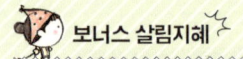

칸막이 의류정리함 만들기

우유팩으로 속옷, 양말, 넥타이 등을 보관할 때 유용한 칸막이가 있는 수납함을 만들 수 있습니다.

재료 : 우유팩(1L) 2개, 양면테이프

1 깨끗이 씻어서 말린 우유팩에 7센티미터 간격으로 선을 긋습니다.

수납할 물건과 서랍 높이에 맞춰 높낮이를 조정하세요.

2 선을 따라 가위나 칼로 우유팩을 자릅니다. 자른 우유팩의 옆면에 양면테이프를 붙여 우유팩들을 연결합니다.

3 수납함에 속옷이나 양말, 레깅스 등을 수납합니다.

우유팩의 밑면만 사용해 만들면 바닥이 막힌 수납함을 만들 수 있어요.

여성 한복

1 저고리를 평평하게 펼친 다음 옷고름을 가지런하게 놓습니다.

2 옷고름을 오른쪽으로 포갠 다음 3등분해서 왼쪽으로 두 번 접습니다.

3 왼쪽 소매를 안쪽으로 포개 접습니다.

4 오른쪽 소매도 안쪽으로 포개 접습니다.

5 치마의 안쪽이 위로 가게 해서 펼칩니다.

6 치마를 가슴둘레를 기준으로 반으로 접는 과정을 세 번 진행합니다.

7 어깨끈을 아래로 내려 접습니다.　　**8** 치마끈으로 치마말기(가슴둘레)를 감싸 말아줍니다.

9 치마를 세로로 3등분 해 접습니다.

10 잘 갠 치마 위에 저고리를 포 갠 다음 한복 상자에 담아 습기가 생기지 않도록 보관합니다.

남성 한복

1 저고리를 평평하게 펼친 다음 저고리의 단추를 잠급니다.　　**2** 저고리를 뒤집은 다음, 왼쪽 소매를 안쪽으로 반 접습니다.

3 왼쪽 몸통을 소매와 함께 어깨선 넓이보다 조금 더 안쪽으로 접습니다.

4 오른쪽 소매도 왼쪽과 동일하게 접습니다.

5 저고리 아랫부분을 위로 반 접어 올립니다.

6 바지를 평평하게 펼치고 허리를 고정하는 끈을 가지런히 접어 정리합니다.

7 엉덩이 부분이 바깥으로 나오도록 해서 바지를 반으로 접습니다.

 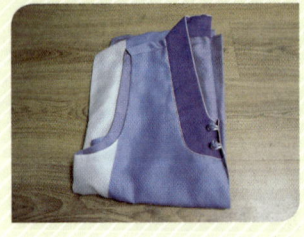 

8 바지를 3등분해서 다리부분을 위로 접어 올리고 허리 부분도 위로 접어 올립니다.

9 조끼를 평평하게 펼친 다음 단추를 잠급니다.

10 양쪽 진동이 겹쳐지게 반으로 접습니다.

11 조끼를 반으로 접습니다.

12 조끼와 바지, 저고리를 포개 한복 상자에 담아 습기가 생기지 않도록 보관합니다.

비용 안 들어 좋고, 예뻐서 더 좋은 **음료수병** 리폼

우리가 분리수거함에 넣은 유리병은 파쇄해서 녹인 다음 다시 유리병으로 만들어집니다. 이 과정에 들어가는 비용이 만만치 않다고 합니다. 한 개의 유리병을 다시 사용하면 100와트 전구를 4시간 켤 수 있는 양의 에너지를 절약할 수 있다고 합니다. 재활용품 분리수거를 제대로 하는 것도 좋지만, 버리기 전에 새로운 쓰임새를 만들어 충분히 사용하는 것은 에너지를 더욱더 절약하는 방법인 셈이죠.

유리병은 환경호르몬이 검출되지 않고 뜨거운 물로 쉽게 소독할 수 있기 때문에 가정에서 재사용하기에 좋습니다. 유리병을 재사용하면 작게는 가계에 도움이 되고 크게는 재활용에 드는 비용을 줄임으로 나라의 경제와 환경에도 보탬이 될 수 있습니다.

스파게티 소스나 잼 병 등은 김치나 직접 만든 수제청, 잼 등을 담는 용기로 쓰기에 아주 좋습니다. 또 두유병 등 작은 음료수병은 각종 양념통으로 안성맞춤입니다. 크기도 디자인도 들쭉날쭉한 각종 양념병을 크기와 형태가 같은 투명 유리병에 정리하면 찾기도 쉬울 뿐만 아니라 주방도 한결 깔끔해집니다.

1 음료수 병 라벨을 벗깁니다.

라벨이 접착제로 붙어 있어 깨끗하게 떨어지지 않는다면 170쪽 '스티커 제거하기'를 참조하세요.

2 베이킹소다나 주방세제를 이용해 유리병을 깨끗하게 씻습니다.

유리병 겉면에 찍혀 있는 유통기한은 키친타올에 아세톤을 묻혀 문지르면 쉽게 지울 수 있습니다.

준비물

빈 음료수 병, 베이킹소다, 아크릴물감, 붓

3 냄비에 깨끗한 면포(또는 행주)를 깔고 물을 넣은 다음 유리병을 뒤집어 찬물에서부터 끓여 열탕소독합니다. 뚜껑도 같은 방법으로 열탕소독합니다.

유리병을 열탕소독하는 자세한 방법은 232쪽 '유리병 열탕소독하기'를 참고하세요.

4 열탕소독한 유리병은 똑바로 세워 물기를 말립니다.

뜨거운 유리병은 세워두면 물기가 금방 말라요.

5 유리병 뚜껑은 그대로 사용해도 좋지만, 미관상 더 깔끔한 양념통을 만들고 싶다면 아크릴물감을 이용해 색칠합니다.

아크릴물감을 여러 번 덧칠해야 깔끔해져요. 먼저 바른 물감이 완벽하게 마른 다음 덧칠하세요!

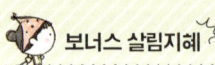 **보너스 살림지혜**

손재주가 없다면 라벨을 활용하라!

뚜껑을 그냥 사용하자니 보기 싫고, 아크릴물감을 칠하자니 귀찮을 땐 라벨지를 활용하세요. 대형 문구점에 가면 원형으로 된 다양한 크기의 접착식 라벨과 유리병을 예쁘게 단장할 디자인 라벨을 구할 수 있습니다.

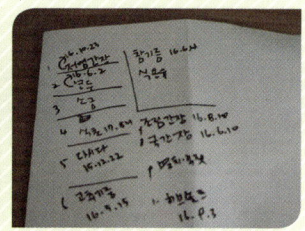

6 집 안에 있는 양념들의 목록을 작성하고 유통기한을 확인합니다.

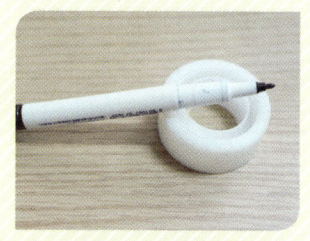

7 불투명 비닐 테이프와 네임펜 (유성펜)을 준비합니다.

8 불투명 비닐 테이프를 병에 붙인 다음 네임펜으로 양념의 이름과 유통기한을 적습니다.

불투명 비닐 테이프를 사용하면 떼어내도 자국이 남지 않아 유리병 세척 시 편리합니다.

9 이름에 맞게 양념을 유리병에 담은 다음, 키친타올에 소주를 묻혀 병뚜껑 안쪽을 닦아 소독한 후 병뚜껑을 덮습니다.

음료수병을 재활용한 양념통은 입구가 넓기 때문에 액체류의 양념을 넣고 사용하기에는 조금 불편할 수도 있습니다. 될 수 있으면 가루로 된 양념(고춧가루, 소금, 설탕 등)을 담는 용도로 사용하세요.

10 기름류는 색깔 있는 유리병에 담습니다.

불포화지방산이 많은 식물성 기름은 공기, 빛, 고온에 장시간 두면 산패가 빠르게 진행됩니다.

11 기름류 유리병 입구에 키친타올을 두른 다음 고무줄로 감싸면 사용할 때 기름이 아래로 흘러내려 병이 미끄러워지는 것을 방지할 수 있습니다.

12 기름류 병은 우유팩을 잘라 그 안에 넣으면 수납장 바닥을 더럽히지 않아 좋습니다.

양념통은 가스레인지 가까운 곳에 수납하면 음식을 만들 때 동선이 줄어듭니다.

누가 만들어도
절대 허접하지 않은
행주걸이

행주를 물에 담가두거나 물기가 있는 상태 그대로 두면 세균의 번식이 빨라져 냄새가 나고 곰팡이가 생기기도 합니다. 행주를 뜨거운 물에 팍팍 삶거나 전자레인지를 이용해 깨끗하게 살균을 한다고 해도, 그 후에 아무렇게나 둔다면 힘들게 삶아 살균한 행주는 금세 세균 덩어리로 변신합니다. 그래서 행주는 잘 빠는 것도 중요하지만 잘 말리는 것도 아주 중요합니다.

대부분 가정에는 행주를 말릴만한 공간이 따로 없습니다. 보통은 개수대 둘레나 손잡이 등 싱크대 여기저기에 걸쳐놓기 마련이지요. 이렇게 걸어두면 다른 일을 할 때 걸리적거려서 행주가 주방에 없어서는 안 될 중요한 존재면서도 천덕꾸러기로 전락하기 일쑤입니다. 늘 보송보송 마른 상태를 유지해야 하는 행주! 어느 집에서나 처치 곤란한 세탁소 옷걸이만 있으면 행주를 보송보송 말려줄 행주걸이를 만들 수 있습니다.

준비물

세탁소 옷걸이, 펜치

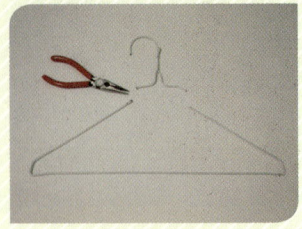

1 펜치로 옷걸이 윗부분을 잘라냅니다.

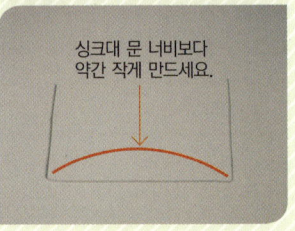

싱크대 문 너비보다 약간 작게 만드세요.

2 싱크대 문 넓이에 맞춰 옷걸이를 네모난 모양으로 구부립니다.

행주걸이를 거는 장소는 취향에 따라 제일 편한 곳을 선택하세요.

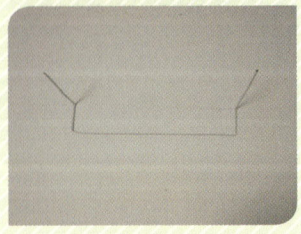

3 옷걸이를 사진과 같이 구부립니다.

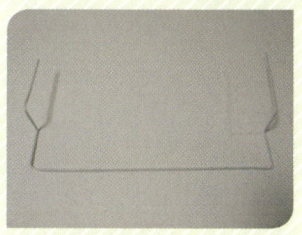 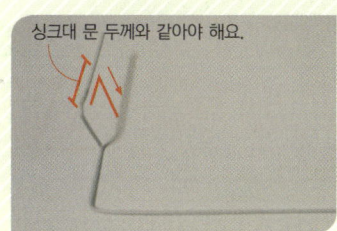 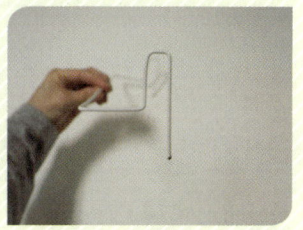

싱크대 문 두께와 같아야 해요.

4 옷걸이를 계단 모양으로 다시 한 번 구부립니다.

5 옷걸이를 화살표 방향대로 내려서 구부립니다. 반대편도 같은 모양으로 구부립니다.

싱크대 문에 고정하는 부분이예요.

6 행주걸이가 완성되었습니다.

7 완성된 행주걸이를 싱크대 문에 겁니다.

8 행주걸이를 하나 더 만들어 고무장갑걸이로 사용해도 좋습니다.

 보너스 살림지혜

세탁소 옷걸이로 아기 옷걸이 만들기

작고 작은 아기 옷은 성인 옷을 기준으로 만든 일반 옷걸이에 걸리지 않습니다. 그래서 아기 전용 옷걸이를 구입하기도 합니다. 집에 세탁소 옷걸이가 많이 있다면 조금만 시간을 투자해 변형시켜보세요. 공짜로 아기 옷걸이가 생깁니다.

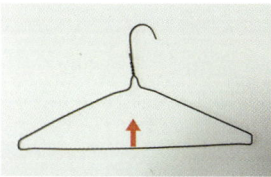 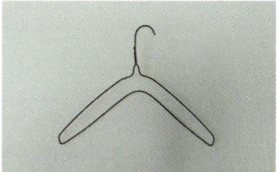

1 옷걸이 아랫면을 위쪽으로 구부립니다.

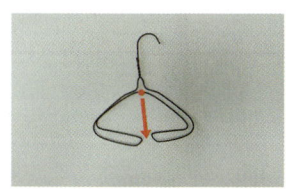 

위쪽에는 상의

아래쪽에는 하의

2 사진처럼 양쪽 어깨를 안쪽으로 구부린 다음, 표시한 부분을 잡고 아래로 당깁니다.

식재료 밀봉에서 머그컵 거치대까지, **페트병**의 무한 변신

깔때기

페트병 입구 부분을 적당한 높이로 잘라 깔때기로 사용합니다.

페트병에 든 생수를 사서 마시는 가정이 많아졌습니다. 분리수거 할 때마다 한가득 나오는 페트병을 그냥 버리자니 아까운 생각이 듭니다. 흔히 보리차, 매실원액 등 액체류를 담는 용도로 페트병을 재사용합니다. 사용한 생수병에 정수기 물을 다시 채워 넣는 방식으로, 생수병을 물병처럼 사용하는 식당도 많습니다.

페트병은 입구가 좁고 몸체에 홈이 많아서 세척과 건조가 어렵습니다. 미생물에 오염되기 쉬운 구조지요. 굵은 소금을 넣어 세척하는 방법으로도 깨끗하게 닦을 수 없다고 합니다. 또 페트병을 직사광선에 오래 노출하면 포름알데히드 같은 유해물질이 배출됩니다. 그래서 페트병을 음식 담는 용기로 재사용하는 건 좋지 않다고 합니다. 깨끗한 물을 다시 넣어 사용하는 것도 마찬가지고요.

그럼 페트병을 모두 버려야 할까요? 음식을 담는 용기로는 사용할 수 없지만, 페트병을 변형시키면 훌륭한 수납 도구가 됩니다.

비닐 밀봉

페트병 입구 부분을 작게 잘라 비닐에 끼우고, 뚜껑을 닫으면 밀봉이 됩니다.

밀가루 봉지나 먹다 남은 과자 봉지를 밀봉할 때 사용하면 좋아요.

준비물

가위, 벨크로(찍찍이), 후크, 마스킹테이프

싱크대 안쪽 수납함

 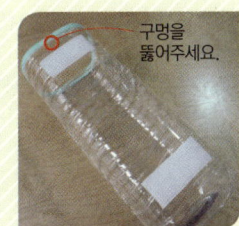  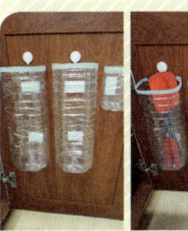

구멍을 뚫어주세요.

1 페트병 입구 부분을 잘라내고, 마스킹테이프를 붙여 절단면을 감쌉니다.

마스킹테이프를 붙이지 않으면 절단면이 날카로워 손을 다칠 수 있어요.

2 페트병 위쪽에 후크가 들어갈 만큼 구멍을 내고, 사진처럼 위아래에 벨크로(찍찍이)를 붙입니다.

3 싱크대 문 안쪽 상단에 후크를 붙이고 아래쪽에는 페트병에 붙인 벨크로의 반대면을 붙입니다.

4 페트병을 후크에 걸고 아래쪽은 벨크로에 붙여 고정한 다음, 수납함으로 사용합니다.

벨크로만 붙이면 수납용품의 무게 때문에 페트병이 떨어질 수 있습니다.

냉장고 수납

페트병을 싱크대 수납함과 같은 방법으로 잘라 마스킹테이프로 절단면을 감싸서, 냉장실이나 냉동실의 음식들을 정리할 때 사용합니다.

호박, 고추 등 열매 채소는 세워 보관하면 신선도를 오래 유지할 수 있어요.

헤어드라이기, 머그컵 거치대

  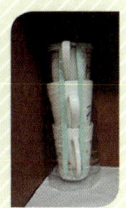

페트병을 사진과 같이 U자 모양으로 자른 다음 절단면을 마스킹테이프로 감싸, 헤어드라이기나 머그컵 거치대로 사용합니다.

음식물 쓰레기통

페트병을 자르되 허리가 들어간 부분을 공략해, 윗쪽이 아래쪽을 덮을 수 있도록 자릅니다. 아래쪽 통에 음식물 쓰레기봉지를 씌우고 뚜껑을 덮으면 냄새도 차단되고 공간도 많이 차지하지 않는 음식물 쓰레기통이 완성됩니다.

평생 사용하는
실리카겔 **제습제**

포장 김을 다 먹고 나면 동글동글한 알갱이가 들어있는 작은 봉투를 볼 수 있습니다. 요 알갱이는 김에 수분이 스며들어 눅눅해지는 것을 방지하기 위해 넣는 실리카겔입니다. 실리카겔은 물이나 알코올 등을 흡수하는 능력이 매우 뛰어나 습기제거제로 많이 쓰입니다. 사용한 실리카겔은 가열하거나 말리면 수분이 날아가 흡습능력이 다시 좋아지기 때문에 반영구적으로 사용할 수 있습니다.

사용한 실리카겔은 전자레인지나 프라이팬으로 가열해서 말릴 수 있습니다. 하지만 안전을 위해 음식을 조리하는 도구로 건조시키는 것보다는 햇볕에 말리는 것을 권합니다. 실리카겔의 제습 기능을 활용해 드라이 플라워를 만들 수도 있어요. 밀폐용기에 실리카겔과 꽃을 넣고 뚜껑을 닫고 5일 정도 지나면 드라이 플라워가 완성됩니다. 이때 실리카겔은 꽃 크기에 네 배 정도 양을 넣습니다.

준비물
실리카겔, 다시백, 테이프, 끈

실리카겔 재사용하기

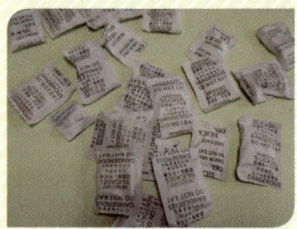

1 실리카겔 안에 있는 내용물만 따로 모아둡니다.

실리카겔을 사용하지 않을 때는 밀봉하여 보관합니다.

2 실리카겔을 햇볕에 바짝 말려 (1~2일) 수분을 증발시킵니다.

3 실리카겔은 전자레인지에 넣고 2~3분 돌리거나, 헤어드라이기로 10~15분간 바람을 쐐 건조시킬 수도 있습니다.

4 다시백에 실리카겔을 넣습니다.

육수를 낼 때 사용하는 다시백은 마트나 천원샵에서 쉽게 구할 수 있습니다.

5 테이프로 다시백 입구를 막아줍니다.

 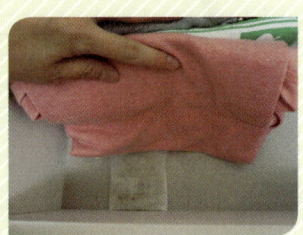

6 실리카겔을 채운 다시백을 옷장이나 신발장 등 습기가 많은 곳에 넣어주세요.

먹다 남은 과자나 공구 세트, 카메라, 이어폰, 가방, 찬장, 패딩점퍼 주머니 등 습기에 약한 제품을 보관할 때 실리카겔을 넣어주면 좋아요.

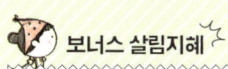 보너스 살림지혜

**눅눅해진 양념
뽀송뽀송하게 변신**

설탕이나 고춧가루 등 가루류 양념은 양념통 뚜껑을 아무리 잘 닫아놓아도 눅눅해지거나 딱딱하게 굳는 게 다반사입니다. 이럴 때 양념통 뚜껑에 글루건이나 테이프를 사용해 실리카겔을 붙여보세요. 요리할 때마다 덩어리진 양념을 부수는 번거로움이 단박에 해결됩니다.

철 지난 정장이나 코트 등을 오랫동안 보관할 때

1 다시백 입구를 테이프로 밀봉하는 대신 끈으로 묶습니다.

2 옷걸이에 다시백을 건 다음 부직포 소재의 옷 덮개를 옷에 씌워 보관합니다.

세탁소에서 씌워준 비닐에 옷을 장기간 보관할 경우 습기로 옷이 망가질 수 있으니 부직포처럼 반드시 공기가 잘 통하는 커버를 사용하세요.

새 스테인리스 냄비,
주방세제로만 닦으면 발암물질은 그대로!

1 키친타올에 식용유를 묻힙니다.

스테인리스 제품에 연마제로 사용하는 성분은 다이아몬드 다음으로 단단한 탄화규소예요. 탄화규소는 '인체 발암성 예측 및 추정 물질'로 섭취와 접촉을 피해야 하는 물질입니다.

새로 산 스테인리스 냄비는 은 식기가 부럽지 않을 만큼 눈부시도록 빛납니다. 너무 깨끗해 보여서 당장 요리해도 될 것 같지만, 스테인리스 제품은 사용하기 전에 반드시 깨끗이 씻어줘야 합니다.

스테인리스 제품은 제작할 때 마지막 공정에서 흠집을 방지하고 광택을 내기 위해 연마제를 사용하는데, 연마제가 제품에 그대로 남아 있는 경우가 많습니다. 연마제를 제대로 닦아내지 않고 요리한다면 연마제가 우리 몸에 들어갈 수밖에 없겠죠. 연마제는 수세미에 주방세제를 묻혀 닦는 일반적인 설거지 방법으로는 잘 씻기지 않습니다. 좀 귀찮더라도 스테인리스에 적합한 방법으로 반드시 꼼꼼하게 세척해야 합니다.

첫 세척만 잘하고 나면, 스테인리스 냄비는 막 쓰기 편리한 제품입니다. 스테인리스 냄비를 사용한 다음 설거지할 때 베이킹소다와 식초만 잘 활용하면 늘 반짝거리고 새 제품을 쓰는 듯한 기분으로 요리할 수 있어 참 좋습니다('스테인리스 냄비 얼룩 제거' 238쪽 참조).

2 키친타올로 냄비 결을 따라 문지릅니다.

냄비 테두리 부분은 특히 신경 써서 닦아주세요.

준비물

식용유, 식초(또는 구연산), 베이킹소다, 키친타올, 수세미

3 키친타올에 까만 연마제가 묻어나오지 않을 때까지 꼼꼼하게 닦아주세요.

4 주방세제나 베이킹소다를 이용해 냄비를 구석구석 닦고 깨끗하게 헹굽니다.

5 냄비에 물을 3분의 2가량 부은 다음 구연산(또는 식초)을 3스푼 넣고 녹입니다.

6 냄비에 물이 끓기 시작하면 그 상태에서 5~10분가량 더 끓입니다.

물이 넘치지 않는 선에서 뚜껑을 덮어주면 뚜껑도 함께 세척돼 좋습니다.

7 끓인 구연산(식초) 물로 냄비 안팎과 뚜껑을 닦습니다.

구연산 물은 바로 버리지 말고 싱크대 개수대 청소에 사용하세요.

8 주방세제나 베이킹소다를 이용해 냄비를 한 번 더 깨끗하게 닦습니다.

9 마른 행주로 냄비의 물기를 제거하고 완벽하게 말립니다.

염분이 강한 음식을 스테인리스 냄비 안에 오랫동안 넣어두거나 기름기가 눌어붙은 것을 그냥 두면 스테인리스 냄비가 변색됩니다.

알루미늄 포일과 소주병,
어디까지 써봤니?

칼이 무뎌지면 힘도 두 배, 시간도 몇 배나 더 걸려 요리할 때 능률이 크게 떨어질 수밖에 없습니다. 칼에 베이는 사고는 칼이 날카로울 때 보다는 무딜 때 더 많이 발생한다는 통계도 있습니다. 주방에 칼갈이나 숫돌을 마련해두고 한 달에 한 번씩은 갈아줘야 늘 새것 같은 칼을 쓸 수 있습니다.

여행 가서 요리하려고 하는 데 무딘 칼밖에 없을 때, 칼을 갈아야 하는데 칼갈이가 없을 때, 주변에서 쉽게 구할 수 있는 물건을 활용해 칼을 가는 방법이 있습니다. 무뎌진 가위 또한 이 방법을 사용하면 쓱싹쓱싹 잘 드는 가위로 변신할 수 있으니, 무뎌진 칼과 가위 때문에 더는 스트레스 받지 마세요.

칼과 가위는 날카로운 도구이기 때문에 차분하고 안전하게 가는 게 기본! 칼을 갈기 전에 반드시 바닥에 신문지나 종이를 깔아주는 것도 잊지 마세요!

준비물
알루미늄 포일, 소주병, 사기그릇

알루미늄 포일로 칼 갈기

1 알루미늄 포일을 여유 있게 잘라 광택이 없는 면이 밖으로 나오게 4~5번 접습니다.

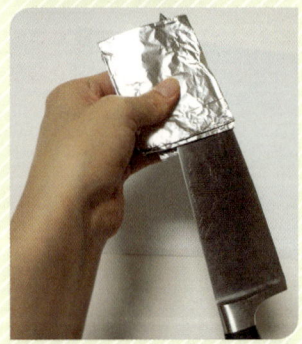

2 칼 아래 신문지나 종이를 깔고, 접은 알루미늄 포일 가운데로 칼날을 통과시켜 한 방향으로 밀어주기를 반복합니다.

칼을 갈 때는 반드시 한 방향으로만 갈아야 합니다. 이 원칙은 어떤 도구를 사용해서 칼을 갈든 동일하게 적용됩니다.

3 티슈나 키친타올로 칼을 닦은 다음 물로 깨끗하게 씻습니다.

칼을 갈고 난 다음 씻지 않으면 칼이 검게 변할 수 있어요.

4 알루미늄 포일을 동그랗게 뭉쳐서 칼을 한쪽으로 힘주어 몇 차례 밀어줘도 됩니다.

소주병이나 사기그릇으로 가위 갈기

1 소주병 주둥이 홈에 가위날을 대고 한쪽으로 여러 번 밀어줍니다.

가위도 칼과 마찬가지로 날을 한쪽으로만 밀어서 갈아줍니다.

2 사기 그릇이나 사기 컵 또는 뚝배기를 뒤집어 볼록하고 거칠거칠한 부분에 가윗날을 대고 한쪽으로 여러 번 밀어줍니다.

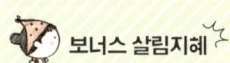 보너스 살림지혜

칼 수명 늘리는 관리법

① 재료를 썬 다음 한 곳으로 모으기 위해 칼로 도마를 반복해서 긁으면 칼이 무뎌지니, 도마 위 재료를 한 곳으로 모을 때는 스크래퍼를 사용합니다.

② 유리나 접시, 타일이나 대리석 등 단단한 표면 위에서 칼을 사용하면 칼날이 쉽게 손상됩니다. 나무나 실리콘 도마처럼 덜 딱딱한 도마를 사용합니다.

③ 칼은 염기나 산성에 약하므로 레몬이나 김치 같은 재료를 썬 다음에는 곧바로 씻고, 씻은 후에는 마른 수건으로 물기를 꼭 닦습니다.

④ 음식물 찌꺼기가 잘 끼는 칼날과 손잡이 이음새는 솔로 꼼꼼하게 닦습니다.

⑤ 칼을 서랍에 넣어두면 다른 도구들과 부딪쳐 칼날에 흠집이 생기니, 칼은 전용 케이스에 보관합니다.

3 티슈나 키친타올로 사기 그릇 바닥과 가윗날을 닦고, 가윗날을 물에 깨끗하게 씻어주세요.

제습제 사는 비용의 3분의 1만 있으면 충분하다!

시중에 판매되는 제습제를 뜯어보면 동글동글한 고형 물이 가득 들어있습니다. 이 하얀 덩어리가 공기 중의 수분을 빨아들이는 염화칼슘입니다. 염화칼슘은 겨울철 제설작업에 많이 사용됩니다.

제습제는 습한 장마철뿐만 아니라 사계절 내내 유용하게 사용되는데요. 매번 물이 가득 찬 제습제 통을 버리면서 아깝다는 생각을 떨쳐버릴 수가 없습니다.

이제부터 제습제가 들어 있던 통은 그대로 사용하면서 염화칼슘만 따로 리필해서 제습제를 새로 만드는 방법을 알아보겠습니다. 새로 제습제를 구매해서 쓰는 것보다는 3분의 1가량 저렴한 가격으로 제습제를 만들수 있습니다.

준비물

빈 제습제 통, 염화칼슘, 부직포(또는 한지), 고무줄, 페트병, 장갑

다 쓴 제습제 통 재사용하기

1 물이 가득 찬 제습제 통의 뚜껑을 열고 칼로 종이를 잘라냅니다. 고인 물은 버리고 받침대와 통을 깨끗이 씻어 말립니다.

2 받침대를 제습제 통 안에 다시 넣습니다.

3 염화칼슘 250ml(1컵 가득)를 제습제 통에 붓습니다.

염화칼슘은 인터넷에서 저렴한 가격에 구입할 수 있습니다.

4 제습제 통의 상단 부분에 풀을 바른 다음 부직포나 한지를 붙입니다.

염화칼슘은 금속을 부식시키는 성질이 있습니다. 의류 등에 염화칼슘이 직접 닿는 것을 막기 위해 습기가 통과할 수 있는 종이를 붙여주는 것입니다.

5 제습제 통의 뚜껑을 덮고 옷장이나 신발장에 넣어 사용합니다.

제습제는 건조한 겨울철에는 필요 없다고 생각하기 쉬운데요. 통풍이 잘 되지 않는 옷장은 습기가 남아 있을 수 있으니 제습제는 1년 내내 사용하는 게 바람직합니다.

6 염화칼슘은 1회 리필할 분량 만큼(250ml) 비닐에 담아 밀봉해 두면 사용하기 편리합니다.

염화칼슘은 습기를 잘 빨아들이기 때문에 남은 것은 밀봉해서 보관합니다.

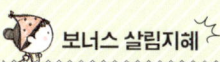
보너스 살림지혜

염화칼슘은 맨손으로 만지면 안 돼요!

염화칼슘에 장기간 노출될 경우 피부질환이 생기거나 눈 속에 들어가면 안질환의 원인이 될 수 있습니다. 염화칼슘을 만질 때는 반드시 장갑을 끼고, 염화칼슘을 만진 다음에는 꼭 손을 씻어주세요.

뒤에서 만들 페트병 제습제는 넘어질 위험이 있으므로 눈에 잘 보이지 않는 옷장 구석 등에 넣는 것은 피해 주세요.

요즘은 염화칼슘을 판매하는 곳에서 빈 제습제 통도 함께 판매합니다. 한 번 사면 계속 사용할 수 있으므로, 제습제 통을 사서 사용하는 것도 좋습니다.

페트병으로 제습제 만들기

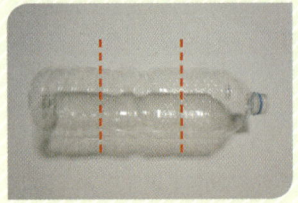

1 페트병을 사진과 같이 자릅니다.

염화칼슘을 담았을 때 높이가 높으면 무게 중심이 위에 있어 쉽게 넘어
질 수 있습니다. 가운데 부분은 버리고 위와 아랫부분만 사용합니다.

2 페트병 주입구 부분을 한지나
부직포로 감싸고 고무줄로 고정합
니다.

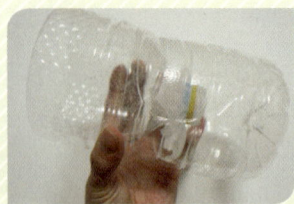

3 사진과 같이 주입구가 아래로 가게 해서 페트병 윗부분을 아랫부분에 끼웁니다.

4 염화칼슘 250ml을 담습니다.

5 물을 빨아들인 염화칼슘이 주
입구로 빠지지 않을 경우를 대비
해 염화칼슘 바로 윗부분 페트병
을 돌아가며 구멍을 뚫습니다.

6 한지나 부직포로 상단을 덮고
고무줄로 고정합니다.

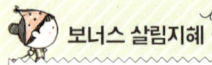 **보너스 살림지혜**

모피는 제습제를 싫어해요!

옷을 보관할 때 습도가 매우 중요합니다. 그래서 옷 사이에 신문지를 끼워두거
나 옷장에 제습제를 넣어 습기를 잡으려 애씁니다. 하지만 딱 하나, 습도가 낮아
지면 오히려 옷이 상하는 소재가 있습니다. 바로 모피입니다. 모피 옷은 건조해
지면 털에 있던 수분이 날아가 뻣뻣해지고 모양이 뒤틀릴 수 있습니다. 모피 옷
은 방충제만 넣어 보관합니다.
모피 옷 관리 팁을 한 가지 더 드릴게요. 모피는 매년 드라이클리닝 하지 말고
5년에 한 번 정도 드라이클리닝 하면 됩니다. 천연모피는 반드시 드라이클리닝
해야 하지만, 너무 자주 드라이클리닝 하면 털의 윤기가 떨어지고 푸석해집니다.

압축 쓰레기통도 울고 갈
비닐 쓰레기
부피 줄이는 방법

라면과 과자 봉지 등 비닐봉지가 분리배출 대상이라는 점을 몰라서 일반 종량제 봉투에 버렸다는 분들이 꽤 많습니다. 비닐봉지는 고형 원료로 만들어 열원으로 사용한다고 합니다. 안 그래도 금세 차오르는 종량제 봉투에 재활용할 수 있는 비닐봉지까지 더할 필요는 없겠지요.

하지만 비닐봉지들을 대충 구겨서 모아두면 부피를 많이 차지할 뿐만 아니라 보기에도 지저분합니다. 조금 번거로울 수 있지만 몇 초만 투자하면 비닐 쓰레기의 부피를 확 줄여 재활용 쓰레기 버리러 나가는 횟수를 확연히 줄일 수 있습니다.

게다가 재활용 쓰레기 버리는 날마다 "살림을 어떻게 하길래 쓰레기가 이렇게 많이 나오는 거야?"라는 남편의 잔소리도 차단할 수 있습니다. 학창시절에 쪽지 좀 보내보신 분들은 금세 따라 하실 수 있을 거예요.

준비물
라면봉지 등 비닐 쓰레기, 쓰레기 봉투

수프봉지 활용해서
라면봉지 부피 줄이기

1 수프봉지 하나만 남기고, 나머지 수프봉지는 라면봉지 안에 넣습니다.

2 라면봉지를 가로로 반으로 접습니다.

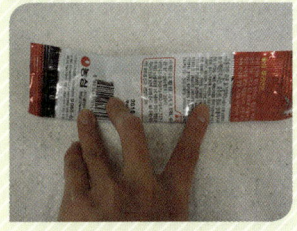

3 가로로 한 번 더 접어 라면봉지를 길쭉하게 만듭니다.

비닐봉지에 음식물 등 이물질이 많이 묻어 있으면 일반 쓰레기 봉투에 버려야 합니다.

 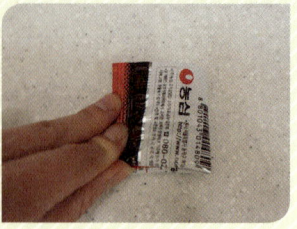 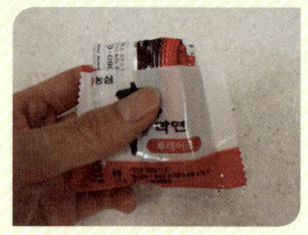

4 라면봉지를 세로로 반 접고, 한 번 더 접어 작게 만듭니다.

5 접은 라면봉지를 1번에서 남겨둔 수프봉지에 넣습니다.

쏘옥! 부피가 확 줄었어요.

편지접기로 비닐 쓰레기 부피 줄이기

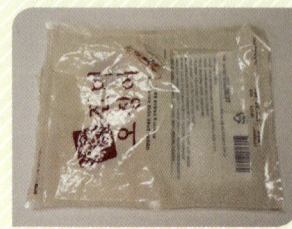 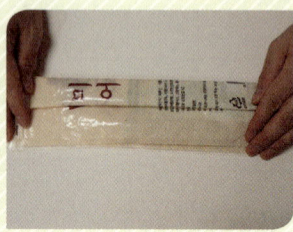 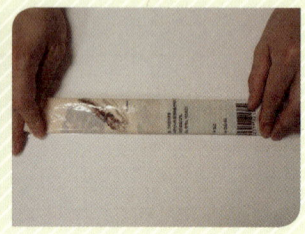

1 봉지를 반으로 접고, 3분의 1만큼 접은 다음 한 번 더 접어 길쭉하게 만듭니다.

2 봉지의 3분의 1 지점에서 한 쪽 끝을 사진과 같이 꺾습니다.

3 봉지의 긴 쪽을 사진처럼 접습니다.

4 봉지의 긴 쪽(①)을 사진처럼 접어 봉지의 짧은 쪽(②) 아래로 넣습니다.

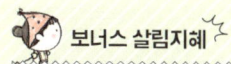

쓰레기 봉투 접어서 보관하기

쓰레기 봉투는 사 온 그대로 보관하면 공간도 많이 차지할 뿐만 아니라, 꺼낼 때 불편합니다. 접어서 보관하면 부피도 덜 차지하고, 한 장씩 꺼내 사용하기 편리합니다.

1 쓰레기 봉투를 펼칩니다.

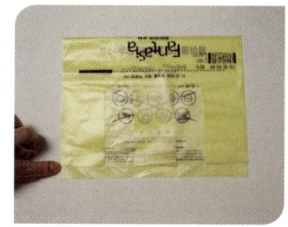

2 세로 방향으로 반으로 접습니다.
쓰레기 봉투를 묶는 부분이 바닥면과 완전히 닿지 않도록 접어야 다 접고 난 뒤에 묶는 부분이 지저분하게 튀어나오지 않아요.

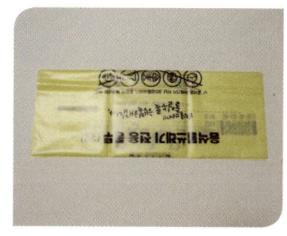

3 다시 한 번 세로 방향으로 반으로 접습니다.

4 그 상태에서 가로 방향으로 3분의 1 접습니다.

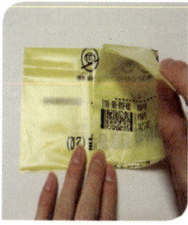 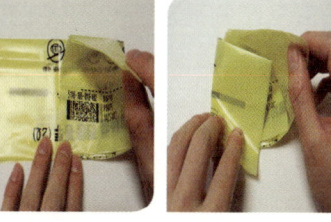

5 나머지 3분의 1을 접어주되 반대편의 빈 공간 안으로 밀어 넣어 고정합니다.

6 모두 같은 방법으로 접어 주방 수납공간에 보관합니다.

다른 시나 도로 이사해도 예전 거주지에서 사용하고 남은 쓰레기 봉투를 계속 사용할 수 있습니다. 주민센터에 전입신고를 할 때 이전 거주지 쓰레기 봉투를 가지고 가면, 쓰레기 봉투에 부착할 수 있는 스티커(인증스티커, 사용확인증 등 지자체마다 이름이 다름)를 줍니다.

지역에 따라 스티커 발행 매수에는 차이가 있는데요. 일반적으로 가구당 10~20장 정도 받을 수 있습니다. 같은 시 안에서 이사할 경우 스티커를 부착하지 않아도 다른 구와 군의 쓰레기 봉투를 사용할 수 있게 한 지자체도 있습니다.

변기 청소부터
생강 껍질 벗기기까지,
양파망 전천후 활용법

1 싱크대의 거름망이 많이 더러울 땐, 수세미 대신 양파망을 이용해 구석구석 청소하고 청소한 양파망은 버립니다.

양파를 사면 함께 딸려오는 양파망. 그냥 버리기에는 아깝다는 생각이 듭니다. 양파망은 통풍이 잘되고 내용물이 잘 보여 시골에서는 각종 농작물을 보관할 때 유용하게 사용됩니다. 일반 가정에서도 양파망을 다양하게 활용할 수 있습니다.

평소 양파망이 생기면 잘 모아두었다가 각종 청소에 쓰고 나서 버리면 끝! 다시 써야 하는 청소용 수세미처럼 힘들게 따로 씻을 필요도 없고, 표면이 촘촘해서 청소 효과도 뛰어납니다.

시금치 등의 나물을 데친 후 양파망을 사용해 큰 힘을 들이지 않고 물기를 짤 수도 있고, 생강 껍질 벗길 때도 유용하게 사용됩니다.

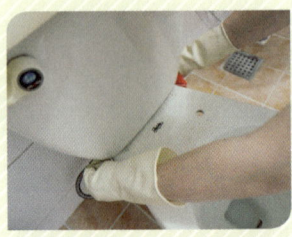
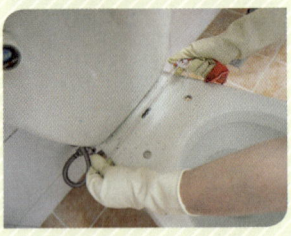

2 양파망을 조이는 노끈으로 변기와 물탱크 사이 공간을 청소합니다.

준비물

양파망

3 변기 솔이 잘 닿지 않는 부분을 양파망을 뭉쳐 닦습니다.

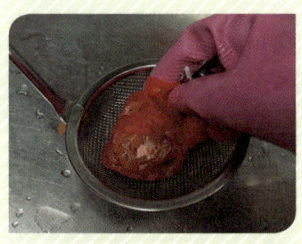

4 달걀 껍데기를 양파망에 넣으면 채망 등을 닦을 때 유용한 수세미를 만들 수 있습니다.

5 양파망으로 화분의 물빠짐 구멍을 막아주면, 흙이 빠져나가는 것을 방지할 수 있습니다.

6 양파망을 깨끗하게 세척한 다음 속옷이나 스타킹 등 작은 빨랫감을 넣어 세탁망으로 사용하면 좋습니다.

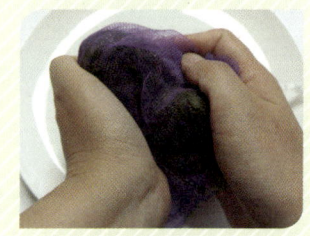

7 자투리 비누를 모아 두었다가 양파망에 넣어 빨래나 욕실 청소할 때 사용합니다.

8 나물을 데치고 나서 물기를 제거할 때 양파망에 넣고 짜면 손으로 그냥 짜는 것보다 손쉽게 물기 제거가 가능합니다.

9 양파망으로 생강을 쓱쓱 문지르면 생강 껍질이 말끔하게 벗겨집니다.

무, 감자, 도라지, 우엉 등의 껍질도 양파망을 사용하면 쉽게 벗길 수 있어요.

10 양파망을 이용하면 쪽파를 쉽고 빠르게 다듬을 수 있어요. 쪽파의 뿌리를 자른 다음, 양파망으로 쪽파를 위에서 아래로 훑습니다.

쪽파 뿌리가 촉촉하게 젖어 있어야 잘 벗겨져요.

호텔리어도 몰래 배워가는
수건 접는 방법

별거 아닌 것 같지만, 하나하나 정성스럽게 접혀있는 호텔 수건을 보면 왠지 모르게 기분이 좋습니다. 대접 받는다는 기분이 든다고 할까요. 집 안에 있는 수건도 조금만 투자하면 호텔 수건처럼 예쁘게 접을 수 있습니다. 신경 써서 접어놓으면 수납할 때도 모양이 쉽게 흐트러지지 않아 좋습니다.

준비물

수건

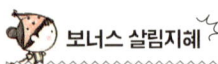 보너스 살림지혜

오래 사용하는 수건 관리 방법

가정에서 사용하는 수건은 40수 이상 두께에 면 100% 제품을 사용하는 게 좋습니다. '수'는 실의 굵기를 가리 킵니다. 숫자가 클수록 실의 두께가 얇고 더 부드럽고 포근합니다. 수건을 사면 반드시 세탁한 다음 사용합니 다. 수건을 오래 쓰려면 수건만 단독으로 세탁합니다. 수건을 사용한 후 축축한 상태로 빨래바구니에 넣어놓 으면 세탁을 해도 수건에서 퀴퀴한 냄새가 납니다. 사 용 후 건조한 다음 빨래바구니에 넣으세요. 섬유유연제 는 수건의 흡수성을 떨어트리니 수건을 헹굴 때는 식초 를 조금 넣고, 세탁 후에는 탈탈 털어서 바짝 건조해야 오랫동안 보송보송한 수건을 사용할 수 있습니다.

 How To

네모나게 접기

1 수건의 긴 면(가로)을 반으로 접습니다.

수건의 박음질 부분이 안으로 들어 가도록 해야 더 깔끔해 보입니다.

2 다시 가로 방향으로 반으로 접어주는데, 귀퉁이 부분이 살짝 안으로 들어가게 접어주세요.

3 수건을 세로 방향으로 3분의 1 접습니다.

4 3번에서 접은 부분을 사진처럼 벌린 다음, 남은 3분의 1을 접어 밀어 넣습니다.
이렇게 접으면 수건 모양이 쉽게 흐트러지지 않아요.

동그랗게 말아 접기

 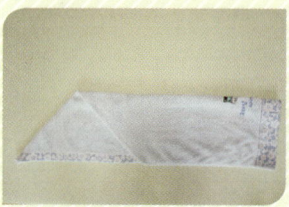

1 수건의 위쪽 모서리를 45도 접어 사진처럼 삼각형으로 만듭니다.
수건의 무늬가 없는 쪽을 삼각형으로 접어야 다 접었을 때 무늬가 보이지 않아 깔끔합니다.

2 수건을 반으로 접습니다.

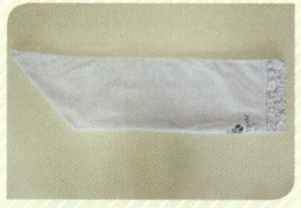  

3 그 상태에서 뒤집습니다.

4 삼각형으로 접히지 않은 부분을 3분의 1가량 접습니다.

5 삼각형 모서리를 향해 수건을 돌돌 맙니다.

6 남은 모서리는 수건 귀퉁이에 끼워 넣습니다.

인테리어 업자에게도 칭찬받는 셀프 **실리콘 교체** ABC

생긴 지 얼마 안 된 곰팡이는 베이킹소다나 구연산으로 없앨 수 있고, 찌든 곰팡이는 락스나 곰팡이제거제를 사용하면 말끔히 사라집니다. 하지만 실리콘 안으로 깊이 침투한 곰팡이는 어떤 방법을 사용해도 사라지지 않기 때문에, 실리콘을 교체하는 게 최선입니다. 실리콘은 손으로 직접 짜서 쓰는 튜브식과 실리콘건을 사용해서 쏘는 방식의 건(gun)식 실리콘 두 가지가 있습니다. 실리콘 작업을 한 번만 할 것이라면 튜브식을, 여러 번 작업할 것 같다면 건식 실리콘을 구매하는 게 좋습니다. 두 가지 실리콘 모두 철물점이나 천원샵 또는 마트 등에서 5000원 이내로 구입할 수 있습니다. 누렇게 변색되거나 곰팡이가 핀 실리콘만 교체해도 싱크대와 욕실이 한결 깔끔해 보입니다.

준비물

실리콘, 실리콘건(또는 튜브식 실리콘), 헝겊, 신나(또는 아세톤), 마스킹테이프, 페트병

1 실리콘 작업을 할 곳에 물기가 남아 있지 않도록 마른 헝겊으로 닦은 다음 바짝 말립니다.

2 곰팡이가 침투한 실리콘을 칼로 자르고 긁어냅니다.

3 실리콘 긁어낸 자리를 마른 헝겊으로 깨끗하게 닦고, 마른 헝겊에 신나(또는 아세톤)를 묻혀 한 번 더 닦습니다.

신나는 미처 닦지 못한 잔여물까지 남김없이 닦아내, 새 실리콘의 접착력을 높여줍니다.

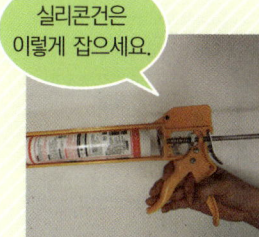

실리콘건은
이렇게 잡으세요.

4 실리콘 작업할 곳이 완전히 건조되면 실리콘을 쭉 짭니다.

실리콘 작업할 곳의 면적이 좁다면 따로 펴 바를 필요가 없지만, 울퉁불퉁하게 발라졌다 싶으면 비닐장갑을 끼고 손으로 펴 바릅니다.

5 그대로 말리면 끝! 실리콘이 다 마르기 전까지는 물이 닿지 않도록 합니다.

적어도 하루 정도는 실리콘에 물이 닿지 않도록 합니다.

6 실리콘 바를 곳이 면적이 넓다면 실리콘을 긁어낸 다음, 실리콘 바를 곳 위로 마스킹테이프를 붙입니다.

7 페트병을 손가락 모양으로 잘라주세요.

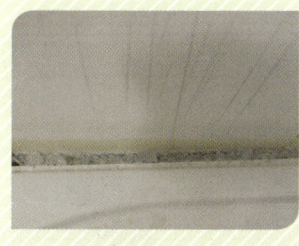 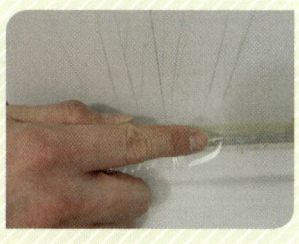

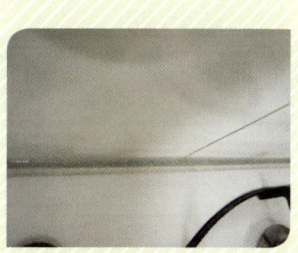

8 실리콘을 바른 다음 실리콘이 마르기 전에, 손가락 모양으로 자른 페트병을 검지손가락에 대고 빠른 속도로 실리콘을 고르게 펴 바릅니다.

펴 바를 땐 한 번에 펴는 게 포인트! 실리콘은 손을 대면 댈수록 모양이 망가져요.

9 실리콘을 다 발랐다면 마스킹테이프를 떼고 잘 말립니다.

남편 손 빌리지 않고
뚝딱 시공하기

싱크대의 개수대나 배수구는 조금만 신경 써서 관리하면 청결하게 유지할 수 있습니다. 하지만 배수구 아래 물 내려가는 관은 청소가 거의 불가능합니다. 싱크대를 오래 사용하면 호스 안에 때가 쌓여 악취가 올라옵니다. 배수관 전용 세제를 사용해 청소해도 청소할 때만 반짝하고 악취가 사라질 뿐, 시간이 지나면 다시 악취가 스멀스멀 올라옵니다. 만약 싱크대를 아무리 깨끗하게 청소해도 냄새가 자꾸 올라온다면 싱크대 배수관의 오염도를 의심해 볼 필요가 있습니다.

또 낡은 배수관은 고무패킹이 노후해 물이 새거나 호스가 딱딱하게 굳어 쉽게 분리되기도 합니다. 그럴 경우 발생할 사태는 상상만 해도 끔찍합니다.

이사했거나 싱크대를 사용한 지 오래되었다면 배수관을 교체해주세요. 전문업체에 맡기지 않아도 충분히 교체할 수 있으니 겁낼 필요 없습니다.

평소 달걀을 삶는 등 요리하는 과정에서 깨끗한 끓인 물이 생기면 싱크대 배수구에 부어주세요. 살균은 물론 악취 제거도 되고 배수구가 막히는 것도 방지할 수 있습니다.

준비물
교체용 싱크대 배수구, 드라이버, 행주

1 교체할 배수구를 구매하기 전에 아래 두 가지를 먼저 확인합니다.

① 배수구 크기 : 싱크볼 안 배수구(원형 스테인레스)의 직경을 측정합니다.

② 오버플로우 모양 : 싱크볼 안쪽에 물 빠지는 구멍(오버플로우)이 둥근지, 사각인지, 무늬가 있는지 확인합니다.

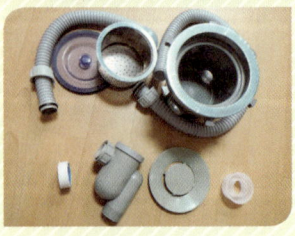

2 싱크대 배수구를 마트나 인터넷에서 구매합니다.

3 싱크대 하부장을 깨끗하게 비
웁니다.

4 싱크대 개수대 안쪽의 오버플로우 나사를 드라이버로 푼 다음, 싱
크대 배수구와 배수구에 연결된 호스를 제거합니다.

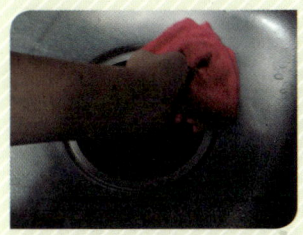
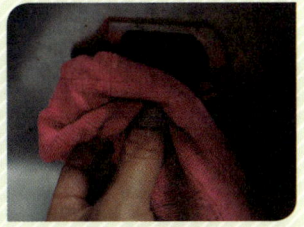

5 버릴 옷이나 행주 등으로 싱크대를 깨끗하게 닦습니다.

배수관이 없는 상태이므로 절대 싱크대 물을 틀면 안됩니다.

6 새 배수구를 넣습니다.

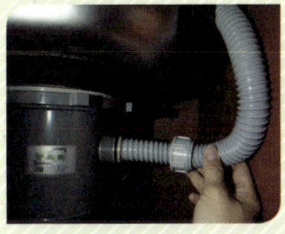

7 배수구를 고정합니다.

8 오버플로우에 딸려있는 호스를 배수구에 연결한 다음, 오버플로우를
개수대에 고정합니다.

9 나머지 부속품들도 연결한 다음,
호스까지 연결해 물이 빠져나가는 곳
으로 넣어주면 싱크대 배수구 교체
완료입니다!

악취 차단 트랩도 함께 구매해서 같이
설치하면 악취를 더 효과적으로 차단
할 수 있습니다.

10 싱크대 배수구를 교체한 직
후에는 많은 양의 물을 한 번에
흘려보내 호스 연결부 사이로 물
이 새지 않는지, 호스에 구멍은 없
는지 반드시 확인합니다.

재료비 0, 리폼 시간 10초!
다 쓸 때까지
무르지 않는 비누 만들기

비누는 늘 습기와 가깝게 있다 보니 흐물거리거나 뭉개져, 심할 경우 사용하는 것보다 버리는 양이 더 많게 느껴지기도 합니다. 특히 천연비누는 더 쉽게 물러요. 비누가 뭉개지면 아까운 비누를 버릴 뿐 아니라 비누를 보관하는 비눗갑도 금방 지저분해져요. 비눗갑에 비누가 오래 눌어붙어 있으면 곰팡이와 세균이 번식해, 비누까지 오염되고 맙니다.

그래서 비누를 공중에 띄워 최대한 물이 닿지 않게 해주는 비누홀더가 인기리에 판매되고 있는지도 모르겠습니다. 하지만 비누홀더를 사용해보니 비누 무게를 견디지 못하고 자꾸 떨어져, 다시 비눗갑을 찾게 되더라고요.

집에 있는 재료들로 비누가 물러지지 않는 비눗갑을 만들어보겠습니다.

준비물
노란 고무줄(또는 고무장갑), 플라스틱 물병 뚜껑

고무줄로 비눗갑 리폼

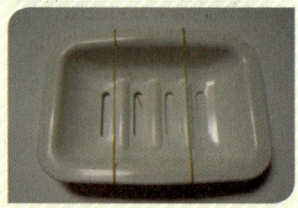

1 비눗갑에 노란 고무줄을 11자로 감습니다.

2 뒷면은 X자가 되도록 고무줄을 교차합니다.

3 그 위에 비누를 올려놓으면 비누가 비눗갑에 닿지 않아 쉽게 무르지 않아요.

4 비누가 잘 올라가지 않는다면 고무줄을 두 개 더 사용해 사진과 같이 다른 방향으로 한 번 더 감아준 다음 비누를 올려놓습니다.

5 구멍 난 고무장갑의 팔 부분을 얇게 잘라 고무밴드를 만듭니다.

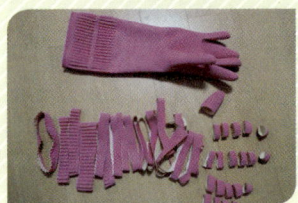

6 비눗갑에 잘라낸 고무장갑을 11자로 감고, 비눗갑을 뒤집어 고무장갑을 X자로 교차합니다.

플라스틱 병뚜껑으로 비누홀더 만들기

7 플라스틱 병뚜껑을 비누 아래쪽 정중앙에 콕! 박아줍니다. 뚜껑을 완전히 다 밀어 넣지 말고 5mm 정도 남겨놓습니다.

병뚜껑은 깊이가 얕을수록 좋고, 병뚜껑 대신 콘택트렌즈 뚜껑을 사용해도 좋아요.

8 병뚜껑을 받침대 삼아 비눗갑 위에 올려두면 비누와 비눗갑이 닿지 않아 비누가 잘 무르지 않아요.

알루미늄 포일로 비누 감싸기

9 알루미늄 포일을 비누보다 약간 더 크게 자릅니다.

10 비누에 물을 약간 바른 다음, 알루미늄 포일을 붙입니다.

알루미늄 포일이 비누 옆면으로 살짝 올라오는 게 좋아요.

11 알루미늄 포일을 붙인 면이 비눗갑과 닿게 놓고 사용하세요.

베이킹소다와 천덕꾸러기 **아이스팩**의 놀라운 변신

어느 집이나 그 집안 특유의 냄새가 있습니다. 그래서 집안에서 향긋한 냄새가 나길 바라며 방향제를 두기도 하는데요. 화학제품에 대한 안전성 논란이 생길 때마다 왠지 불안해집니다. 천연재료로 만든 효과적이고 믿을 수 있는 방향제가 있다면 참 좋겠지요.

집안에 정체 모를 퀴퀴한 냄새가 난다면 베이킹소다를 이용해 보세요. 베이킹소다는 냄새 물질을 분해하고 중화해서 무취 상태로 돌려주기 때문에 현관, 신발장, 냉장고, 화장실, 옷장 등에 놔두면 나쁜 냄새를 없애줍니다. 여기에 향기까지 더 한다면 일석이조겠지요. 베이킹소다에 천연 에센셜오일을 조금만 섞으면 나쁜 냄새를 잡고 집안에 은은한 향기까지 더할 수 있습니다. 방향제로 사용했던 베이킹소다는 다른 용도로 활용할 수도 있으니 경제적이기까지 합니다.

베이킹소다 탈취제의 사용기간은 3개월입니다. 3개월이 지나면 탈취 효과가 사라지니 베이킹소다를 새것으로 바꾸세요. 탈취 효과가 떨어진 베이킹소다는 그냥 버리지 말고 욕실이나 주방 청소할 때 사용하세요.

준비물

천연 에센셜오일, 베이킹소다, 다시백(또는 커피 여과지), 노끈, 종이컵, 알루미늄 포일

1 베이킹소다 반 컵에 원하는 천연 에센셜오일을 5방울 정도 떨어트립니다.

임신 중이라면 재스민, 페퍼민트, 로즈메리, 유칼립투스 등의 식물이나 꽃향기 등은 피하고 라임, 만다린 등 연한 과일 향의 천연 에센셜오일을 사용하세요.

2 나무젓가락 등을 사용해 베이킹소다와 에센셜오일을 잘 섞습니다.

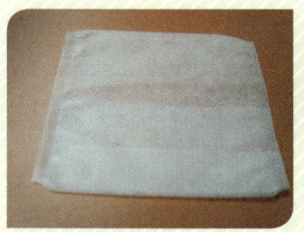  

3 국물 낼 때 사용하는 다시백(또는 커피 여과지)에 2의 베이킹소다를 한두 스푼 정도 넣습니다.

4 베이킹소다가 새어나오지 않게 다시백을 끈으로 예쁘게 묶어 향기 주머니를 만듭니다.

5 베이킹소다는 입자가 아주 작아서 향기 주머니 채로 두면 가루가 조금씩 새어 나올 수 있으므로 받침대를 받쳐 옷장이나 신발장, 현관 등 집안 곳곳에 놓습니다.

커피 여과지를 사용하면 가루가 새어 나오지 않아요.

6 종이컵이나 떠먹는 요구르트 용기 등 원하는 용기에 에센셜오일을 섞은 베이킹소다를 넣어 현관이나 화장실 등에 두어도 좋습니다.

7 향기가 천천히 발산되게 조절하고 싶다면, 에센셜오일을 섞은 베이킹소다를 종이컵 등의 용기에 넣고 알루미늄 포일이나 비닐 랩을 씌운 다음 이쑤시개로 구멍을 송송 뚫습니다.

 보너스 살림지혜

아이스팩으로 방향제 만들기

냉장이나 냉동식품과 함께 배달되는 아이스팩으로 방향제를 만들 수 있습니다. 아이스팩의 주성분인 고흡수성폴리머는 자기 무게보다 수십 배의 물을 흡수해 젤리 상태로 변화시키는 물질입니다. 고흡수성폴리머는 수분을 꽉 잡아두기 때문에 에센셜오일 등을 첨가하면 향이 오래갑니다.

1 아이스팩을 개봉해 내용물을 원하는 용기로 옮깁니다.
2 에센셜오일을 5방울 정도 떨어뜨린 다음 잘 섞습니다.
3 비닐 랩 등을 사용해 뚜껑을 만들고 이쑤시개로 구멍을 뚫습니다.
15일 정도 지나면 내용물을 교체해주세요.

 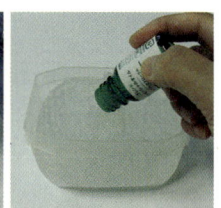

콘센트만 바꿔도 집의 연식이 10년은 줄어든다!

1 차단기를 내립니다.

콘센트는 오래되면 색깔이 누렇게 변해 집의 연식(?)을 고스란히 드러냅니다. 변색된 콘센트는 많은 시간을 들여 청소(286쪽 참조)하는 것 보다는 교체하는 게 낫습니다. 오래된 콘센트는 미관상 보기 안 좋을 뿐만 아니라, 접촉 부위가 느슨해져 전기 사고의 원인이 되기 때문입니다.

막상 콘센트를 직접 교체하려고 하면 덜컥 겁부터 납니다. 작업하다 감전되는 건 아닐까, 전선을 잘못 만져서 가전제품 플러그를 꽂는 순간 '펑'하고 터지는 건 아닐까……

하지만 작업하기 전 차단기를 꼭 내리고, 전선을 제자리에 잘 꽂으면 걱정했던 사고는 발생하지 않습니다(콘센트 교체 방법으로 스위치도 교체할 수 있습니다). 그래도 걱정이 된다면 빨간 고무코팅이 된 목장갑이나 고무장갑을 끼고 작업하세요.

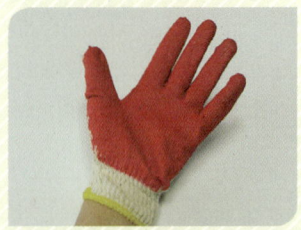

2 평소 손에 땀이 나는 사람은 빨간 고무코팅이 된 목장갑을 착용합니다.

절연장갑은 어쩌다 한번 전기 작업을 하는 가정에서 구비하기에는 값이 좀 비싼 편이에요. 차단기를 내리고, 코팅된 목장갑을 착용하면 혹시 모를 전기 사고를 예방할 수 있어요.

3 일자 드라이버로 콘센트 뚜껑을 들어 올려, 낡은 콘센트 뚜껑을 벽에서 떼어 냅니다.

준비물

교체형 콘센트, 일(−)자 드라이버, 십(+)자 드라이버

  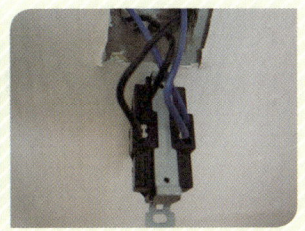

4 드라이버로 콘센트 본체 나사를 풀고, 본체를 벽에서 꺼냅니다.

콘센트 본체에 선이 연결되어 있을 때 사진을 찍어 전선 위치를 기록해두거나, 포스트잇으로 전선에 '좌측 상단', '우측 상단'과 같이 위치를 표시해둡니다.

  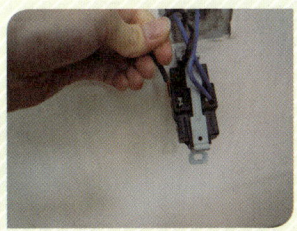

5 전선이 연결된 부위 바로 옆에 있는 네모난 형태의 홈을 드라이버로 세게 누른 상태에서 전선을 당겨 전선을 본체에서 분리합니다.

6 새로운 콘센트 본체에 전선을 연결합니다.

콘센트 본체에 있는 홈으로 전선을 쑥 밀어 넣으면 전선이 맞물려 들어갑니다.

7 본체를 벽 안에 넣은 다음 드라이버로 고정합니다.

8 콘센트 뚜껑을 닫습니다.

오래된 콘센트만 교체해도 집이 훨씬 깨끗해 보여요.

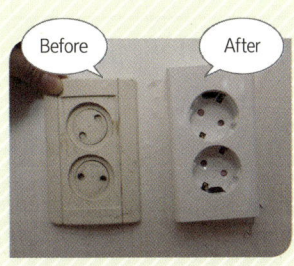

Before   After

매니큐어만 지우는 줄 알았지?
'녹 제거 달인' 아세톤

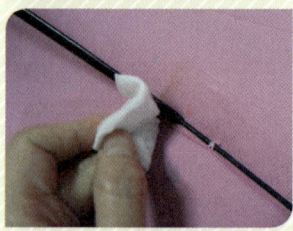

1 녹슨 우산 살은 화장솜에 아세톤을 적셔 살살 닦습니다.

우산을 젖은 채로 접어 두면 우산 살에 녹이 슬고 우산에서 퀴퀴한 냄새가 납니다. 심할 경우 곰팡이가 생기기도 하지요. 아시다시피 요즘 비는 미세먼지 등 온갖 오염물질을 품고 있기 때문에 우산을 사용한 후에는 잘 씻어줘야 합니다. 사용한 우산은 물로 깨끗하게 헹군 다음 쫙 펼쳐 물기를 완벽하게 다 말린 후 잘 접어 보관합니다.

우산을 펼쳐서 말릴 여건이 안 된다면 우산 손잡이가 아래로, 우산의 꼭지가 위로 향하게 해서 우산 안쪽에 물이 고이지 않게 보관합니다.

오염이 심할 경우에는 세제를 사용해 세척해도 됩니다. 우산은 보관 및 세척 방법에 따라 사용 기간이 달라질 수 있습니다.

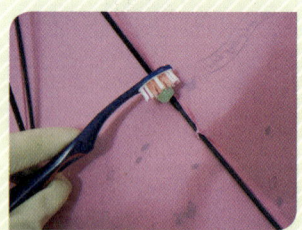

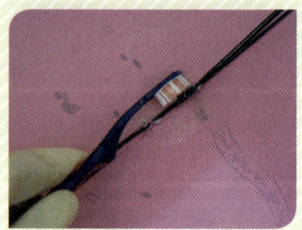

2 녹이 심하면 우산살에 치약을 짜서 칫솔로 박박 문지릅니다.

준비물

아세톤, 화장솜, 치약, 칫솔, 중성세제(울샴푸), 재봉틀 기름

3 우산 안팎을 물로 깨끗이 씻습니다.

 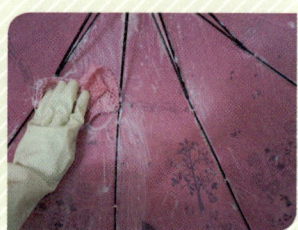

4 우산이 많이 더러울 땐 부드러운 수세미에 중성세제를 묻혀 우산을 안팎을 꼼꼼하게 문지릅니다.

우산 안감은 만지면 약간 끈적이는 느낌이 드는데, 방수 처리를 했기 때문입니다. 우산을 자주 세제로 닦으면 방수기능이 떨어질 수 있으니, 오염이 심할 때만 세제를 사용하세요.

5 우산 손잡이와 대도 수세미로 문지릅니다.

6 세제 잔여물이 남지 않도록 물로 여러 번 헹군 다음, 마른 걸레로 물기를 닦습니다.

7 깨끗이 씻은 우산은 그늘에서 손잡이가 아래로 향하게 세워 말립니다.

우산 꼭지가 아래로 향하게 두면 우산에 물이 고여 녹이 슬 수 있어요.

8 화장솜에 재봉틀 기름을 적십니다.

재봉틀 기름은 인터넷에서 1000원 정도에 구입할 수 있어요. 재봉틀 기름이 없을 때 식용유를 발라도 됩니다.

9 8번 화장솜으로 우산살과 우산살 이음새를 꼼꼼히 문지릅니다.

우산살에 재봉틀 기름을 발라놓으면 녹스는 걸 예방할 수 있어요.

장마철 **옷장** 관리는 신문지에 맡기세요

옷장은 장마철뿐만 아니라 사시사철 습기 관리에 신경 써야 합니다. 자칫 관리를 소홀히 하면 옷과 이불이 습기로 인해 눅눅해지고 냄새가 나며, 심할 경우 곰팡이까지 생겨 옷과 이불을 버려야 하는 상황이 발행하기도 합니다. 이번에는 옷장 속 습기를 잡을 수 있는 다양한 방법을 알아보겠습니다.

옷장과 벽이 너무 붙어 있으면 곰팡이가 번식하기 쉬워지니, 살짝 떼어 놓으세요. 옷장에 넣어둔 습기제거제는 기간을 정해 수시로 교체합니다. 물이 가득 찬 습기제거제는 오히려 옷을 망가트린다는 사실을 잊지 마세요.

〰〰〰〰〰〰〰〰〰〰〰〰〰〰〰〰

준비물

제습제, 실리카겔, 신문지, 숯

1 옷장 바닥에 신문지를 깝니다.

신문지는 일반 종이 보다 흡수율이 뛰어나 옷장 속에 깔아두면 습기제거에 큰 도움이 됩니다. 깔아둔 신문지는 계절이 바뀔 때마다 한 번씩 교체해 주세요.

2 옷과 신문지를 함께 접어 보관합니다.

이불 사이사이에 신문지를 끼워 주면 이불이 눅눅해지는 것을 방지합니다.

3 옷걸이에 옷을 걸 때도 신문지와 함께 걸어주면 좋아요.

신문지를 건 옷걸이에 옷을 걸면 옷에 옷걸이 자국이 생기는 걸 예방할 수 있어요.

4 옷장 속에 숯을 넣습니다. 숯은 3~6개월에 한 번씩 깨끗하게 씻어 말리면 다시 사용할 수 있습니다.

 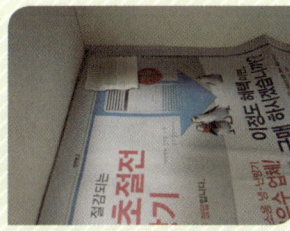 

5 제습제나 실리카겔 등 습기제거제를 옷장 곳곳에 넣습니다.

제습제는 물이 차면 바로바로 바꿔주고 실리카겔은 1년에 2~3번 정도 말려주세요. 제습제와 실리카겔은 집에서 저렴하게 만들 수 있습니다(140, 146쪽 참조).

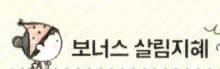
보너스 살림지혜

6 수시로 옷장 문을 활짝 열어 환기합니다. 제습제나 신문지 등을 사용하더라도 주기적으로 환기해주세요.

습한 여름철에는 옷장 문을 열고 선풍기를 틀어주는 것도 좋습니다. 완전히 건조한 커피 찌꺼기나 베이킹소다 (162쪽 '안심할 수 있는 천연 방향제 만들기' 참조) 를 옷장이나 서랍 안에 넣으면 습기도 잡고 냄새도 제거할 수 있습니다.

옷장과 서랍장은 늘 20%정도 비워두세요

옷장과 서랍장에 옷이 꽉 차 있으면 통풍이 되지 않아 장마철에 습기가 생길 수 있습니다. 또한 옷장 등 수납공간이 꽉 차 있으면 옷을 꺼내기는 것도 수납하는 것도 불편해집니다. 제습을 위해서나 수납을 위해서나 옷장과 서랍장은 80%만 채우도록 합니다.

선크림 듬뿍 바르고 기다리면
스티커 자국 클리어!

유리 소스 병들은 디자인도 예쁘고 견고해서 보관 용기로 사용하기 좋습니다. 그런데 라벨이 쉽게 제거되는 병이 있는가 하면, 끈적끈적한 접착제 자국이 남아서 이런저런 방법을 다 동원하다가 결국 재활용 쓰레기통으로 향하는 병들도 있습니다.

아이들이 창문이나 거울, 가구에 마구 붙여둔 스티커 역시 깨끗하게 제거되지 않아 스트레스의 원인이 되곤 합니다.

스티커 제거의 기본은 열을 가해 준 다음 떼어 내주는 것이며, 남은 접착제는 물파스, 아세톤, 살충제, 식용유 등을 발라 없앨 수 있는데요. 그중에서도 선크림이 단연 효과가 뛰어납니다. 단, 완벽한 제거를 위해서는 인내의 시간이 조금 필요합니다!

1 유리병을 뜨거운 물에 담그거나, 유리병 안에 뜨거운 물을 넣고 5분 후 스티커를 벗기면 잘 벗겨집니다.

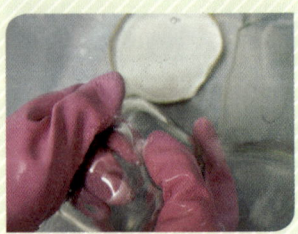

2 접착제가 병에 살짝 남아있는 경우에는 병을 뜨거운 물에 담근 채 고무장갑 낀 손으로 비비면 제거됩니다.

준비물
뜨거운 물, 선크림, 헤어드라이기

3 접착제 자국이 전체적으로 많이 남았을 경우에는 먼저 병의 물기를 제거합니다.

4 선크림을 병에 골고루 넉넉하게 바른 다음 최소 1시간 이상 둡니다.

선크림의 유통기한은 개봉 후 1년입니다. 유통기한 지난 선크림을 사용하면 좋겠지요.

5 1시간이 지난 후 키친타올 등으로 선크림을 닦습니다.

1시간이 지난 후에도 접착제가 잘 닦이지 않는다면 선크림을 바른 상태로 조금 더 두세요.

6 주방세제로 유리병 안팎에 묻은 선크림을 씻습니다.

7 창문이나 유리창 등에 붙어있는 스티커는 헤어드라이기로 열을 가한 다음 떼냅니다.

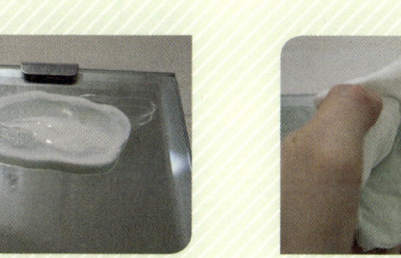 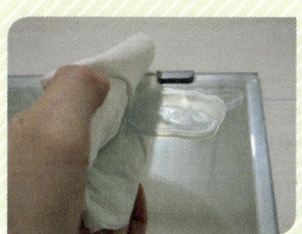 

8 스티커가 깔끔하게 떨어지지 않거나 접착제가 남아 있다면 선크림을 넉넉하게 바르고 1시간 이상 그대로 둡니다.

9 1시간 후 키친타올이나 티슈로 선크림을 닦습니다.

유리잔
얼룩 제거하는 비밀 병기, 감자 껍질

투명하고 청량한 느낌이 매력적인 유리잔은 오래되면 세제로 씻어도 얼룩이 잘 지워지지 않아요. 특히 샴페인잔처럼 입구가 좁고 깊은 유리잔은 안쪽까지 꼼꼼히 닦기도 어렵습니다.

열심히 설거지해도 유리잔이 뿌옇게 보일 땐 세제를 바꿔보세요. 주방세제 대신 구연산, 감자 껍질 등으로 닦으면 유리잔이 반짝반짝 빛나고 얼룩이 생기는 것도 예방할 수 있습니다.

머그잔에 생긴 커피나 주스 얼룩, 그리고 크리스털 잔 사이에 끼어있는 묵은 때들은 치약으로 닦으면 말끔하게 제거할 수 있습니다.

준비물

감자 껍질, 구연산, 치약

입구가 좁고 깊어 손이 잘 들어가지 않는 잔 닦기

1 감자 껍질을 잘게 잘라 유리잔 안에 넣습니다.

2 잔에 미지근한 물을 받아주세요.

욕실 거울을 감자 껍질로 문지르고 물로 헹구면 얼룩이 싹 사라집니다. 감자 껍질은 세면대와 싱크대 개수대 물때 제거에도 탁월합니다. 싹이 나서 먹을 수 없는 감자는 청소에 활용해보세요.

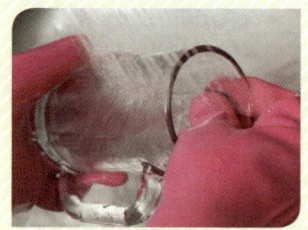

3 잔 입구를 손바닥으로 막은 다음 세게 흔듭니다.

감자 껍질에서 나온 작은 전분 알갱이가 사방팔방 움직이면서 때를 닦는 원리예요.

4 유리잔을 찬물로 헹구고 마지막으로 살짝 뜨겁다 싶은 물로 헹굽니다.

뜨거운 물로 헹구면 물기가 빨리 증발해 얼룩이 남지 않아요.

5 잔에 때가 많이 끼었다면 감자 껍질과 물을 가득 채워 하루 정도 지난 후 헹굽니다.

유리잔 얼룩 제거하기

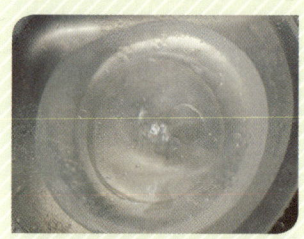

6 따뜻한 물에 구연산을 반 스푼 정도 넣고 희석합니다.

7 유리잔을 구연산 물에 넣고 스펀지로 닦습니다.

8 유리잔을 찬물로 헹구고 마지막으로 살짝 뜨겁다 싶은 물로 헹굽니다.

홈이 있는 유리잔에 끼어있는 때 제거하기

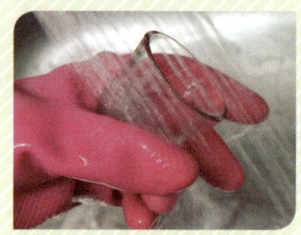

9 유리잔에 치약을 소량 묻힙니다.

10 칫솔이나 수세미를 이용해 유리잔을 구석구석 닦습니다.

11 유리잔을 물로 헹굽니다.

시든 **채소**가
싱싱하게 살아나는 마법

상추나 깻잎 같은 잎채소는 먹을 시기를 놓치면 금방 시듭니다. 시든 채소가 있을 땐 버리지 말고 응급 시술(?)을 해보세요. 몇 분만 투자하면 시든 채소도 싱싱하게 살아납니다.

채소의 아삭거리는 식감을 살리기 위해서는 차가운 물로 씻는 게 좋다고 알고 있습니다. 그런데 이런 상식과 배치되는 채소 세척 방법이 열풍을 일으켰습니다. 바로 50도 세척법입니다. 일본에서 시작된 50도 세척법은 시든 채소도 싱싱하게 살린다고 해서 '기적의 채소 세척법'으로 불립니다.

식물 표면에는 '기공'이라고 공기, 물, 양분 등을 흡수하는 구멍이 있습니다. 사람에 비유하자면 코나 입과 같은 곳이죠. 50도 정도의 따뜻한 물에 채소를 담가두면 기공이 순간적으로 활짝 열리면서 수분을 짧은 시간에 많이 흡수합니다. 그래서 시들시들해진 채소가 싱싱해지는 기적이 연출됩니다. 특히 싱싱한 상태의 채소나 과일을 50도 물로 세척하면, 세균 증식을 억제하고 더 오랫동안 싱싱한 상태로 보관할 수 있습니다.

준비물
뜨거운 물, 차가운 물

1 끓는 물과 상온의 찬물을 1:1 비율로 섞어 물의 온도를 약 50도로 만듭니다.

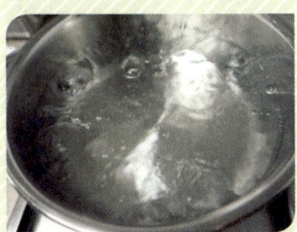

물 온도가 43도 이하이면 세균이 증식할 수 있고, 53도 이상이면 채소 속 단백질이 열에 의해 손상될 수 있으니 물 온도를 잘 맞추세요.

더 정확하게 온도를 맞추고자 한다면, 얼음을 이용하세요. 상온의 찬물에 얼음을 넣어 얼음이 다 녹으면 물 온도가 0도가 됩니다. 이 물과 뜨거운 물을 섞습니다.

새싹채소는 50도 세척법으로 세척하면 안 돼요.

2 채소를 50도 물에 푹 담근 다음 손으로 휘휘 저어가며 씻습니다. 물이 좀 식는다 싶으면 뜨거운 물을 보충해 가면서 씻어주세요.

담가놓는 적정 시간
- 시금치 등 잎채소 : 1~2분
- 껍질 있는 과일 : 2~3분
- 뿌리 채소 : 3~4분

Before

After

3 깨끗하게 헹군 채소는 바로 먹고, 냉장보관할 때는 키친타올로 물기를 완전히 제거한 다음 밀폐용기나 지퍼팩 등에 넣어 보관합니다.

 보너스 살림지혜

삼투압 원리로 시든 채소 싱싱하게 만들기

액체의 농도가 낮은 쪽에서 높은 쪽으로 이동하는 힘이 삼투압입니다. 삼투압 원리를 이용하는 대표적인 예가 배추 절이기지요. 배추 절이기와는 반대로, 바깥에서 채소 안쪽으로 물을 이동시켜 시들시들한 채소를 싱싱하게 살리는 방법이 있습니다.

큰 그릇에 얼음물을 넣고 설탕 2티스푼과 식초 3~4방울을 넣고 젓습니다. 설탕식초물에 시들해진 채소를 담가놓으면 농도가 낮은 설탕식초물이 채소 안으로 이동해 채소가 싱싱해집니다. 단, 설탕식초물에 지나치게 오랫동안 채소를 담가두면 영양소가 파괴되고 맛이 변질될 수 있으니, 담가두는 시간은 총 10~15분을 넘기지 않습니다.

4 과일은 50도 물에 담가 껍질을 문질러 씻으면 됩니다.

창문에 붙이기만 하면 겨울철 난방비, 여름철 냉방비 싹둑!

겨울철 난방비는 실내온도를 1도를 낮추면 7%, 3도를 낮추면 20% 정도를 줄일 수 있습니다. 춥다고 실내온도를 무작정 올리면 실내가 건조해지고 면역력이 저하된다고 합니다. 겨울철 실내 적정온도는 18~22도입니다. 실내온도를 높이기 전에 얇은 옷을 여러 겹 겹쳐 입고 수면 양말 등을 신는 게 좋겠습니다.

외출할 때는 보일러를 끄지 말고 '외출 기능'을 사용하여 온도를 일정하게 유지해 주어야 동파를 방지할 뿐만 아니라 에너지도 절약할 수 있습니다. 뚝 떨어진 실내온도를 다시 올리는데 더 많은 에너지가 사용되기 때문입니다.

바닥에 카펫을 깔고, 창문이나 문 틈새에 문풍지를 붙여 외풍을 막고, 커튼을 치는 것도 난방비 절약에 도움이 됩니다. 또 에어캡을 창문에 붙이면 실내온도를 2도 이상 올릴 수 있습니다.

준비물

에어캡(뽁뽁이), 칼, 자, 분무기, 수건

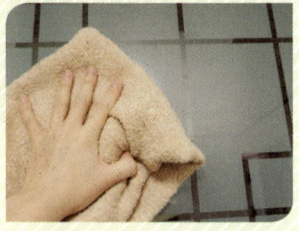

1 에어캡을 붙일 창문을 먼저 깨끗하게 닦습니다.

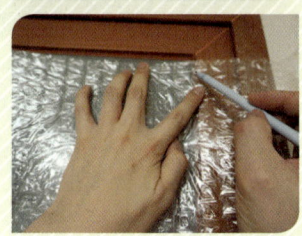

2 에어캡을 창문에 대고 가로세로 크기를 맞춘 다음 펜으로 표시합니다.

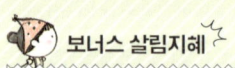

보너스 살림지혜

보일러 온도를 올리지 않고 실내온도는 올리고, 난방비는 낮추는 팁!

겨울철 보일러를 가동할 때 가습기를 함께 틀면 습도로 인해 공기 순환 속도가 두 배 가까이 빨라져 온도가 빨리 올라갑니다.

 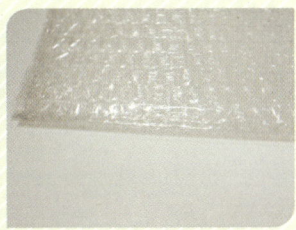

3 표시되어 있는 부분을 따라 에어캡을 한번 접어 자를 부분을 표시합니다.

4 표시한 부분을 따라 에어캡을 칼로 자릅니다.

자를 대고 칼로 자르면 접어서 자를 때보다 반듯하고 깔끔하게 잘립니다.

5 창문에 분무기로 물을 골고루 뿌립니다.

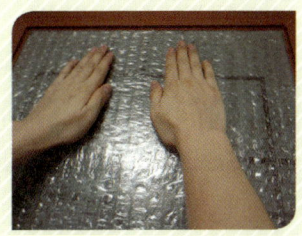

6 크기에 맞게 자른 에어캡을 창문에 붙입니다.

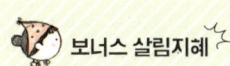

보너스 살림지혜

여름에도 창문에 붙인 에어캡을 떼지 마세요

여름철에 창문에 에어캡을 붙이면 에어캡 속에 공기가 층을 만들어 밖에서 안으로 열기가 들어오는 걸 막아 실내 온도를 낮춥니다. 또한 안에서 밖으로 빠져나가는 냉기도 줄어듭니다.

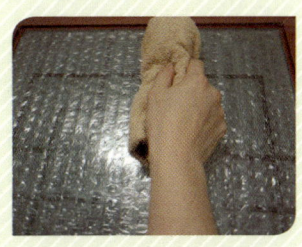

7 수건으로 에어캡을 좌우, 위아래로 문질러 창문에 밀착시킵니다.

포스트잇으로 **전기세**와 장보기 비용 줄이기!

무더위가 시작되면 전기세와의 전쟁도 시작됩니다. 에어컨은 필터만 자주 청소해줘도 냉방 효율이 3~5% 증가하고(288쪽 '에어컨 청소법' 참조), 에어컨을 켤 때 선풍기를 함께 켜면 냉기가 빠르고 고르게 퍼져 전기를 절약할 수 있습니다. 사용하지 않는 콘센트는 뽑아두는 습관을 들이고, 필요 없는 전등은 꺼주세요.

가정에서 예상보다 많은 전력을 소모하는 제품이 전기밥솥입니다. 전기밥솥에 밥을 오랫동안 보온상태로 두면 밥맛도 떨어질 뿐만 아니라 에너지가 많이 소모됩니다. 밥을 할 때는 압력솥을 사용하거나 전기밥솥에 밥을 하더라도 오래 보온해두지 말고 한 번 먹을 만큼씩 덜어 냉동실에 보관했다가 전자레인지에 데워먹는 게 에너지 사용 면에서는 더 효율적입니다.

1년 365일 쉬지 않고 전기를 사용할 수밖에 없는 냉장고 역시 조금만 신경 쓰면 전기를 절약할 수 있습니다.

준비물

알루미늄 포일, 바구니, 비닐 포스트잇, 에어캡(또는 투명 시트지)

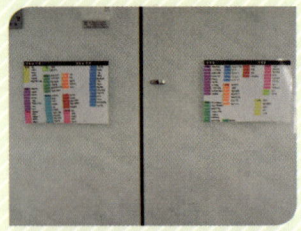

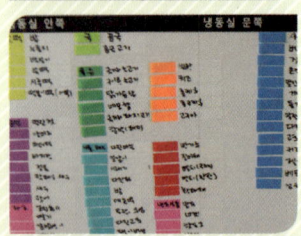

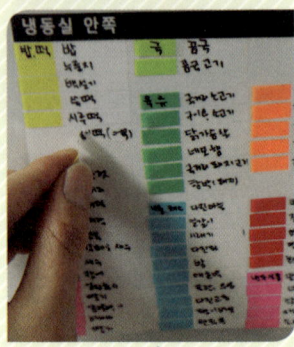

1 냉장고 속 음식물 목록을 적어 문에 붙여두고 냉장고 문 여는 횟수를 최소화합니다.

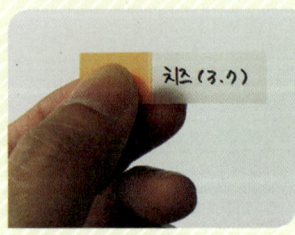

음식물 목록은 코팅된 종이 위에 떼고 붙이기 쉬운 포스트잇을 사용해 표시하면 목록을 적고 지우는 번거로움이 줄어듭니다. 목록을 적을 때 유통기한까지 적어두면 더 좋겠죠?

2 에어캡이나 투명 시트지를 냉장고 안에 붙여 냉장고를 열었을 때 냉기가 빠져나가는 걸 차단합니다.

에어캡은 칸칸 별로 잘라 붙이면 좀 더 쉽게 음식을 꺼낼 수 있어요.

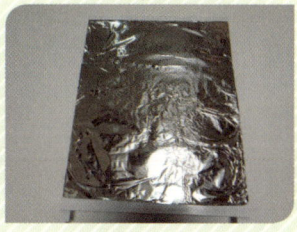
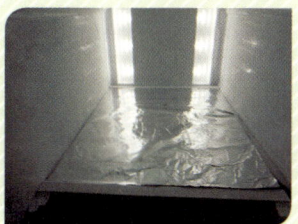

3 냉장고 선반에 알루미늄 포일을 깔면 냉기 전도율이 높아지고 냉장고 속에서 냉기가 골고루 잘 퍼져 전력 소모가 줄어듭니다.

4 바구니에 음식을 종류별로 담아 이름표를 붙여두면 냉장고도 정리되고, 음식을 꺼낼 때 바구니만 당기면 되니 음식물을 꺼내는 시간이 줄어듭니다.

5 냉장실은 냉기가 잘 순환하도록 음식을 70%만 담고 음식물끼리 적당히 떨어트려 보관합니다. 냉동된 음식들이 붙어 있으면 냉기가 옆에 있는 음식으로 전달되어 전력 소모가 줄어듭니다. 냉동실은 음식을 조밀하게 수납합니다.

 보너스 살림지혜

전기세와 장보기 비용까지 다이어트 시켜주는 음식물 목록

냉장고 문을 자주 열면 찬 공기가 빠져나가기 때문에 에너지 소모량이 증가합니다. 음식물 목록을 냉장고 문에 붙여두면 에너지 소모량을 줄일 뿐만 아니라, 냉장고 속 사정을 훤히 알 수 있어 장 보는 비용과 횟수도 줄일 수 있습니다. 음식물 목록은 뒷면에 테이프가 붙어 있는 벨크로(일명 찍찍이)를 사용해 붙이면 좋습니다(벨크로는 천원샵에서 구입할 수 있어요).

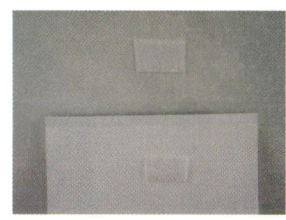

서랍 열 때마다 기분 좋은
일회용 **비닐봉지** 정리 방법

1 아무렇게나 뭉쳐 넣어둔 비닐봉투를 다 꺼내세요.

장바구니를 사용해도 오가며 물건을 사다 보면 비닐봉투가 생기기 마련입니다. 비닐이 생겼을 때마다 서랍에 하나둘 넣다 보면 어느새 비닐봉투가 서랍에 가득합니다. 모아둔 비닐을 사용하려고 한 장 꺼내면 마구잡이로 딸려오는 다른 비닐봉투 때문에 비닐을 보관하는 곳은 늘 지저분합니다.

비닐봉투는 작게 접어 정리해두면 사용하기 편할 뿐만 아니라, 부피가 확 줄어들어 수납하는데 큰 공간이 필요하지 않습니다. 처음 정리하는 게 귀찮고 시간이 오래 걸리지, 한 번 정리해두면 이후에는 정리하는데 시간이 그다지 오래 걸리지 않습니다. 비닐봉투는 네모접기, 세모접기 등 여러 가지 방법으로 접을 수 있습니다(네모접기 151쪽 참조).

2 비닐봉투를 하나씩 잘 펼칩니다.

3 비닐봉투를 대-중-소 크기별로 분류하세요.

준비물
비닐봉투, 종이상자(또는 쇼핑백)

4 비닐봉투를 사진처럼 반으로 접습니다.

5 다시 한 번 반으로 접습니다.

6 손잡이 있는 부분의 반대쪽 모서리를 삼각형으로 접습니다.

7 그리고 또 다시 삼각형으로 접습니다.

8 삼각형으로 접어 올리기를 반복합니다.

9 비닐봉투 손잡이 부분까지 삼각형으로 접은 다음, 삼각형으로 접은 봉투의 벌어진 틈으로 손잡이 부분을 끼워 넣습니다.

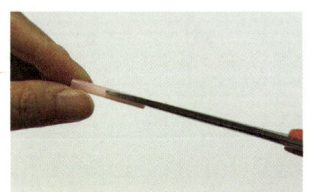

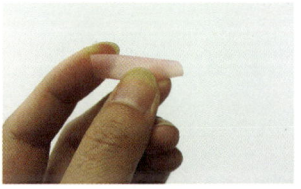

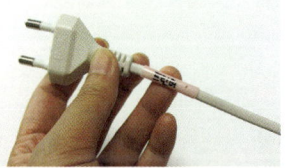

10 비닐봉투 세모접기 완성!

11 재활용 상자나 쇼핑백을 이용해 대 – 중 – 소 자리를 만든 다음, 비닐봉투 크기별로 보관합니다.

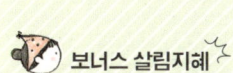 보너스 살림지혜

빨대로 전선 라벨 만들기

멀티탭에 꽂아놓은 전선이 어떤 기계의 전원인지 헷갈릴 때가 있죠. 이럴 때 빨대를 활용해보세요. 빨대를 3cm 정도로 잘라 반을 가른 다음, 빨대에 기계 이름을 적어 전선에 끼우면 됩니다.

전셋집 **낡은 변기**, 커버 바꿔 새것처럼 쓰기

변기는 하루에도 몇 번씩 사용하기 때문에 쉽게 지저분해지고, 수시로 커버와 뚜껑을 들었다 내렸다하면서 경첩 부분이 헐거워질 수 있습니다. 변기 커버에 문제가 없어도, 플라스틱 커버가 주는 차가운 느낌이 싫어 푹신한 스펀지식 변기 커버로 교체하는 분도 있지요. 대형 마트 생활용품 코너에서 다양한 재질과 디자인의 변기 커버를 구입할 수 있습니다.

변기 커버는 대형과 중형으로 나뉘기 때문에, 변기 커버를 교체할 경우 사용하던 변기 커버나 변기 사이즈를 잰 다음 구매하는 것이 좋습니다.

사이즈를 따로 확인하지 않고 구매했다면, 포장을 뜯기 전에 변기 위에 올려보아 변기와 변기 커버 사이즈가 잘 맞는지 확인하세요.

변기 커버를 구매하기 전에 사용하던 변기의 A, B, C 사이즈(오른쪽 사진에 표시)를 확인합니다.

준비물
교체할 변기 커버, 드라이버

교체 전 확인해야 할 사이즈

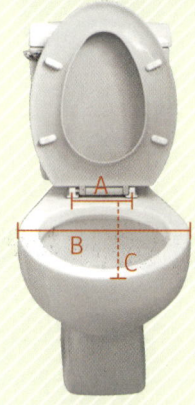

기존 변기 커버 분리하기

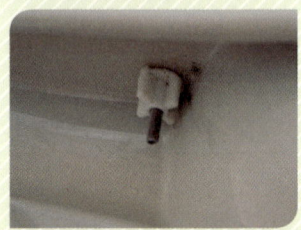

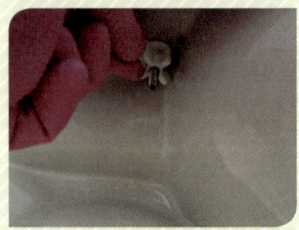

1 변기 아래를 보면 플라스틱 너트가 있습니다. 손으로 돌려 플라스틱 너트를 뺍니다.

  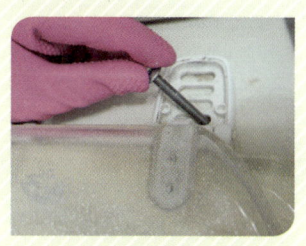

2 드라이버 등의 도구를 이용해 변기와 변기 커버를 연결하고 있는 경첩의 뚜껑을 들어 올립니다.

스펀지식 변기 커버는 조금이라도 찢긴 곳이 생기면 부패가 상상 이상으로 빠르게 진행되기 때문에 바로 교체하는 것이 좋습니다.

3 플라스틱 너트가 조이고 있던 쇠 볼트를 뽑습니다.

  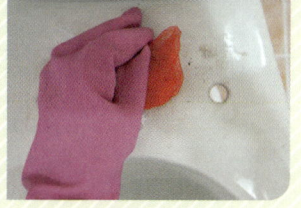

4 변기 커버를 변기에서 분리합니다.

5 변기를 깨끗하게 청소합니다(314쪽 '변기 청소법' 참조).

변기 조립하기 (변기 조립은 변기 분리 방법과 반대로 진행하면 됩니다.)

 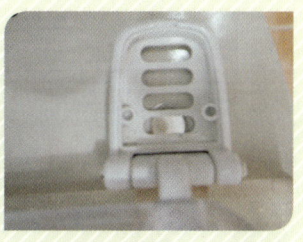 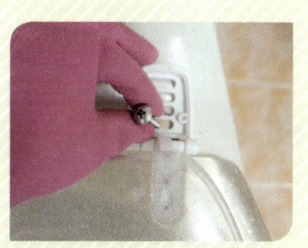

1 변기 커버를 연결 구멍이 잘 맞게 변기 위에 올립니다.

2 볼트를 연결 구멍에 꽂습니다.

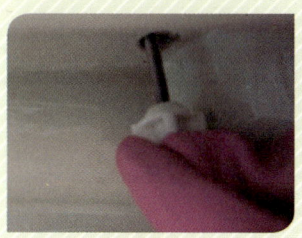 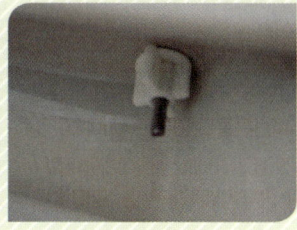 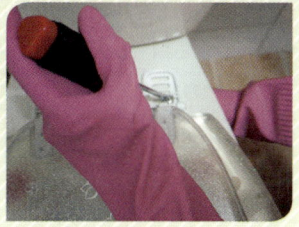

3 변기 아래로 내려와 있는 볼트를 플라스틱 너트로 조입니다.

드라이버로 볼트를 고정한 다음 너트를 조이면 더 쉽게 조일 수 있어요.

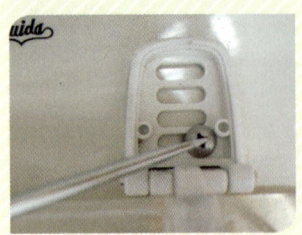  

4 볼트를 변기 위에서 드라이버로 한 번 더 조입니다.

5 경첩의 뚜껑을 닫습니다.

![보너스 살림지혜]

변기 커버 손잡이 0원으로 만들기

아무리 변기 청소를 깨끗하게 한다고 해도 변기 커버를 올리고 내릴 때 찝찝함이 느껴집니다. 변기 커버에 달 수 있는 작은 손잡이는 이런 불편을 해소해줍니다. 집에 있는 재료로 변기 사용을 쾌적하게 바꿔줄 변기 커버를 만들어보겠습니다.

준비물 일회용 플라스틱 숟가락, 네임펜, 테이프

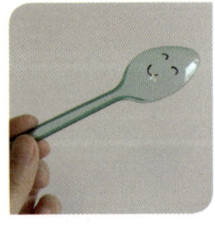  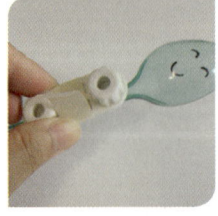 

1 숟가락 뒷면을 네임펜으로 꾸밉니다.

재미있는 스티커를 붙여도 좋고, 이도 저도 번거롭다면 생략해도 무방합니다.

2 변기 커버를 들어 올려 앞쪽 고무 커버를 분리합니다.

3 고무 커버와 숟가락을 테이프로 감아 고정합니다.

고무 커버 바깥과 숟가락 손잡이 뒷면이 마주 봐야 해요.

4 고무커버를 변기 커버에 끼웁니다.

숟가락이 길면 커버 폭에 맞게 잘라주세요.

음식물 쓰레기 악취 차단에서 수납함까지, 쓸모 많은 **물티슈 캡**

아기가 있는 집이라면 한 달이면 몇 개씩 나오는 물티슈 캡, 그냥 버리자니 왠지 아깝게 느껴집니다. 물티슈 캡은 모아두면 여러모로 쓸모가 많습니다.

물티슈 캡은 차갑게 해주면 물티슈에서 쉽게 분리되고, 다시 온도를 살짝 높여주면 접착력이 살아나 다른 곳에 쉽게 붙일 수 있습니다. 접착력이 완전히 떨어졌다면 양면테이프나 글루건 등을 붙여 사용할 수도 있습니다.

아기가 마구 뽑아놓은 물티슈를 지퍼백에 넣고 닫은 다음, 그 위에 물티슈 캡을 붙이고 지퍼백에 구멍을 만들면 휴대용 물티슈가 완성됩니다. 이런 방법으로 집안 여기 저기 굴러다니는 비닐 등을 정리할 수도 있습니다.

이번에는 다양한 물티슈 캡 활용법을 알아보겠습니다.

준비물
물티슈 캡, 양면테이프

물티슈 캡 분리하기

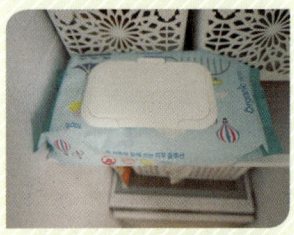

1 다 사용한 물티슈 용기를 냉동실에 잠시 넣어두면(5분 정도), 물티슈 캡이 잘 떨어집니다.

2 분리된 물티슈 캡은 냉동실에 보관해두다가 필요할 때 꺼내서 사용합니다.

양이 많아질 경우 지퍼팩 등에 넣어 보관하면 더 좋아요.

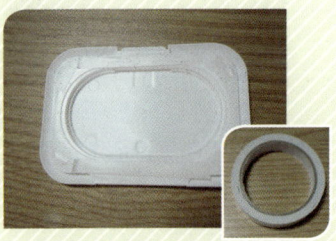

3 물티슈 캡의 접착력이 떨어졌다면 사용하기 전에 접착면에 양면테이프를 붙입니다.

★ 수납 & 리폼 ★

물티슈 캡 활용하기

 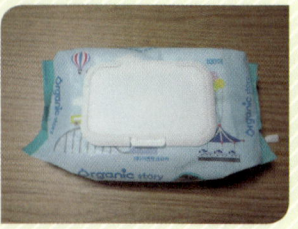 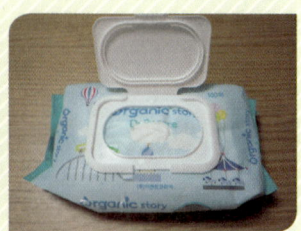

1 캡이 없는 리필용 물티슈나 휴대용 물티슈에 붙여서 사용합니다.

  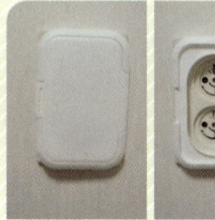

2 일반 쓰레기나 음식물 쓰레기 냄새를 차단할 때 사용합니다.

3 아이들이 있는 집에서는 언제나 조심스러운 콘센트에 붙여 콘센트 덮개를 만듭니다.

 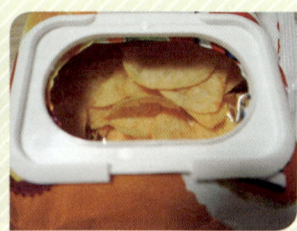 

4 한 번에 다 먹지 못하고 보관하는 과자 등 비닐에 들어있는 식품의 밀폐뚜껑으로 사용합니다.

물티슈 캡과 비닐 사이에 공간이 생기지 않도록 양면테이프를 꼼꼼하게 붙여야 내용물을 밀봉할 수 있어요.

5 현관문 렌즈 가리개로 사용합니다.

현관문에 붙어 있는 렌즈를 통해 밖에서도 집안 내부를 볼 수 있다고 해요. 문 안쪽에 현관문 렌즈를 가려두면 범죄예방에 도움이 됩니다.

6 작은 상자에 물티슈 캡보다 작게 구멍을 낸 후 물티슈 캡을 붙여 수납함으로 사용합니다.

 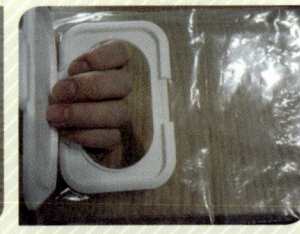 

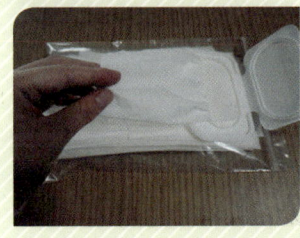  

7 아이들이 마구 뽑아서 처리하기 곤란한 티슈나 물티슈는 물티슈 캡을 부착한 지퍼백에 넣어 정리한 다음 사용합니다.

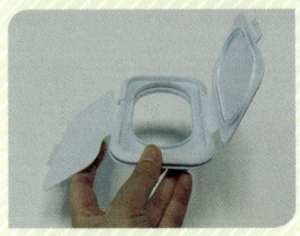 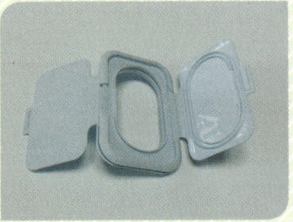 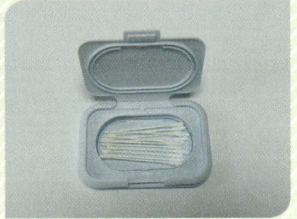

8 물티슈 캡 두 개를 앞뒤로 붙여서 면봉이나 이쑤시개, 클립, 쿠폰 등 작은 물건을 보관하는 수납함으로 사용합니다.

열심히 꼬다 보면
매듭이 스르륵

꽁꽁 묶인 비닐 매듭을 푸는 가장 빠른 방법은 가위로 자르는 것입니다. 하지만 비닐 안에 들어있는 내용물을 그대로 다시 보관을 해야 하거나, 보자기의 매듭이 너무 꽉 묶여있거나, 옷의 끈이 꽉 묶여있는 등 종종 매듭을 가위로 싹뚝 잘라버릴 수 없는 상황들이 생깁니다.

꽁꽁 묶인 매듭은 얇고 길쭉한 도구를 매듭 사이에 끼워 넣고 살살 당기면 조금은 수월하게 풀 수 있습니다. 하지만 이런 도구조차 없을 때는 짜증도 나고 막막하기도 합니다.

이럴 땐 비닐을 아주 많이 꼬아서 슬쩍 밀어주면 매듭이 쉽게 풀립니다. 평소에 비닐을 묶을 때 풀기 쉬운 방법으로 매듭지으면 매듭을 풀기위해 가위를 찾을 일이 없어집니다.

지금부터 꽁꽁 묶인 비닐 쉽게 푸는 방법과 쉽게 풀 수 있는 매듭 묶는 방법을 알아보겠습니다.

매듭 쉽게 풀기

1 꽉 묶여져 있는 매듭을 가운데로 두고 매듭의 양쪽을 잡고, 비닐을 계속 꼬아줍니다.

2 더 이상 꼬이지 않을 때까지 비닐을 꼰 다음, 꼬아진 비닐을 매듭 안으로 밀어 넣습니다.

3 밀려 나온 비닐을 손으로 당깁니다.

4 매듭이 쉽게 풀립니다.

쉽게 풀리는 매듭 묶기

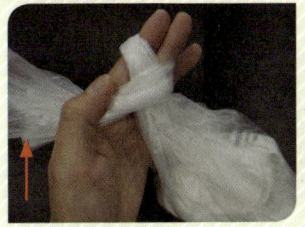

1 보통 비닐을 묶을 때와 같은 방법으로 돌려 묶습니다.

2 사진에서 화살표 표시된 부분을 끝까지 집어넣지 않고 U자 모양으로 만듭니다.

매듭끝

이곳을 당긴다

매듭끝

3 매듭의 끝이 아닌 U자 모양 고리를 잡아당겨 매듭을 조입니다.

4 U자 모양에서 매듭의 끝 부분을 잡아당기면 쉽게 매듭이 풀립니다.

신발끈 안 풀리게 묶기

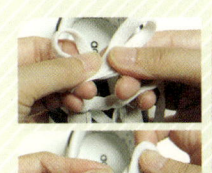

1 신발끈을 한 번 묶고, 양쪽 신발끈을 반씩 접습니다.

2 신발끈 하나는 밖에서 안으로 돌려 넣고, 다른 하나는 안에서 밖으로 돌려 넣은 다음 잡아당깁니다.

그냥 버리면 두고두고 아쉬워할 만능 살림꾼, 달걀 껍데기

어느 집이나 냉장고에 꼭 들어있는 달걀은 요리를 끝내면 달걀 껍데기라는 쓰레기를 남깁니다. 분리수거 대상도 아니라 쓰레기통으로 바로 직행하는 이 달걀 껍데기를 잘 활용하면 요모조모 쓸모가 많습니다.

탄산칼슘이 주요 성분인 달걀 껍데기에는 철, 단백질, 인, 마그네슘 등 다량의 무기질이 함유되어 있어 살균, 표백, 세척 효과가 뛰어나 의류나 식기류를 닦는데 유용하게 쓸 수 있습니다.

달걀 껍데기의 석회질은 산성토양을 중화시켜주기 때문에 식물을 잘 자라게 하는 비료 역할을 하고, 해충이 꼬이지 않게 합니다.

게다가 달걀 껍데기의 주요성분인 칼슘은 김치의 신맛을 잡아줘, 달걀 껍데기를 김치와 함께 보관하면 김치가 빨리 쉬지 않습니다.

하지만 달걀 껍데기에는 살모넬라균 등 세균이 남아 있을 수 있어 깨끗하게 씻은 다음 삶아서 사용하는 게 좋습니다.

준비물
달걀 껍데기

누런옷을 하얗게 표백하기

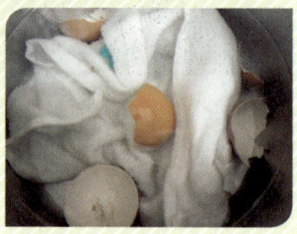

1 누렇게 변한 흰옷이나 행주 등을 삶을 때 달걀 껍데기를 함께 넣고 삶으면, 더 하얘지고 때도 잘 제거됩니다.

 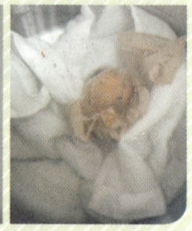

2 달걀을 껍데기 그대로 넣어도 좋지만, 스타킹에 넣은 다음 빨래와 함께 삶으면 뒤처리가 수월합니다.

목이 긴 물병 청소

손이 들어가지 않는 긴 물병에 달걀 껍데기를 넣은 다음 마구 흔들면, 병속에 낀 물때가 잘 제거됩니다.

믹서기 청소
(234쪽 참조)

믹서기에 달걀 껍데기와 물을 넣고 돌린 다음, 잘게 갈린 달걀 껍데기 조각을 이용해 믹서기 칼날을 청소합니다.

천연비료

달걀 껍데기를 잘게 부숴 화분에 뿌려주면 벌레가 잘 생기지 않고 식물이 잘 자랍니다.

단백질 성분인 달걀 껍데기의 흰 점막은 토양을 썩게 하므로 점막을 제거한 후 사용합니다. 천연비료용 달걀 껍데기는 가능한 잘게 갈아주는 게 좋습니다.

수세미 대용

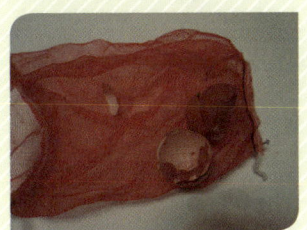 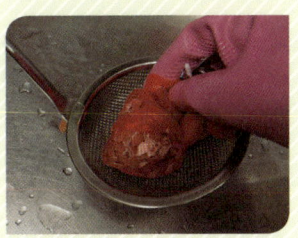

1 달걀 껍데기를 양파 망에 넣어 수세미 대용으로 사용합니다.

2 달걀 껍데기 수세미는 채망 등의 세척에 효율적입니다 (249쪽 참조).

김치 보관

1 달걀 껍데기를 3분 이상 삶아 껍데기에 남아 있을지 모를 세균을 없앱니다.

2 김치와 함께 보관하면 김치가 시어지는 것을 늦춥니다.

3 요리하고 생긴 달걀 껍데기는 물로 헹군 다음 페트병 등에 모아두면 좋습니다.

논슬립 옷걸이에서 전선 정리까지, **고무장갑** 어디까지 써봤니?

설거지, 청소, 빨래 등등 온갖 집안일로 손에 물마를 날 없는 우리 주부의 손을 지켜주는 고무장갑. 주방, 화장실, 세탁실 등 2~3개씩은 비치해두고 매일 사용하지만 오래되어 못쓰는 것 보다 작은 구멍이 생겨 버려야 하는 경우가 많아요.

고무장갑은 아주 작은 구멍 하나만 생겨도 제 기능을 못하기 때문에, 아직 새것과 다름없는 고무장갑을 버릴 때마다 아깝다는 생각이 듭니다. 구멍 난 고무장갑은 우리 손을 물과 세제로부터 보호해주지는 못하지만, 다른 용도로 사용하고자 하면 그 용도가 아주 무궁무진합니다. 단, 고무의 특성상 시간이 많이 지나면 끈적거린다거나 삭아서 뜯어지기도 하니, 오래 사용한 고무장갑이라면 미련 없이 버리는 게 좋습니다.

준비물
구멍 난 고무장갑, 가위

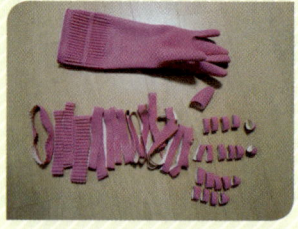

1 고무장갑을 사진처럼 가위로 토막토막 자릅니다.

2 세탁소 옷걸이 양쪽에 고무장갑의 손가락 부분에서 잘라낸 고무장갑을 끼워주면 논슬립 옷걸이가 됩니다.

고무장갑의 오돌토돌한 면이 위로 가도록 합니다. 옷을 장기간 보관하거나 기온이 높은 여름철에는 고무장갑이 녹아 옷에 들러붙을 수 있으므로, 이 경우 고무장갑 옷걸이 사용을 자제합니다. 고가의 옷도 사용을 피해주세요.

3 고무장갑 손가락 부분을 길게 잘라 의자 다리에 씌우면 의자를 움직일 때 나는 소음을 줄일 수 있습니다.

4 기름병에 키친타올을 감싼 다음 고무장갑으로 고정하면, 기름이 지저분하게 흘러내리는 것과 들었을 때 미끄러지는 것을 방지합니다.

개미가 잘 꼬이는 올리고당이나 설탕통을 고무장갑으로 묶어주면 고무냄새를 싫어하는 개미들이 꼬이지 않아요.

 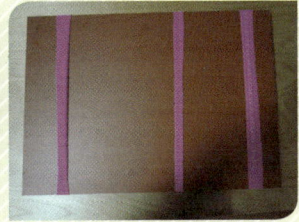 

5 싱크대 상부장의 선반을 뺀 다음, 고무장갑의 팔 부분을 끼워 사진처럼 비닐장갑이나 위생팩, 쓰레기 봉투 등을 보관합니다.

6 밀가루, 빵가루, 냉동식품 등 각종 식품봉투를 밀봉하는데 사용합니다.

7 비눗곽에 고무장갑을 2줄로 감아주면 비누가 비눗곽에 바로 닿지 않아 무르는 것을 방지합니다.

8 한손으로 잘 잡히지 않아 미끄러지기 쉬운 유리병에 고무장갑의 오돌토돌한 면이 있는 부분을 감아주면 병을 손쉽게 잡을 수 있어요.

 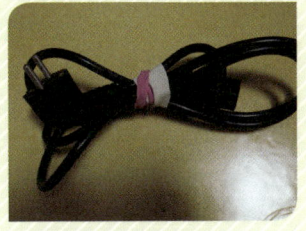 

9 먹다 남은 맥주나 음료수에 고무장갑의 손가락 부분을 씌워주면 탄산이 빠져나가는 속도를 늦출 수 있습니다.

10 쉽게 엉켜 지저분해지기 쉬운 전선도 깔끔하게 정리합니다.

11 고무장갑 손가락 부분은 머리끈 대용으로 사용할 수 있습니다.

전기기술자 부르지 않고 여자 혼자 **전등** 교체

집안의 전등이 너무 오래되었다거나, 이사를 들어갔는데 집안이 칙칙하다면 전등을 바꿔보세요. 조명에 따라 집안 분위기가 많이 달라집니다. 요즘은 너무나 다양하고 예쁜 인테리어 전등이 많이 나와 있기 때문에 저렴한 가격으로도 충분히 취향에 맞는 조명을 달 수 있습니다.

전기 작업이라 걱정되신다고요. 안전만 신경 쓴다면 전등 교체는 생각처럼 어렵거나 위험하지 않습니다. 작업 전에는 반드시 차단기(두꺼비집)를 내려 줘야 합니다. 전등은 높은 곳에 달려 있기 때문에 전구 등을 제거할 때는 튼튼한 의자나 안전한 사다리를 이용하도록 합니다.

막상 해보면 전등 교체 별거 아니라고 생각할지도 모르겠습니다. 직접 바꾼 전등으로 달라진 집을 보면 뿌듯함은 두 배가 될 거예요.

1 차단기를 내리고, 전구나 형광등을 모두 뺍니다.

2 형광등 본체와 천장의 고정대가 연결되어 있는 나사를 풀어 본체를 분리합니다.

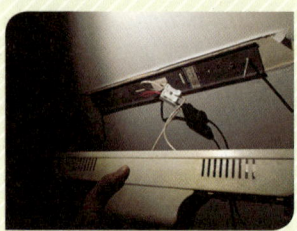

3 전선연결단자에 연결되어 있는 전선을 당겨서 빼냅니다.

준비물
교체용 전등, 드라이버

  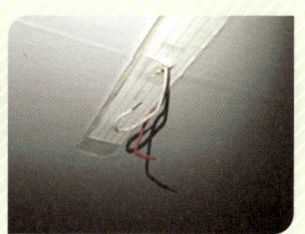

4 나사를 풀어 형광등 고정대를 분리합니다.

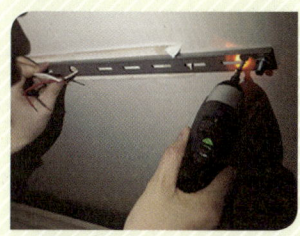

5 교체할 전등의 고정대를 천장에 장착합니다.

전선연결단자

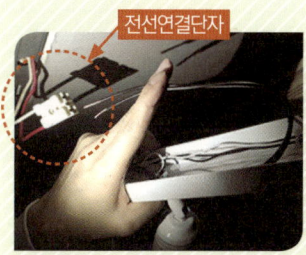 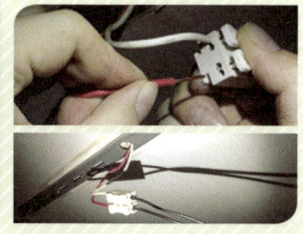

6 교체할 전등의 전선연결단자에 천장에 달려있는 전선을 꽂아 연결합니다.

전선연결단자를 누르고 홈 안으로 전선을 밀어 넣으면 물리는 느낌이 듭니다.

7 교체할 전등의 본체를 장착합니다.

8 전구를 끼웁니다.

9 차단기를 올리고 불이 잘 들어오는지 확인합니다.

 보너스 살림지혜

전선을 연결할 때는 전선연결단자를 사용하세요

오래된 집의 전등을 떼어보면 전선 연결 부위가 절연테이프(검은 비닐 테이프)로 둘둘 말려있는 걸 볼 수 있어요. 전선연결단자를 사용하면 전선을 끼우기만 하면 되니 작업도 쉽고, 나중에 이사할 때 전선만 쏙 뽑으면 전등이 쉽게 분리되니 편리합니다.

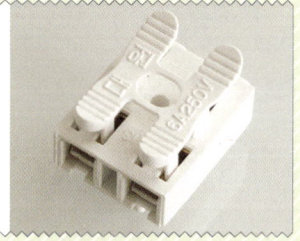

★

4장

진짜 기본
위생
관리법

세탁조를 청소하지 않고 세탁하면 변기에 옷을 빤 것과 같다!

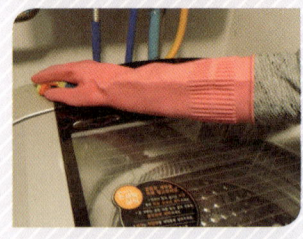

세탁기를 잘 관리하지 않으면 혹 떼려다 혹 붙인다고, 빨래했다가 오히려 세균이 범벅된 옷을 입을 수도 있습니다. 빨래 후 세탁기에 남아 있는 세제 찌꺼기, 섬유 찌꺼기, 물은 유해 세균이 번식하기 딱 좋은 조건을 형성합니다. 세탁기 속 대장균이나 곰팡이들은 세탁물에 묻어 피부 알레르기나 접촉성 피부염, 천식 같은 호흡기 질환을 일으키기도 합니다. 한 방송에서 10년간 사용한 세탁기의 세탁조 오염도를 측정해보니, 변기보다 무려 250배 이상 높았습니다. 수년간 세탁기를 청소하지 않고 사용해 왔다면, 그동안 옷을 변기에 넣고 빤 것과 마찬가지입니다. 정말 끔찍하죠.

세탁기를 사용한 지 오래되었는데 한 번도 세탁조 청소를 한 적이 없다면 세탁조 청소 전문 업체를 이용하는 것이 좋습니다. 수년간 세탁조 안팎으로 찌든 때들은 세탁조를 분해하지 않고는 제거하기 힘들기 때문이지요. 하지만 2~3년 정도 사용한 세탁기라면 지금부터 소개하는 방법으로 세탁조를 깨끗하게 청소할 수 있습니다.

1 물 200ml에 베이킹소다 10g을 섞어 베이킹소다수를 만듭니다. 수세미에 베이킹소다수를 적셔서 세탁기 뚜껑, 몸체 등 세탁기 외부의 세제 찌꺼기와 먼지를 닦습니다.

세탁기 외부는 수세미로 닦은 다음 마른 걸레나 수건으로 물기를 제거합니다.

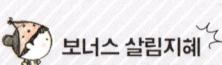

보너스 살림지혜

위생적인 세탁기 관리법

세탁기 위생의 가장 큰 적은 빨래 후 남아 있는 물입니다. 평소 빨래가 끝나면 세제 투입구와 문을 열어 물기를 완전히 말립니다. 또 한 달에 한 번 정도는 세탁조를 청소합니다. 세탁조를 청소할 때 빨래를 넣으면 옷이 상하거나 오염될 수 있으니 반드시 세탁조 안을 비운 후 청소합니다.

준비물

과탄산소다 500g, 베이킹소다 10g, 마른 걸레, 수세미

2 수세미에 베이킹소다수를 적셔 세탁조 주변의 고무패킹을 깨끗하게 닦습니다.

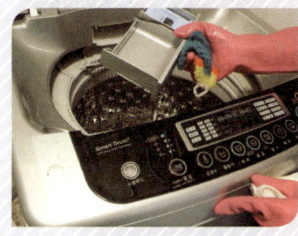  

3 먼지거름망은 분리해서 먼지를 비웁니다. 대야에 베이킹소다 20g 과 물을 넣고 섞습니다. 베이킹소다물에 먼지거름망과 세제통을 10분 정도 담갔다가 깨끗이 씻습니다.

4 세제통이 있던 자리도 수세미 로 깨끗이 닦습니다.

5 대야에 40도 정도의 온수와 과탄산소다 500g을 넣고 완전하게 녹입니다.

과탄산소다는 냉수에는 잘 녹지 않으니 반드시 온수에 녹여주세요. 과탄산소다를 세탁기에 바로 넣어도 되지 만, 녹지 않고 남은 알갱이는 세탁조를 오염시킬 수 있 으므로 미리 완전하게 녹이는 것이 좋아요.

6 과탄산소다물을 세탁기에 붓 습니다. 세탁기 물 높이를 '최고' 로 맞추고 세탁기에 온수를 받아 5~10분 정도 세탁기를 돌린 후 90분 정도 물을 빼지 않고 그대 로 둡니다.

세탁조를 청소한 지 오래되었다면 4시간 정도 내버려두되, 그 이상은 넘기지 마세요. 시간이 너무 길어 지면 오염물이 세탁조에 다시 달라 붙을 수 있어요.

7 90분이 지난 후 세탁기 안에 둥둥 떠다니는 부유물은 걸레나 뜰채 등으로 싹 걷어냅니다.

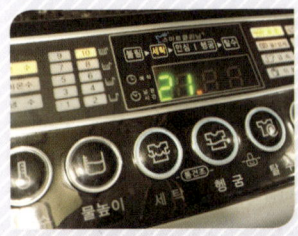 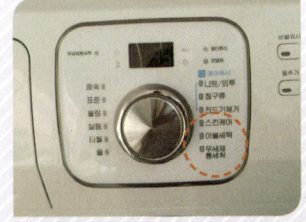 

8 물 수위를 '고수위'로 설정하고 세탁기를 1회 작동해 세탁조를 씻습니다.

'세탁→헹굼→탈수' 2회 반복

9 '통세척(세탁조 세척)' 코스가 따로 있는 신형 세탁기라면, 과탄소다물을 넣고 세탁조의 때를 불린 다음, '통세척' 코스를 선택합니다.

10 세탁기를 1회 더 작동시켜 세탁조를 깨끗하게 헹굽니다.

드럼세탁기라면
과탄산소다 250g을 온수에 녹여
세탁조에 붓고, 문을 닫은 다음
물 온도는 '40도', 코스는
'표준 세탁'으로 설정한 후
120분간 가동하세요.

 보너스 살림지혜

산소로 때를 제거하는 과탄산소다

'과탄산소다'란 '과탄산나트륨'이라고도 불리는 산소계 표백제입니다. 과탄산나트륨이 물과 만나면 활성산소가 발생합니다. 활성산소는 산화 작용을 일으켜 얼룩과 찌든 때의 주성분인 단백질을 제거하면서 표백 효과를 냅니다. 세탁할 때 많이 사용하는 '옥시○○'이 과탄산소다를 주원료로 한 표백제입니다. 과탄산소다는 '○○락스'로 불리는 염소계 세제와 달리 냄새가 없고, 피부 자극이 거의 없습니다. 시중에서 3000~5000원 사이면 과탄산소다 1kg을 구입할 수 있습니다. 세탁조 1회 청소에 500g을 사용하니, 1500원이면 세탁조 청소를 끝낼 수 있습니다.

전기밥솥 청소용 핀이 어디 있는지 모른다면 당신은 불량 주부!

씻은 쌀을 넣고 물을 맞춘 다음 버튼만 누르면 알아서 척척 맛있는 밥을 지어주는 전기밥솥은 가정의 필수품이지요. 매일 밥 지을 때마다 사용하지만, 생각보다 자주 청소하지 않는 제품 중 하나가 전기밥솥입니다.

쌀에 문제가 없는데 밥에서 퀴퀴한 냄새가 난다면 전기밥솥 문제일 가능성이 큽니다. 전기밥솥을 오랫동안 청소하지 않고 사용하면 밥에서 나쁜 냄새가 날 뿐 아니라, 고장의 원인이 되기도 합니다. 무엇보다 우리 가족이 날마다 먹는 밥을 하는 도구이니, 청결에 특별히 신경을 써야 합니다.

밥을 지은 다음 내솥을 씻을 때 전기밥솥 뚜껑 내부에 장착된 분리형 커버와 물받이도 잊지 말고 씻어주도록 합니다. 그 외 다른 부속품들은 일주일에 한 번 정도 청소를 해 주도록 합니다. 단, 무리한 분해는 고장의 원인이 될 수 있으므로 손으로 분리할 수 있는 부속품만 청소합니다.

준비물

베이킹소다, 면봉, 키친타올, 행주, 칫솔

1 베이킹소다 1스푼을 넣어 녹인 물에 분해한 전기밥솥 부속물이 푹 잠기도록 담가둡니다(전기밥솥 부속물 분해 방법은 202쪽 참조).

> 청소용 핀은 압력솥 바닥에 부착되어 있습니다.

2 증기 배출 구멍에 끼어 있는 이물질을 청소용 핀으로 제거합니다.

이쑤시개나 면봉 등을 활용하면 제품 고장으로 이어질 수 있으니 전용 청소용 핀을 사용하도록 합니다.

3 '자동세척' 기능이 있는 전기밥솥 가운데 청소용 핀이 아예 없는 모델도 있습니다. 이런 제품은 설명서의 안내에 따라 '자동세척' 기능으로 증기 배출구를 청소하세요.

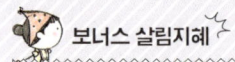
전기밥솥 부속물 분해하기

제품마다 조금씩 차이가 있을 수 있습니다.

1 전기밥솥 뒤쪽에 있는 물받이 : 손으로 당겨 빼냅니다.

2 뚜껑 안쪽에 붙어있는 분리형 커버 : 홀더를 반시계방향으로 돌려 빼냅니다.

3 분리형 커버를 감싸고 있는 압력 고무패킹 : 위로 들어 올려 분리합니다.

4 압력추 덮개 : 손으로 덮개를 잡아당겨 빼냅니다.

5 압력추 뚜껑 : 반시계방향으로 돌려 분리합니다.

6 압력추 : 압력추를 들어 올린 다음 반시계방향으로 돌려 분리합니다.

7 내솥

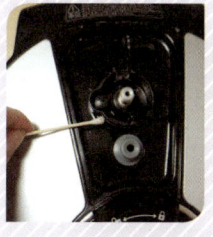

3 압력추 틈새를 면봉과 키친타올로 깨끗하게 닦습니다.

맛있는 밥을 위한 전기밥솥 관리

전기밥솥은 평평한 곳에 놓고 제품의 용량에 맞게 사용해야 합니다. 최대 용량을 초과해 밥을 하면 밥물이 넘치거나 취사 불량 및 고장의 원인이 될 수 있습니다. 밥솥 패킹은 주기적으로 교환하도록 합니다. 밥솥 패킹이 오래되면 밀폐력이 떨어져 밥맛이 나빠지기 때문에 1년에 한번은 새것으로 교체합니다.

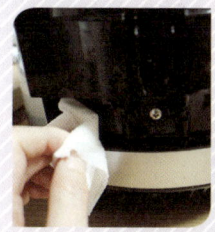

4 밥물이 흘러 내리는 물받이, 뚜껑의 클린 스팀 벤트, 본체 물고임부를 깨끗이 닦아주세요.

5 본체 내부는 온도를 감지하는 금속판이 손상되지 않게 마른 행주로 조심스럽게 닦습니다.

6 전기밥솥 외부를 행주로 닦습니다.

7 1번에서 베이킹소다 푼 물에 담가둔 부속물을 수세미로 깨끗이 문지르고, 때가 잘 벗겨지지 않으면 칫솔을 이용해 닦은 다음 제자리에 장착합니다.

8 전기밥솥에 물 750mL(물 3컵)를 부은 다음 전기밥솥의 '자동세척' 기능을 작동시킵니다.

자동세척이 끝난 다음에는 전기밥솥 내부가 뜨거우므로 바로 열면 안 돼요.

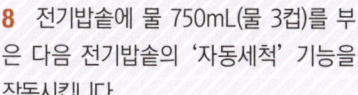

귀찮은 **행주 삶기**는 전자레인지에 맡겨라!

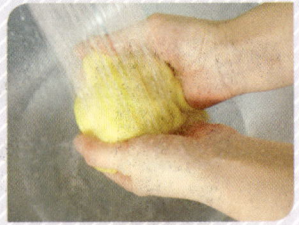

한 민간 연구소의 조사에 따르면 주방에서 사용하는 행주와 수세미에 묻어 있는 세균이 화장실보다 많다고 합니다. 특히 행주에는 대장균이 평균 150만 마리, 비브리오균이 20만 마리 이상이 검출될 정도로 세균의 온상이라고 해요. 대장균과 비브리오균은 식중독을 일으키는 주요 원인이지요.

행주를 젖은 상태에서 상온에 방치할 경우 6~13시간 이후부터 세균들이 최고 100만 배까지 늘어난다는 엄청난 사실! 행주를 그냥 물로 빨 경우 이런 어마어마한 세균들이 없어질 확률은 제로(0)에 가깝다고 합니다. 우리 가족의 건강을 위해서라면 행주를 하루에 한 번씩 반드시 삶아야 하지만, 날마다 냄비에 삶는 건 너무 번거로워요. 이럴 때 전자레인지를 이용하면 쉽고 빠르게 행주를 삶을 수 있습니다.

준비물

행주, 일회용 비닐봉지, 베이킹소다, 구연산(또는 식초), 전자레인지

1 행주는 물을 충분히 적신 다음 일회용 비닐봉지에 넣으세요.

2 행주가 들어있는 비닐봉지 안에 베이킹소다 1스푼을 넣습니다.

3 2에 구연산(또는 식초) 1/2스푼을 넣습니다. 베이킹소다와 구연산, 물이 만나면 부글부글 끓지만 터지지는 않아요.

구연산과 식초 모두 살균 작용을 해요. 식초 냄새가 거북하다면 구연산을 사용하세요.

4 베이킹소다와 구연산이 행주에 잘 스며들도록 비닐봉지 바깥에서 행주를 조물조물 주물러주세요.

물이 너무 많으면 전자레인지에 넣었을 때 비닐봉지가 터질 수 있어요. 물의 양은 행주가 젖을 정도가 딱 적당해요.

5 전자레인지가 돌아가는 동안 비닐봉지가 터지지 않도록 아주 살짝만 묶어 주세요.

6 접시나 그릇으로 비닐봉지를 받친 다음 전자레인지에 넣습니다.

비닐봉지를 전자레인지에 넣고 가열하면 베이킹소다 섞인 물이 흘러넘칠 수 있어 그릇으로 받쳐줘야 해요.

7 전자레인지를 3~5분가량 돌려주세요.

행주를 돌리고 나면 전자레인지 내부에 습기가 찹니다. 이때 전자레인지를 닦으면 찌든 때도 쉽게 제거됩니다.

8 비닐봉지를 전자레인지에서 꺼냅니다.

빵빵하게 부풀어 오른 비닐봉지는 손으로 바로 집으면 화상의 우려가 있으니, 좀 식힌 다음 고무장갑을 착용한 손으로 꺼냅니다.

세균 안녕!

9 행주를 꺼내 조물조물 주무른 다음 헹궈 널어줍니다.

 보너스 살림지혜

수세미 소독도 잊지 마세요!

수세미는 설거지용과 싱크대나 가스레인지 등을 닦을 때 사용하는 청소용으로 나눠 사용하세요. 또 설거지 후 수세미에 남아 있는 음식물 찌꺼기는 최대한 제거하세요. 적어도 일주일에 한 번씩 소독해야 위생적으로 사용할 수 있어요. 끓는 물에 철 수세미는 10분, 스펀지 수세미는 1분 담가 소독하고, 아크릴 수세미는 베이킹소다 넣은 물에 담가 소독해주세요. 말릴 때는 바람 잘 드는 선선한 곳에서 바짝 말려야 세균이 번식하지 않아요. 수세미는 한 달에 한 번 새것으로 교체합니다.

수저 소독, 베이킹소다와 구연산으로 쉽게 끝내기

1 물에다 베이킹소다 1스푼, 구연산 1스푼을 넣은 다음 잘 녹입니다.

베이킹소다는 수저의 세정과 살균, 구연산은 살균과 수저를 반짝반짝 빛나게 하는 역할을 합니다.

하루에 몇 번씩 우리 입으로 들어가는 숟가락과 젓가락. 꼼꼼하게 설거지하고 있지만, 주방세제만 믿고 있기에는 뭔가 찝찝합니다. 아무리 깨끗하게 씻는다고 해도 세균이 모조리 박멸될 순 없지요. 개인 수저를 사용하지 않는 이상, 가족이라도 여러 사람이 수저를 함께 사용하면 더욱더 위생과 청결에 신경 써야 합니다. 음식이 닿는 도구인 만큼 일주일에 한 번은 소독하고, 습한 여름철에는 좀 더 자주 소독해야 합니다.

수저가 한두 개도 아니고, 일일이 소독하기 번거롭지 않으냐고요? 일주일에 한 번 설거지할 때 10분만 더 투자하면 됩니다. 수저를 씻는 설거지는 늘 하는 일이니, 설거지 마지막에 물을 팔팔 끓여서 수저를 담갔다가 빼기만 하면 됩니다! 수저는 설거지한 뒤 물기를 완전히 말리고 공기 중에 떠다니는 오염물이 수저에 닿지 않게 뚜껑이 있는 통에 보관하세요.

2 베이킹소다와 구연산 섞은 물에 숟가락과 젓가락을 담근 다음 5분 정도 그대로 둡니다.

베이킹소다와 구연산이 만나면 보글보글 끓어오르면서 살균 작용이 이뤄집니다.

준비물

숟가락, 젓가락, 수저통, 냄비, 베이킹소다, 구연산(또는 식초)

3 숟가락과 젓가락을 담가둔 사이 냄비에 물을 붓고 끓입니다.

삶는 과정에서 숟가락과 젓가락이 냄비를 긁을 수도 있으니, 코팅된 냄비는 사용하지 않습니다.

4 2의 숟가락과 젓가락을 건져 뽀독뽀독 소리가 나게 씻은 다음, 베이킹소다와 구연산 잔여물이 남지 않도록 물로 깨끗이 헹굽니다.

5 깨끗하게 씻은 수저는 팔팔 끓는 물에 넣어 5분 이상 삶습니다.

6 5분 후 수저를 건져 채반에 담습니다. 뜨거운 수저는 열이 증발하면서 물기가 알아서 사라지기 때문에 따로 물기를 닦을 필요가 없습니다.

수저를 깨끗하게 씻은 다음 삶았기 때문에 따로 헹굴 필요는 없습니다.

7 숟가락과 젓가락은 깨끗이 소독했으니 이제 수저통도 소독해야겠죠? 플라스틱 수저통은 베이킹소다와 구연산을 한 스푼씩 푼 물에 10분 정도 담갔다가 깨끗이 씻습니다.

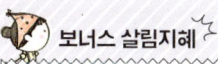
보너스 살림지혜

끓는 물에 삶을 수 없는 소재는 어떻게 소독할까?

나무나 플라스틱 재질의 숟가락과 젓가락은 베이킹소다와 구연산을 물에 풀어 닦아도, 어느 정도 소독이 됩니다. 까맣게 변한 은수저는 행주에 치약을 묻혀 닦으면 반짝반짝 원래 상태로 돌아옵니다.

8 스테인리스 수저통은 숟가락 젓가락과 같은 방법으로 베이킹소다와 구연산을 섞은 물로 닦은 다음, 끓는 물에 넣고 팔팔 끓입니다.

깊은 냄비를 사용하면 수저와 수저통을 한꺼번에 넣고 삶을 수 있습니다.

생선 손질한 **도마**는 뜨거운 물로 닦을까 찬물로 닦을까?

도마는 대충 관리하면 가족 건강을 위협하는 흉기로 바뀔 수 있는 도구예요. 매년 학교 급식에서 발생하는 식중독 사고의 원인을 추적해보면 오염된 도마가 범인 인 경우가 많습니다.

보통 가정에서는 한 개의 도마로 생선, 육류, 채소 등을 자를 때 두루 사용하는데요. 이렇게 하면 교차오염이 발생할 수 있다고 합니다. 육류를 다듬었던 도마에서 채소를 썰면 육류에 있던 박테리아가 채소로 옮겨가는 걸 교차오염이라고 해요. 교차오염을 방지하기 위해 서는 번거롭더라도 육류, 생선용, 채소·과일용 도마를 따로 두고 사용하는 게 좋습니다.

집에서 생선 요리를 꺼리게 되는 이유 중 하나가 조리 도구 여기저기에 비린내가 배기 때문인데요. 특히 도 마에 밴 비린내는 쉽게 사라지지 않아요. 이번에는 도 마를 청결하게 관리하는 방법과 도마에 스며든 비린내 를 완벽하게 제거하는 방법을 알아보겠습니다.

준비물

베이킹소다(또는 주방세제), 소금(또는 구연산이나 식초)

평상시 세척 방법

1 도마를 물로 한번 헹군 다음 베 이킹소다나 주방세제를 뿌립니다.

2 수세미나 솔로 도마를 박박 문 지릅니다.

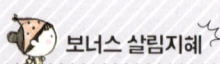 **보너스 살림지혜**

도마의 수명은 1년

도마는 적어도 1년에 한 번은 교체해주세요. 도마 를 사용하다 보면 칼자국 이 생기기 마련이지요. 우리 눈에는 미세한 틈이지만 세균들에게는 딱 좋은 거 처지요. 칼자국에 낀 세균 은 세척이나 살균 과정으 로도 잘 제거되지 않기 때 문에, 상처가 많은 도마라 면 1년이 지나지 않았어도 교체해주는 게 좋습니다.

3 도마를 물로 깨끗하게 헹굽니다.

4 80도 정도의 뜨거운 물을 도마에 부어 소독합니다.

플라스틱 도마라면 뜨거운 물 소독은 피해 주세요.

5 물기를 제거하고 도마를 햇빛에 바짝 말립니다.

도마는 반드시 물기를 바짝 말린 상태에서 보관하도록 합니다.

도마에 밴 비린내 제거법

뜨거운 물
NO!

1 도마를 찬물로 헹굽니다.

뜨거운 물로 세척하면 생선 비린내가 도마 깊숙이 스며들기 때문에 반드시 찬물로 세척해야 합니다.

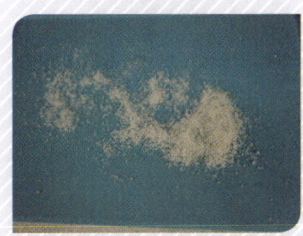

2 도마 위에 굵은 소금을 골고루 뿌립니다.

나무 도마라면 가는 소금을 뿌리세요. 굵은 소금은 나무 도마에 상처를 낼 수 있습니다. 굵은 소금 대신 구연산이나 식초를 이용해도 비린내가 효과적으로 제거됩니다.

3 솔이나 손으로 도마를 문지릅니다.

솔 면적이 넓고 쥐기 쉬운 주방용 솔을 마련해두면 유용해요.

4 도마를 찬물로 다시 헹구고, 물기를 제거한 다음 세워서 말립니다.

5 도마는 수시로 햇빛에 바짝 말립니다.

6 생선을 자를 때 도마 위에 바로 올려놓고 자르기보다는, 우유팩이나 종이 포일을 깔고 자르면 도마에 비린내가 배는 것을 막을 수 있습니다.

★ 위생 관리법 ★

209

냉장실 청소로 건강 Up!
장보기 비용 Down!

냉장고에서도 세균이 번식하고 음식의 부패가 진행됩니다. 냉장고는 음식을 보관하는 장소이기 때문에 더욱 청결에 신경 써야 할 곳이죠. 하루에 몇 번씩 음식을 넣고 빼기 때문에 일회성 청소로 끝내는 게 아니라, 정기적으로 관리하고 신경 써 줘야 합니다.

식재료를 사 왔을 때는 검은 봉지째로 넣어두기보다는, 내용물을 파악하기 쉽도록 투명비닐에 옮겨 담는 것이 좋습니다. 그리고 오염이 발견될 때마다 먹다 남은 맥주나 소주를 사용해 냉장고 안을 수시로 청소해야 합니다. 그리고 적어도 한 달에 한 번 정도는 냉장고 속 음식들을 다 꺼내서 구석구석 청소합니다.

청소할 때는 '위 → 아래, 왼쪽 → 오른쪽, 안쪽 선반 → 문, 냉장실 → 냉동실' 순서로 진행해 동선을 짧게 만듭니다.

준비물
베이킹소다, 구연산(또는 식초), 행주, 분무기, 면봉, 칫솔

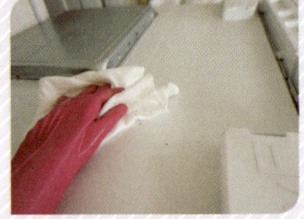

1 물티슈나 버리는 옷가지 등으로 냉장고 윗부분을 닦고, 전원 플러그를 뽑습니다.
냉장실 속 음식을 모조리 꺼내서 유통기한이 지났거나 상한 것은 버립니다.

기름때처럼 잘 지워지지 않는 때는 소주를 묻혀 닦습니다.

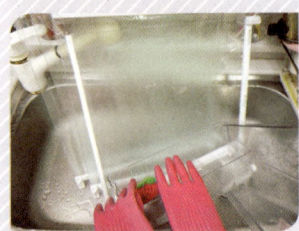

2 선반과 채소, 과일 보관함 등을 분리합니다. 분리한 부속품은 베이킹소다를 뿌려서 깨끗하게 씻은 다음 물로 헹굽니다.

청소 후 부속품을 제자리에 넣을 때 헷갈리는 것을 방지하기 위해 부속품을 분리하기 전에 사진을 찍어두세요.

3 씻어둔 부속품들은 물기를 탈탈 턴 다음 잘 세워서, 냉장실 속을 청소하는 동안 말립니다.

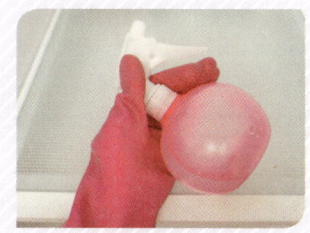

4 미지근한 물에 베이킹소다를 넣어 완벽하게 녹인 다음 분무기에 넣습니다. 냉장실에 베이킹소다수를 뿌린 다음 행주로 여러 번 닦습니다.

베이킹소다가 완전히 녹지 않으면 분무기가 막힐 수 있습니다.

5 찌든 때와 좁은 틈새에 낀 때는 칫솔을 이용해 문질러 주세요.

사용하던 칫솔을 청소용으로 사용한다면, 베이킹소다와 구연산을 넣은 물에 담가 소독한 후 쓰세요('칫솔 소독과 관리법' 228쪽 참조).

6 냉장실의 고무패킹 부분은 면봉을 이용해 닦습니다.

7 4번 방법처럼 물에 구연산을 녹여서 구연산수를 만든 다음, 냉장실에 구연산수를 뿌리고 닦아 소독합니다.

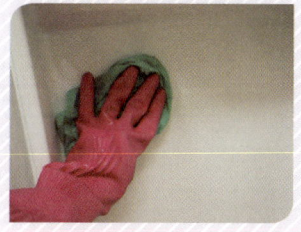

8 행주를 깨끗이 빨아 냉장실을 꼼꼼히 닦습니다.

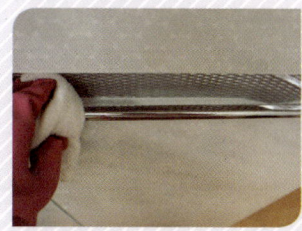

9 냉장실 손잡이에도 구연산수를 뿌린 다음 꼼꼼하게 닦고, 냉장고 문도 닦습니다.

10 냉장실 부속품들을 제자리에 넣습니다.

냉동실 청소로
식중독균 잡고
냉동실 재고 파악하기

돌아가신 박완서 선생님을 기리며 딸이 쓴 『엄마는 아직도 여전히』를 보면, 냉동실에 관한 에피소드가 나옵니다. 고춧가루를 꺼내려고 냉동실 문을 열었다가 정체 모를 물건들이 와르르 쏟아지자 이것저것 정리하다 냉동실 정리로 한나절을 보냈다는 이야기입니다.

제가 주부라서 그랬는지 몰라도 깊게 공감한 에피소드입니다. 게으른 주부의 변명일지 모르지만, 냉동실에 어떤 음식이 들어 있는지 훤히 꿰고 있는 주부는 몇 안 될 것입니다. 신선한 재료를 필요한 만큼만 사서 남김없이 먹고 냉장고를 가볍게 만드는 건, 살림하는 여자들의 로망입니다. 굳이 '로망'이라고 표현한 이유는 실현 가능성이 낮기 때문입니다.

하지만 냉동실을 너무 신뢰하면 안 됩니다. 냉동실 안에서도 식중독균이 번식할 수 있고, 식품을 오랫동안 냉동 보관하면 영양소가 파괴되기 때문이지요. 위생을 위해서도 그렇지만, 냉동식품의 재고를 파악한다는 차원에서 한 달에 한 번 냉동실을 청소하는 것이 좋습니다.

준비물

아이스박스, 베이킹소다, 구연산(또는 식초), 행주

1 냉장고 전원을 끄고, 냉동실 속 음식을 다 꺼내 남길 음식과 버릴 음식을 선별합니다.

냉동식품 최대 보관 기간
• 고기 : 4~6개월
• 익힌 고기 : 2~3개월
• 생선 : 3개월
• 익힌 생선 : 1개월
• 해산물 : 3개월
• 빵 : 2~3개월

2 냉동 상태가 유지되어야 하는 식품은 아이스박스에 별도로 담아 둡니다.

냉동식품을 상온에서 2~3시간 방치하면 부패가 시작됩니다. 냉동실 청소는 가능한 30분 이내에 끝내는 게 좋습니다.

3 냉동실에서 분리 가능한 부속품들은 다 분리합니다.

청소 후 부속품을 다시 넣을 때 헷갈릴 수 있으므로 먼저 사진을 찍어두세요.

4 분리한 부속품들은 베이킹소다를 이용해 깨끗하게 씻은 다음 물로 헹굽니다.

냉동실 특유의 퀴퀴한 냄새는 다양한 음식물과 냉동실의 습기가 결합해 형성됩니다. 냉동실을 청소할 때 베이킹소다와 구연산(또는 식초)을 사용하면 불쾌한 냉동실 냄새까지 없앨 수 있습니다.

5 행주를 따뜻한 물에 적신 다음 냉동실 안의 성에를 녹입니다.

냉동실 문을 자주 여닫게 되면 냉동실 내부와 외부의 온도 차로 성에가 낍니다. 성에가 1cm 이상 쌓이게 되면 냉동 효과가 크게 떨어지고 냉기의 순환을 막아 전력손실을 유발하기도 합니다.

> **베이킹소다수**
> 물 200ml +
> 베이킹소다 ½티스푼

> **구연산수**
> 물 200ml +
> 구연산 1티스푼

6 베이킹소다수를 이용해 냉동실 내부를 닦습니다.

고무패킹 부분과 찌든 때는 베이킹소다수를 뿌린 후 면봉이나 칫솔을 이용해 닦아주세요.

7 구연산수를 뿌리고 냉동실 내부를 한 번 더 닦아 소독합니다.

8 깨끗하게 빤 행주로 냉동실 내부를 닦습니다.

9 미리 씻어둔 부속품을 제자리에 넣습니다.

부속품에 물기가 남아 있을 경우 얼게 되므로, 물기는 최대한 제거한 다음 넣어주세요.

10 냉장고 문과 손잡이를 구연산수로 닦습니다.

냉동한 음식은 최대한 빨리 냉동실로 옮기고 냉장고 전원을 켠 다음, 냉동실 바깥을 청소합니다.

우아한 티 타임을 보장하는
구연산 한 스푼!

찬잔에 티백 하나 넣어두고 전기주전자에 물을 담아 전원 버튼을 눌러 놓습니다. 칙칙 보글보글 물 끓어 오르는 소리가 들려오면 차를 마시기 전부터 몸이 따뜻해지는 것 같습니다.

즐거운 티타임을 원한다면 전기주전자가 늘 깨끗해야겠지요. 흔히 전기주전자는 깨끗한 물을 담아 끓이기 때문에 따로 청소할 필요가 없을 거라 생각합니다. 전기주전자를 청소한 지 오래되었다면 뚜껑을 열고 내부를 살펴보세요. 아마도 주전자 바닥이 얼룩덜룩할 거예요.

주방세제로도 잘 닦이지 않는 이 얼룩의 정체는 수돗물에 함유된 칼슘입니다. 이 얼룩은 알칼리성을 띄기 때문에 산성인 구연산이나 식초로 씻으면 쉽게 제거할 수 있습니다. 청소할 때 내부뿐만 아니라 외부도 깨끗이 닦아주는 건 기본이죠! 손이 닿는 손잡이 부분은 특히 더 신경 써서 닦아주는 게 좋겠죠.

준비물
구연산(또는 식초), 행주

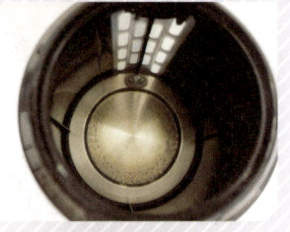

1 전기주전자 안에 구연산을 한 스푼 넣습니다.

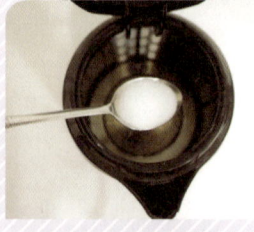

2 전기주전자에 담을 수 있는 최대치('MAX'라고 표시된 지점)까지 물을 붓습니다.

3 전기주전자의 전원 버튼을 누릅니다.

4 물이 끓어 오르면 전기주전자를 비우고, 찬물로 여러 번 헹굽니다.

끓인 물은 행주에 살짝 적셔두었다가 전기주전자 외부를 닦을 때 사용합니다.

5 필터가 분리될 경우, 분리해서 칫솔에 4번의 구연산물을 묻혀 문질러 닦고 헹굽니다.

6 면봉으로 전기주전자 입구를 닦습니다. 때가 잘 닦이지 않을 때는 면봉을 물에 적신 다음 베이킹소다를 약간 묻혀서 전기주전자 입구를 문지릅니다.

7 전기주전자에 다시 물을 받아 한 번 더 끓이고 비웁니다.

8 전기주전자 외부는 4번(구연산 넣고 끓인물에 적신 행주)에서 적셔둔 행주로 닦으세요.

9 행주를 빨아 한 번 더 닦고, 다시 마른 행주로 닦습니다.

Before / After

 보너스 살림지혜

전기주전자를 청소할 때 구연산이나 식초를 넣고 끓인 물은 싱크대에 버리지 말고 변기에 부어주세요. 뜨거운 물을 부으면 변기 소독도 되고, 변기 막힘도 예방할 수 있습니다. 이 물로 세면대를 청소해도 좋아요. 구연산 물은 세면대를 얼룩덜룩 끈적이게 하는 알칼리성의 비누 때를 제거하기에 아주 좋은 천연세제가 된답니다.

누가 해도 참 쉬운
전자레인지 청소

버튼만 누르면 간편하게 뚝딱 요리를 데워먹을 수 있는 전자레인지. 음식을 데워먹거나 냉동식품을 해동하거나 행주를 삶는 등 하루에도 몇 번씩 전자레인지 문을 여닫지만, 정작 내부를 꼼꼼히 살피게 되지는 않습니다. 전자레인지 내부를 수시로 청소하지 않았다면 "으악!" 소리가 절로 나올 만큼 위생 상태가 엉망일 것입니다. 사방팔방 튀어 굳어 있는 음식물과 구석구석 끼어 있는 기름때, 문을 열어둬도 좀처럼 사라지지 않는 음식물 냄새. 청소하고 싶어도 어떻게 손을 대야 할지 막막한 분이 많으실 겁니다. 전자레인지 청소, 생각보다 어렵지 않습니다. 이미 많이 더러워진 전자레인지라도 10~20분 정도만 투자하면, 전자레인지 안에서 화석이 되어버린 음식물과 기름때를 말끔히 없앨 수 있습니다. 지금부터 전자레인지를 쉽고 간편하게 청소하는 세 가지 방법을 알려드릴게요. 이 중 가장 마음에 드는 방법을 하나 골라서 청소해 보세요.

준비물

① 베이킹소다 청소법 : 물 1컵, 베이킹소다 1스푼, 행주
② 식초 청소법 : 물 1컵, 식초 1컵(소주컵으로), 행주
③ 귤 껍질 청소법 : 귤 껍질, 행주

1 다음 세 가지 중 원하는 청소 방법을 선택해 준비합니다.

1-1 베이킹소다 청소법 : 물 1컵에 베이킹소다를 1스푼 넣은 다음 잘 녹입니다.

1-2 식초 청소법 : 물 1컵에 식초를 소주 컵으로 1컵 붓고 섞습니다.

전자레인지가 많이 더러울 땐 식초 양을 늘려주세요.

1-3 귤 껍질 청소법 : 귤을 먹고 난 다음 귤 껍질을 모아둡니다.

오렌지, 레몬, 자몽, 한라봉 등 감귤류의 껍질은 모두 사용 가능해요.

2 1번에서 준비한 희석액 또는 귤 껍질을 전자레인지에 넣고 3분간 돌려주세요.

귤 껍질로 청소하면 집 안에 향긋한 귤 향이 솔솔 풍기는 효과도 있어요.

3 물이 팔팔 끓으면서 생기는 수 증기와 베이킹소다(또는 식초, 귤 껍질)가 전자레인지 내부에 끼어 있는 때를 불려주고 기름기를 제 거하기 쉬운 상태로 만들어줍니다.

4 전자레인지 바닥에 있는 유리 접시를 꺼낸 다음, 내부를 행주로 구석구석 닦습니다.

때가 잘 안 닦이면 희석액 또는 귤 껍질을 넣고 1~2분간 더 돌려주세요.

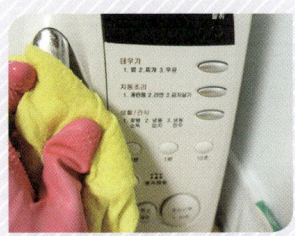 

5 2번의 베이킹소다물(또는 식 초물)을 적신 행주 또는 귤 껍질로 전자레인지 외부를 닦은 다음, 깨 끗한 행주로 한 번 더 닦습니다.

6 유리 접시는 수세미로 문질러 깨끗하게 씻은 다음 물기를 제거 하고 제자리에 넣습니다.

유리 접시 역시 전자레인지 내부 청 소에 사용한 베이킹소다물(또는 식 초물)이나 귤 껍질로 닦으면 세제 없이도 깨끗하게 닦을 수 있습니다.

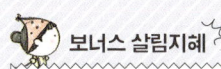 **보너스 살림지혜**

평상시 전자레인지 관리법
전자레인지 내부를 깨끗 하게 청소했다면, 그다음 부터는 틈틈이 베이킹소 다물(또는 식초물)을 넣 고 3분간 돌린 후 행주로 쓱쓱 닦아주기만 하면 됩 니다. 이마저도 귀찮다면 전자레인지로 행주를 삶 고 나서(204쪽) 내부에 수 증기가 남아 있을 때 마른 행주로 쓱쓱 닦아주면 됩 니다. 음식물을 조리하는 도구인 만큼 수시로 청소 하는 습관을 들이세요.

싱크대 수전은 닦지 않으면서 정수기를 쓴다?

설거지하고 나면 이미 지칠 대로 지쳐 싱크대 청소를 자꾸만 미루게 됩니다. 그러다 보면 개수대는 물때와 세제 얼룩으로 지저분해지고, 개수대 가장자리 실리콘에는 곰팡이가 생깁니다. 배수구에서는 악취가 올라와 퀴퀴한 냄새가 온 집안을 점령합니다.

다른 곳도 아니고 싱크대는 우리의 입과 직결되는 식기를 관리하는 곳인데 물때와 곰팡이가 득실득실한 상태로 내버려 두어서는 안 되겠죠.

날 잡아 한꺼번에 청소하겠다고 마음먹어선 싱크대를 위생적으로 관리하기 힘듭니다. 자주 청소해야 한 번 청소할 때 드는 시간이 짧아져 청소에 대한 부담도 덜하고 치울 거리도 줄어들어 오히려 편해집니다. '싱크대가 너무 더럽다!'라고 생각된다면, 지금 당장 대청소 한 번 시원하게 해보세요. 그다음부터는 설거지하고 마무리로 한 번씩만 쓱 닦아주면 늘 반짝반짝 깨끗한 싱크대를 유지할 수 있습니다.

준비물

베이킹소다, 구연산, 수세미, 칫솔

1 싱크대 주변에 있는 것들을 치웁니다.

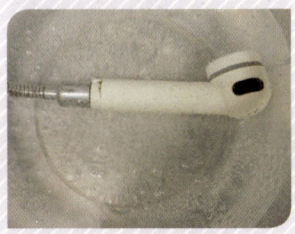

2 대야에 물을 받아 베이킹소다와 구연산을 반 스푼씩 넣어 녹입니다. 이 물에 싱크대 샤워기 헤드를 10분간 담가놓습니다.

베이킹소다 · 구연산 수에 담가두면 샤워기 헤드의 찌든 때를 불리고 소독할 수 있습니다.

3 수세미를 이용해 샤워기를 닦습니다. 수세미로 닦기 힘든 샤워기 헤드의 물구멍과 구석진 부분은 칫솔을 이용해 깨끗이 닦습니다.

4 싱크대 배수구 거름망을 꺼낸 다음, 거름망과 싱크대 구석구석 에 베이킹소다를 충분히 뿌립니다.

5 수세미로 싱크대를 구석구석 닦습니다.

6 개수대 이음부, 배수구 틈새, 물 빠짐 구멍(오버플로우)은 칫솔로 꼼꼼 하게 닦아주세요.

7 배수구 안쪽과 배수구 거름망 은 쓰지 않는 수세미나 양파망으 로 청소합니다.

2~3일에 한 번 과탄산소다를 따뜻 한 물에 녹여 싱크대 배수구에 부 어주면 거짓말처럼 배수구와 거름 망에 물때가 거의 끼지 않습니다.

8 대야에 구연산을 반 스푼 정 도 녹여 그 물로 싱크대를 골고 루 씻고, 물로 헹굽니다.

구연산은 물때 제거에 탁월합니 다. 배수구 거름망은 햇볕에 말려 주세요.

 보너스 살림지혜

꽉 막힌 싱크대 뚫기

싱크대가 꽉 막혔을 때는 '베이킹소다 + 구연산' 또는 '과탄산소다'를 배수구에 뿌린 다음, 30분이 지나서 뜨거운 물을 부으면 잘 뚫립니다. 하지만 오래된 싱크대에 뜨거 운 물을 부으면 배수관 이음새 부분의 접착제가 녹아 물이 샐 수 있으므로, 펄펄 끓 는 뜨거운 물을 배수구에 붓는 방법은 가능한 사용하지 않습니다.
배수구 거름망에 무나 레몬 껍질을 깔아두면, 배수구 냄새를 없애는데 탁월한 효과 가 있습니다.

만능 세제 베이킹소다가 **후드**를 검게 부식시킨다!

요리할 때도 미세먼지가 발생한다는 사실 알고 계셨나요? 특히 기름을 사용해서 굽거나 튀길 때 많은 미세먼지가 발생한다고 합니다. 미세먼지와 조리 중 발생하는 일산화탄소는 폐암을 유발하기도 합니다. 세계보건기구의 조사에 따르면 다른 직업군에 비해 요리가 직업인 주방장들의 폐암 발병률이 더 높다고 합니다.

요리할 때는 반드시 가스레인지 후드를 켜두어야 합니다. 요리할 때 발생하는 미세먼지나 일산화탄소는 공기청정기만으로는 없앨 수 없다고 해요. 후드는 요리하기 전부터 요리가 끝나고 5~10분 정도 더 켜두는 게 좋다고 합니다.

열심히 후드를 켰는데, 제대로 청소가 되어 있지 않다면 사용하나 마나 하겠지요. 지금부터 주방 공기 청정을 책임질, 후드 청소 방법을 알아보겠습니다.

준비물
주방세제, 뜨거운 물

! 베이킹소다는 알루미늄을 부식시키는 성질이 있습니다. 알루미늄 소재의 가스레인지 후드를 베이킹소다로 닦으면 검게 변할 수 있으니, 후드 청소에는 베이킹소다를 사용하지 마세요.

1 물을 팔팔 끓입니다.

2 가스레인지 후드를 분리합니다.
후드 속 부직포 필터는 빨아 쓰는 것보다는 교체하는 게 좋습니다.

3 후드의 기름때가 심하면 키친타올에 식용유를 묻혀 닦습니다.
기름때는 기름으로 지우면 잘 지워져요.

4 싱크대 개수구 뚜껑을 닫은 다음, 분리한 후드를 넣고 주방세제를 2~3번 펌핑합니다.

5 팔팔 끓인 뜨거운 물을 후드가 잠기도록 부은 다음, 30분에서 1시간가량 담가둡니다.

중간중간 뜨거운 물을 보충해 물 온도를 뜨겁게 유지해주면 더 좋습니다. 이 과정에서 후드의 기름때는 대부분 제거됩니다.

6 후드를 뜨거운 물에 담가놓은 사이, 수세미에 주방세제를 묻혀 후드와 가스레인지 주변을 문질러 묵은 때를 불립니다.

7 물에 담가놨던 후드에 남아 있는 기름때는, 수세미에 주방세제를 묻힌 다음 문질러 닦습니다.

8 후드를 뜨거운 물로 여러 번 헹굽니다.

후드에 기름때가 남아있다면 7~8번 과정을 반복합니다.

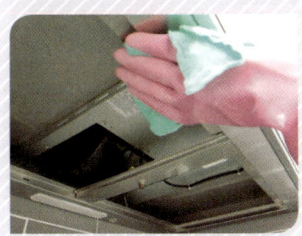

9 6번 과정에서 불려놓은 후드와 가스레인지 주변을 깨끗하게 닦습니다.

10 후드를 완벽하게 말린 다음 제자리에 장착합니다.

11 후드 청소 후 싱크대 개수대를 깨끗하게 씻는 것도 잊지 마세요.

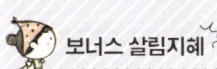 **보너스 살림지혜**

비닐봉지로 싱크대 후드 청소하기
싱크대 개수대 대신 김장 비닐같이 큰 비닐에 세제물을 넣고 후드를 담가두는 것도 좋은 방법입니다.

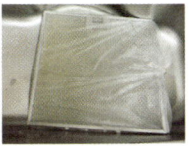

설거지의 마무리는
고무장갑 식초 살균!

1 고무장갑을 뒤집어 설거지통에 담고, 식초를 소주잔으로 3분의 1가량 붓습니다.

기모장갑일 경우 뒤집어서 주방세제 한 방울 떨어트린 다음 주물러 빱니다. 하지만 기모장갑은 안쪽을 물세척하면 기모가 금방 손상되니, 가끔 물세척하고 사용한 후 반드시 안쪽까지 물기를 말려주세요.

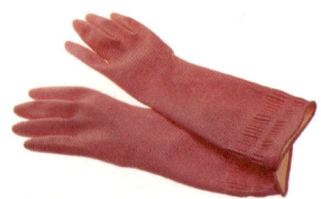

설거지를 끝내고 고무장갑을 벗으면 손가락에서 퀴퀴한 냄새가 나는 경우가 있습니다. 설거지와 세탁, 청소 등 집안일을 할 때 사용하는 고무장갑은 각종 세제나 오염으로부터 우리 손을 보호해주는 역할을 합니다. 하지만 하루에도 몇 번씩 사용하면서도 고무장갑 내부를 씻는 경우는 드뭅니다. 그렇다 보니 땀, 물, 세균으로 고무장갑 내부가 오염돼 악취가 나고 검은 곰팡이가 생기기도 합니다. 이런 상태의 고무장갑을 끼면 손과 팔에 습진이 생길 수 있습니다.

고무장갑을 사용한 후에는 설거지통에 아무렇게나 두지 말고 물기가 잘 마르도록 걸어 두어야 하고, 고무장갑 내부에 물이 들어갔다면 바로 뒤집어서 말려야 합니다. 고무장갑 안팎도 수시로 세척해줘야한다는 점 또한 잊지 마세요.

2 고무장갑이 잠길 정도로 물을 받아주세요.

준비물

식초(또는 구연산), 베이킹소다

3 식초 물이 고무장갑 안에 들어가게 합니다.

4 물을 가득 담은 그릇 등 무게가 있는 물건으로 고무장갑을 눌러서, 고무장갑이 식초 물 위로 뜨는 것을 막습니다.

20~30분가량 식초 물에 담가놓습니다.

5 20~30분 후 고무장갑을 손으로 조물조물 주물러 씻은 다음 고무장갑 안팎 모두 깨끗하게 헹굽니다.

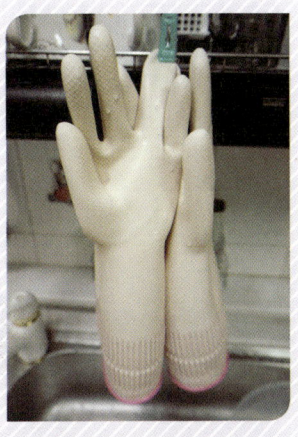

6 고무장갑을 뒤집은 상태에서 말립니다.

고무장갑 손가락 부분에 물이 고이지 않도록 손가락 끝을 집게로 집어주세요.

청소용 고무장갑

설거지용 고무장갑

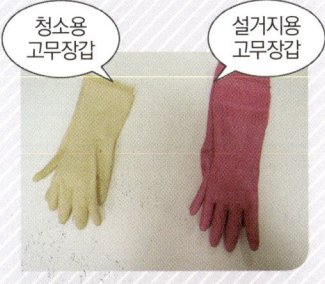

7 평소 고무장갑은 청소용과 설거지용을 따로 사용하도록 합니다.

베이킹소다 2스푼, 구연산 1스푼

8 고무장갑에 거뭇거뭇한 곰팡이가 생겼을 경우, 베이킹소다 2스푼과 구연산 1스푼을 희석한 물에 30~40분가량 담갔다가 씻어 말립니다.

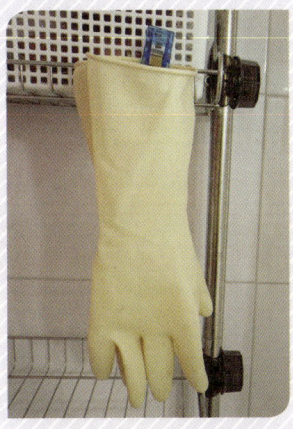

9 사용하고 난 고무장갑은 짝 펴서 말려야 곰팡이가 생기지 않습니다.

물기가 묻은 고무장갑을 오랫동안 겹쳐 놓으면 고무장갑끼리 들러붙습니다.

10 고무장갑을 사용한 후에는 고무장갑을 낀 상태에서 마치 손을 씻듯이 비빈 다음 깨끗한 물에 헹궈 남아 있는 세제를 씻어냅니다.

음식물 쓰레기통에 밴 악취는 베이킹소다가 잡는다!

정말 손대기 싫은 집안일 중 하나가 음식물 쓰레기 처리와 음식물 쓰레기통 관리입니다. 잠깐만 방심해도 엄청난 냄새를 풍기며 눈살을 찌푸리게 하고, 하루살이가 집안 여기저기를 비행하는 것도 순식간입니다. 주방에서 현관, 엘리베이터, 음식물 쓰레기 수거함 이르기까지 악취가 진동하는 국물로 길을 만들어 본의 아니게 아파트 청소를 시키기도 합니다. 음식물 쓰레기를 꽃처럼 향기롭게 만들 수는 없지만, 조금만 신경 써서 관리하면 인상을 덜 찌푸릴 수는 있습니다.

평소 음식물 쓰레기통 바닥에 베이킹소다를 뿌려놓고, 음식물 쓰레기를 버릴 때마다 베이킹소다를 조금씩 뿌리면 냄새를 완화할 수 있습니다. 다만, 이 방법으로는 냄새를 아예 없앨 수는 없기 때문에 음식물을 버릴 때 가능한 물기를 제거해서 버리도록 합니다. 또 여름철에는 날마다 음식물 쓰레기통을 비우고, 여름철이 아니라도 음식물 쓰레기통을 3일 이상 집안에 두지 않는 게 좋습니다. 음식물 쓰레기통은 뚜껑이 있는 것을 사용하고, 수시로 씻어주는 게 좋습니다.

준비물

베이킹소다, 수세미, 칫솔

1 음식물 쓰레기통을 비운 다음 물로 씻습니다.

2 베이킹소다를 음식물 쓰레기통에 골고루 뿌린 다음 10분 정도 그대로 둡니다.

3 안 쓰는 수세미나 양파망을 이용해 음식물 쓰레기통을 박박 문질러 때를 벗깁니다.

주방에서 쓰는 수세미는 한 달에 한 번은 교체하는 게 좋은데요. 이때 생겨나는 헌 수세미를 음식물 쓰레기통이나 싱크대 배수구 청소용으로 사용하면 좋습니다.

4 수세미로 잘 닦이지 않는 거름 망의 틈새는 칫솔로 구석구석 닦 습니다.

5 뚜껑도 깨끗하게 문질러 닦은 후, 음식물 쓰레기통을 물로 깨끗 하게 헹굽니다.

6 음식물 쓰레기통에서 악취가 계속 난다면 음식물 쓰레기통에 물 을 가득 받은 후 베이킹소다를 반 스푼 푼 다음 거름망을 넣습니다.

7 뚜껑도 뒤집어 베이킹소다물 을 붓습니다.

8 거름망과 뚜껑을 베이킹소다 물에 담가 반나절에서 하루 정도 그대로 두면 냄새가 제거됩니다.

9 음식물 쓰레기통을 물로 깨끗 이 헹군 다음 바람이 잘 통하고 햇 볕이 잘 드는 곳에서 말립니다.

 보너스 살림지혜

헷갈리는 음식물 쓰레기 분류 Yes or No!

음식물 쓰레기는 '동물이 먹을 수 있는가 없는가?'를 기준으로 하면 좀 더 쉽게 분류할 수 있습니다. 음식물 쓰레기와 일반 쓰레기의 분류 기준은 지자 체마다 조금씩 다르니 음식물 쓰레기 봉투에 적힌 안내 등을 참고하세요.

생선뼈	No!	호두, 밤 등 견과류 껍질	No!
대파, 쪽파 뿌리	잘게 부수면 Yes!	복숭아·자두 씨	No!
고추씨, 양파·마늘·생강 껍질	잘게 부수면 Yes!	1회용 티백, 원두커피 찌꺼기	No!
달걀, 메추리알, 오리알 등 알껍데기	잘게 부수면 Yes!	파인애플 껍질	잘게 부수면 Yes!
소, 돼지, 닭 같은 동물 뼈	No!	된장, 고추장, 간장	No!
조개, 굴, 소라, 게 등 어패류 껍데기	No!	바나나·귤 껍질	Yes!

가스레인지 화구는
베이킹소다를 멀리하라!

1 가스레인지의 화구는 분리한 다음 주방세제로 닦습니다.
화구의 탄 자국이나 찌든 때가 잘 닦이지 않는다면, 냄비에 화구와 물, 주방세제를 1티스푼가량 넣고 팔팔 끓입니다.

주방세제 뒷면에 중성세제라고 표시되어있는지 확인하세요.

가스레인지를 사용하다 보면 음식물이 끓어 넘치고 기름이 튀어 금세 지저분해집니다. 여기저기 튀어있는 음식물은 내버려두면 내버려둘수록 점점 더 닦기 힘들어지기 때문에 음식을 하고 난 후 가스레인지 상판으로 흘러넘친 음식물은 그 즉시 닦아주는 습관을 들이는 게 좋습니다. 매번 닦을 수 없는 화구는 일주일에 한 번 정도 닦습니다.

종종 화구의 찌든 때를 없애기 위해 베이킹소다를 희석한 물에 오랫동안 담가두는 경우가 있는데요. 만능세제로 통하는 베이킹소다지만, 화구 만큼은 베이킹소다를 멀리해야 합니다. 대체로 가스레인지의 화구는 알루미늄을 코팅한 제품입니다. 알칼리성을 띠는 베이킹소다는 알루미늄을 부식시킵니다. 그래서 화구를 베이킹소다수에 오래 담가두면 검게 변한답니다.

〰〰〰〰〰〰〰〰〰〰〰〰〰〰

준비물

베이킹소다, 구연산, 주방세제, 수세미, 칫솔, 알루미늄 포일

2 거품이 넘치지 않도록 지켜보며 화구를 5분가량 끓인 다음 불을 끄고 20분가량 그대로 둡니다.

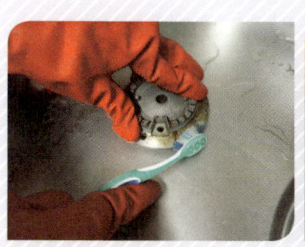 

3 담가둔 화구를 꺼내 칫솔이나 수세미로 문질러러 찌든 때를 벗깁니다.

4 가스레인지 화구에 녹이 슬고 때가 너무 찌들어 잘 지워지지 않는다면, 알루미늄 포일을 뭉쳐서 문지릅니다.

이 방법은 화구에 흠집을 낼 수도 있으므로, 평소 화구가 이렇게 되지 않도록 잘 관리해주세요.

 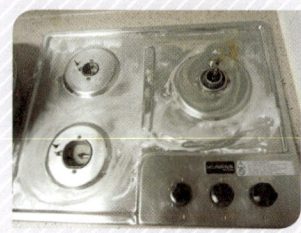 

5 냄비를 받쳐주는 삼발이는 수세미에 주방세제를 묻혀 문질러 씻은 다음 물로 헹굽니다.

6 가스레인지 상판은 베이킹소다를 골고루 뿌린 후 따뜻한 물을 뿌립니다.

7 그 위에 구연산(또는 식초)을 뿌리면 뽀글뽀글 기포가 올라옵니다. 10분 정도 이대로 두면서 때를 불립니다.

8 수세미와 칫솔을 이용해 찌든 때를 닦습니다.

9 행주로 가스레인지 상판을 여러 번 닦습니다.

10 화구와 삼발이를 제자리에 장착합니다.

베이킹소다만 있으면
칫솔 소독기 필요 없어요

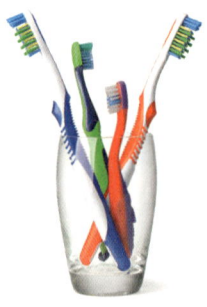

사람 입속에는 약 700종 이상의 세균이 있다고 해요. 이 세균들이 이를 닦는 동안 칫솔에 묻어 칫솔을 오염시킵니다. 특히 칫솔이 젖어 있을 경우 세균 번식이 더 빨라진다고 합니다.

양치한 후에는 칫솔을 흐르는 물에 깨끗이 닦아 칫솔모 안에 남은 치약이나 음식물 찌꺼기를 말끔히 제거해야 합니다. 그리고 물기를 탈탈 털어낸 다음 건조가 잘되도록 세워서 보관해야 합니다. 칫솔꽂이 바닥에 물이 고이지 않도록 관리하는 것도 중요합니다.

대다수 가정에서 칫솔을 욕실에 보관하고 있습니다. 그런데 변기물을 내릴 때 대소변에 있던 세균들이 물과 함께 공중으로 6미터 이상 날아간다고 합니다. 공중으로 날아간 세균이 칫솔에 내려 앉는다니, 상상만 해도 끔찍하네요. 변기를 사용한 후에는 반드시 뚜껑을 닫은 다음 물을 내려주세요.

준비물

칫솔, 베이킹소다(또는 소금),
컵(소독할 칫솔 개수만큼 준비)

1 물 한 컵에 베이킹소다 반 스푼을 넣고 녹입니다.

베이킹소다 대신 소금을 넣어도 좋아요.

2 베이킹소다 녹인 물에 칫솔을 담근 다음 10~20분 정도 그대로 둡니다.

칫솔의 내열온도는 80도입니다. 끓는 물에 삶거나 전자레인지에 돌릴 경우 칫솔모가 변형될 수 있습니다.

3 시간이 지나면 칫솔을 꺼내서 흐르는 물에 깨끗하게 헹군 다음, 탈탈 털어서 자연건조하면 칫솔 소독 끝입니다!

칫솔은 일주일에 한 번 정도 소독합니다.

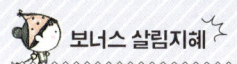

치과의사들은 구강청결제를 쓰지 않는다!

구강청결제에는 불소 등 입속을 항균하고 살균하는 물질과 5~20% 정도의 알코올 성분이 들어 있습니다. 구강청결제를 오랫동안 사용하면 알코올이 증발하면서 오히려 구강이 건조해지고, 높은 농도의 알코올에 입안 점막이 손상될 수 있다고 합니다. 그래서 치과의사들도 자주 사용하는 건 권하지 않는다고 하네요. 그럼 집에 있는 구강청결제는 모두 버려야 할까요? 감기나 폐렴 등 바이러스 질환에 걸렸을 때, 양치 후 구강청결제에 칫솔을 담가두면 소독 효과를 볼 수 있다고 하니 칫솔 소독하는 데 활용해보세요.

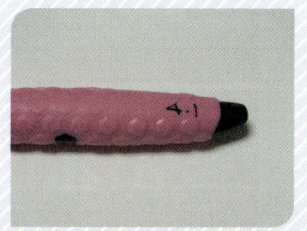

4 여러 개의 칫솔을 소독할 때는 각자 다른 컵에 칫솔을 담가야 교차오염을 막을 수 있습니다.

5 칫솔은 칫솔모가 위로 향하게 하여 세워서 보관합니다. 칫솔이 서로 붙어 있으면 교차오염이 될 수 있으니 여러 개의 칫솔을 보관할 때는 칫솔모끼리 닿지 않게 합니다.

6 칫솔의 교체 시기는 일반적으로 3개월이지만, 그 전에 칫솔모가 많이 벌어졌다면 교체하는 것이 좋습니다. 칫솔 끝에 처음 사용한 날짜를 적어두거나 3월, 6월, 9월처럼 3의 배수 달에 온 가족의 칫솔을 교체하는 것도 좋은 방법입니다.

 보너스 살림지혜

양치질할 때 기억하세요!

1 혀도 함께 닦는다.
혀에는 수백 가지의 세균이 있어서 각종 치주 질환을 유발한다고 합니다.
양치 후 칫솔이나 혀 클리너를 사용해 혀를 쓸어내려 닦습니다.

2 치약이 남지 않도록 완벽히 헹굽니다.
치약의 개운한 느낌이 좋아 일부러 한두 번만 입을 헹구고 양치를 끝내는 경우가 있는데요. 입속에 남은 치약은 오히려 입 냄새를 더 심하게 만들고, 치약에 들어 있는 불소나 합성보존제는 몸에 쌓이기 쉽다고 합니다. 양치 후에는 반드시 8번 이상 헹구세요.

3 자신의 치아에 맞는 칫솔모를 선택하세요.
흡연자나 치아에 음식물이 잘 끼는 사람이라면 강한모, 치아가 건강하다면 일반모, 잇몸이 약하고 이가 자주 시린 사람이라면 미세모를 사용하면 좋습니다.

욕실 슬리퍼
바닥에 낀 물때,
베이킹소다 + 구연산으로
클리어!

1 욕실 슬리퍼를 뒤집은 다음 샤워기를 강하게 틀어 물때를 대강 씻습니다.

욕실 슬리퍼는 어떻게 관리하고 계신가요? 평소 따로 세척한 적이 없다면 욕실 슬리퍼를 한번 뒤집어 보세요. "웩" 소리가 절로 나올 만큼 엄청난 물때를 목격하게 될 거예요.

깨끗하게 씻은 발로 더러운 욕실 슬리퍼를 신는다면 어떻게 될까요? 발을 닦으나 마나 하겠지요. 그리고 대다수 가정에서는 가족 수대로 욕실 슬리퍼를 두지 않고 여럿이 하나의 욕실 슬리퍼를 사용합니다. 무좀균이 온 가족의 발로 퍼지가 딱 좋은 환경입니다.

욕실 슬리퍼 바닥에 깊게 찌든 물때는 락스를 희석한 물에 담가 놓으면 가장 빨리 없앨 수 있지만, 맨발에 닿는 신발이라 락스 사용이 주저된다면 베이킹소다와 구연산으로 세척해보세요.

2 대야에 욕실 슬리퍼를 넣고, 욕실 슬리퍼가 잠길 정도로 뜨거운 물을 붓습니다.

만일 대야가 없다면 슬리퍼가 들어갈 만한 크기의 비닐봉지에 물을 담고 그 안에 슬리퍼를 넣습니다.

3 대야에 베이킹소다와 구연산을 각각 2~3스푼씩 넣어주세요.

구연산 대신 식초를 넣어도 됩니다.

준비물

베이킹소다, 구연산, 칫솔

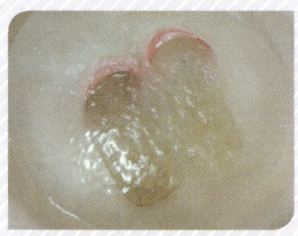

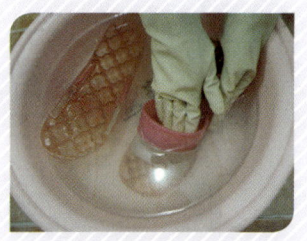

4 베이킹소다와 구연산이 만나 기포가 생기면서 세척과 소독이 시작됩니다.

욕실 슬리퍼가 물 위로 떠오르면 비닐봉지에 물을 담아 묶은 다음, 슬리퍼 위에 올려놓으세요.

5 이 상태로 1시간 이상 담가놓으면 물때가 욕실 슬리퍼에서 떨어져나와 물에 둥둥 떠다니는 게 보입니다.

6 발바닥과 닿는 부분, 발등 등을 깨끗하게 씻습니다.

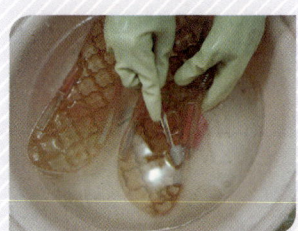

7 욕실 슬리퍼 바닥에 남아 있는 물때는 칫솔을 이용해 박박 문지릅니다.

 보너스 살림지혜

검은 곰팡이는 락스로 제거하세요!

까만 곰팡이가 생겨서 베이킹소다와 구연산 물로는 깨끗이 닦이지 않는다면, 어쩔 수 없지만 락스를 희석한 물에 담갔다가 세척하세요. 락스의 주요 성분인 차아염소산나트륨은 강력한 항진균 효과가 있어 곰팡이 제거에 가장 효과적입니다. 하지만 락스를 사용할 때는 염소가스가 발생하므로 밀폐된 공간에서 사용하면 안 됩니다.

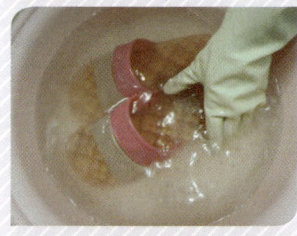

8 욕실 슬리퍼를 불렸던 베이킹소다와 구연산 물은 물때 제거 효과가 뛰어납니다. 그냥 버리지 말고 욕실 바닥 청소에 사용하세요.

9 욕실 슬리퍼를 샤워기로 깨끗하게 헹군 다음, 잘 세워 물기를 말립니다.

무좀이 걸린 가족이 있다면 욕실 슬리퍼와 발수건, 욕실매트를 따로 사용해야 합니다.

유리병
깨지지 않게 소독하려면 찬물에서부터 삶기

1 유리병과 병뚜껑을 베이킹소다 또는 주방세제를 사용해 깨끗하게 닦습니다.

유리병은 깨지기 쉽고 무거운 단점이 있지만, 내용물을 보존하는 능력이 뛰어납니다. 뜨거운 음식을 담아도 환경호르몬을 걱정할 필요가 없습니다. 또 음식의 색이나 냄새가 잘 스며들지 않아 음식을 담는 용기로 많이 사용됩니다. 유리병은 팔팔 끓여 소독할 수 있기 때문에 잼이나 과일청, 피클, 장아찌 등 오랜 기간 보관해야 하는 음식을 담기 더없이 좋습니다. 장기간 보관하는 음식은 팔팔 끓는 물에 유리병을 열탕소독한 후 담아야 미생물 번식을 최소화시켜 음식을 오랜 기간 변치 않고 보관할 수 있습니다.

2 물이 끓을 때 유리병이 바닥에 닿으며 생기는 달그락 소리를 방지하기 위해 냄비 바닥에 깨끗한 면포를 깝니다.

행주를 사용할 경우 미리 한 번 삶은 다음 사용하세요. 면포 대신 키친타올을 깔아도 좋습니다.

유리병은 냄비에 넣고 끓여서 소독하는 게 가장 좋습니다. 하지만 끓일 수 있는 여건이 되지 않는다면 35도 이상의 식품용 알코올을 키친타올 등에 묻혀 내부를 닦거나, 입구가 작은 유리병은 알코올을 적당량 넣고 흔들어서 소독한 뒤 잘 말려서 사용합니다.

준비물

베이킹소다, 면포, 냄비

3 유리병을 냄비에 넣고 유리병이 잠길 정도로 차가운 물을 넉넉히 붓습니다.

반드시 찬물을 부어주세요. 갑자기 뜨거운 물을 부으면 유리병이 온도 차를 견디지 못하고 깨질 수 있습니다.

4 물이 천천히 끓어오르도록 중불에서 끓입니다.

처음부터 유리병을 넣고 끓여주세요. 물이 끓는 중에 유리병을 넣으면 깨질 수 있습니다.

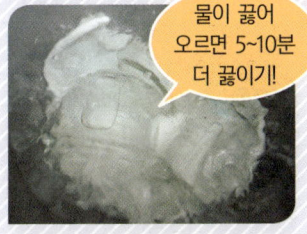

물이 끓어 오르면 5~10분 더 끓이기!

 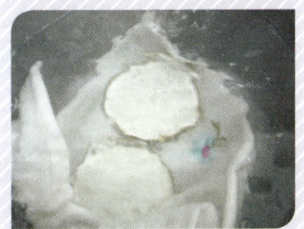

5 물이 끓어오르면 그 상태에서 5~10분간 더 끓입니다.

6 소독한 집게를 이용해 유리병 속에 담긴 물을 빼내고 유리병을 꺼내주세요.

유리병과 물 모두 뜨거우니 화상에 주의하세요.

7 냄비에서 유리병을 꺼낸 다음, 끓는 물에 병뚜껑을 넣고 2~3분간 끓입니다.

고무패킹이 있는 병뚜껑은 20초 정도만 끓이세요. 끓일 수 없는 플라스틱 병뚜껑은 깨끗하게 씻은 다음 도수가 35도 이상인 알코올로 닦아주거나 베이킹소다 또는 구연산 수에 담가 소독합니다.

8 끓는 물에서 꺼낸 유리병을 바로 찬물에 넣으면 깨질 수 있습니다. 또 애써 끓는 물에 소독한 효과가 사라지지요. 유리병이 뜨거울 때 쟁반 등에 깨끗한 키친타올이나 면포(또는 행주)를 깔고 병입구가 위로 향하게 세운 다음, 자연건조합니다.

유리병의 열기로 인해 물기가 금방 없어집니다.

9 유리병의 양이 많거나 크기가 커서 냄비에 푹 잠기지 않는다면, 냄비에 물을 반 정도만 붓고 유리병 입구가 아래로 향하게 세워서 끓입니다.

찬물에 유리병을 넣은 다음 물이 끓기 시작하면 10분가량 끓이고 유리병을 꺼내 건조합니다.

○○○ 넣고 갈면 날카로운 **믹서** 칼날 청소 끝!

1 삶은 달걀 껍데기나 모아둔 달 걀 껍데기를 끓는 물에 삶아 준비 합니다.

2 달걀 껍데기 2개를 믹서기에 넣은 다음 달걀 껍데기가 잠길 정 도로 물을 붓습니다.

믹서기를 청소할 때는 날카로운 칼날을 피해 조심조 심 닦게 되는데요. 평소 눈에 보이는 곳만 대충 씻기 를 반복하다 보면 어느 순간 누렇게 때가 끼는 걸 볼 수 있습니다. 믹서기의 고무패킹 아래는 우리가 상상 할 수 없을 정도의 음식물 찌꺼기와 세균이 옹기종기 모여 있습니다. '세균의 온상'이라고 할 수 있는 행주 보다도 세균이 더 많다는 믹서기. 지저분한 믹서기에 음식을 갈아 먹으면 찌든 때와 세균을 그대로 먹게 될 테지요. 게다가 칼날 틈새에 낀 음식물 찌꺼기를 제대 로 청소하지 않으면 칼날이 녹슬어 분쇄력도 떨어집 니다.

좀처럼 세척이 힘든 칼날 주변과 수세미로 열심히 닦 아도 지워지지 않는 찌든 때, 그리고 고무패킹 아래의 검은 때들은 달걀 껍데기를 이용하면 깨끗이 없앨 수 있습니다.

준비물

믹서기, 달걀 껍데기, 락스, 구연산(또는 식초), 주방세제, 칫솔

3 믹서기 뚜껑을 닫은 다음 달 걀 껍데기가 산산조각이 날 때까 지 믹서기를 6~7초가량 돌려 믹서 기 칼날 부분의 때를 제거합니다.

4 믹서기를 열어 뾰족한 도구를 이용해 고무패킹을 빼냅니다.

고무패킹을 먼저 빼낸 다음 믹서기를 돌리면 물이 다 새어 나오므로, 반드시 믹서기를 돌린 다음 고무패킹을 분리하세요.

5 분리된 고무패킹은 주방세제나 베이킹소다로 닦습니다.

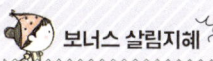
보너스 살림지혜

청소용 달걀 껍데기는 반드시 삶아서 사용하세요

달걀 껍데기에는 대장균, 살모넬라균 등 몸에 해로운 균이 묻어 있어요. 믹서기를 청소할 때는 달걀 껍데기를 그냥 사용하지 마시고 뜨거운 물에 삶은 다음 사용하세요. 달걀 껍데기를 따로 삶아야 하고, 너무 번거롭다고요? 달걀 장조림을 만들거나 삶은 달걀 먹는 날을 믹서기 청소하는 날로 정하면 아주 좋겠죠.

6 고무패킹에 곰팡이 얼룩이 생겨 잘 지워지지 않는다면, 물 600ml에 락스를 1g(2~3방울) 비율로 희석한 물에 담가둡니다.

조리 도구라 락스 사용이 망설여지신다고요? 곰팡이가 끼어있는 믹서기로 음식을 갈아먹는 것보다는 락스로 곰팡이를 완전히 제거하고 물로 충분히 헹궈 락스가 남지 않도록 한 다음 사용하는 게 훨씬 위생적입니다.

7 3번에서 칼날을 청소하기 위해 분쇄했던 달걀 껍데기를 칫솔에 묻혀 믹서기 구석구석을 문지릅니다.

남은 달걀 껍데기를 수세미에 묻혀 싱크대 개수대를 닦으면 개수대가 반짝반짝 빛납니다. 그러고도 남은 달걀 껍데기는 화분에 넣어주세요. 좋은 거름이 됩니다.

8 믹서기의 고무패킹을 원래 자리에 끼웁니다.

9 물에 구연산이나 식초를 1티스푼 정도 넣고 믹서기를 돌리면 믹서기 소독까지 완료됩니다.

소주와 밀가루는 미끄덩거리는 **프라이팬**에 양보하세요

부침이나 튀김 등 기름을 넣고 조리한 음식은 맛있지만, 프라이팬 설거지는 귀찮습니다. 프라이팬의 기름때를 완벽하게 제거하는 일도 만만치 않습니다. 깨끗하게 설거지한다고 했는데도 만져보면 미끄덩거려, 설거지를 재탕 삼탕 하기도 합니다.

기름진 프라이팬은 설거지하기 전에 키친타올 등으로 기름기를 1차로 제거한 다음 씻는 것이 좋고, 찬물보다는 뜨거운 물로 씻어야 기름기가 잘 씻겨 내려갑니다. 고기를 구워 먹고 그대로 두어 기름이 굳었을 때는 열을 가해 굳은 기름을 녹여 닦아낸 다음 씻어야 싱크대 전체가 기름으로 뒤덮이지 않습니다. 기름기를 제거하기 위해 주방세제를 과도하게 사용하는 것보다는 친환경 세제인 베이킹소다나 밀가루, 미강, 소주 등을 이용하면 기름기도 쉽게 닦을 수 있고 환경보호에도 작은 보탬이 됩니다.

준비물

키친타올, 먹다 남은 소주, 밀가루, 미강

소주 활용법

1 프라이팬에 기름이 많이 남아 있는 경우 키친타올로 닦습니다.

2 먹다 남은 소주를 프라이팬에 붓습니다.

3 5분 정도 두었다가 기름때가 심할 경우 끓입니다.

4 프라이팬에 남은 소주는 키친타올로 닦습니다.

프라이팬에 남은 소주는 기름기뿐만 아니라 프라이팬에 밴 음식 냄새도 없애줘요.

 보너스 살림지혜

코팅 프라이팬은 기름만 닦아내고 계속 사용해도 된다?

간혹 코팅 프라이팬은 기름만 닦아내고 사용해야 코팅이 오래간다고 알고 계신 분이 있는데요. 결코, 올바른 방법이 아니며 위생적으로도 좋지 않습니다. 프라이팬이 식기 전에 키친타올로 기름기를 없애고, 물이나 소주 등으로 한 번 더 닦아내는 것이 좋습니다. 코팅 프라이팬은 뜨거운 상태에서 바로 찬물에 집어넣으면 코팅이 벗겨질 수 있으니, 닦기 전에 충분히 식혀주세요.

밀가루 활용법

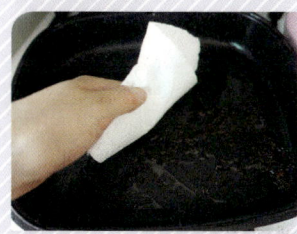

1 프라이팬에 기름이 많이 남아 있는 경우 키친타올로 닦습니다.

2 프라이팬에 밀가루를 골고루 뿌립니다.

3 부드러운 수세미로 프라이팬을 문지릅니다.

4 키친타올로 깨끗하게 닦습니다.

밀가루 대신 기름 제거 효과가 있는 미강 가루를 이용해도 좋습니다.

스테인리스 냄비
얼룩 지우개,
베이킹소다와 구연산

스테인리스 냄비는 환경호르몬이 배출되지 않고, 오랫동안 사용해도 코팅이 벗겨질까 걱정할 필요가 없어 인기가 좋습니다. 하지만 사용하다 보면 상자에서 꺼냈을 때 눈부시게 빛나던 광채는 온데간데없이 사라지고, 아무리 설거지를 열심히 해도 냄비 여기저기에 무지갯빛 얼룩이 생겨 지저분하게 느껴집니다.

스테인리스 냄비에 생기는 얼룩은 조리 과정에서 음식에서 빠져나온 미네랄 성분이 스테인리스와 반응해서 생긴 미네랄 얼룩으로, 인체에는 해가 없다고 합니다. 무해하다 해도 그냥 둘 수는 없지요. 아무리 씻어도 지워지지 않는 미네랄 얼룩은 식초를 이용해 간단히 없앨 수 있습니다. 광채를 잃고 거뭇해진 냄비는 베이킹소다로 닦으면 처음의 반짝거림을 되찾을 수 있습니다. 평소에 스테인리스 냄비를 닦는 방법을 조금만 바꾸면, 굳이 날 잡아 힘들게 닦지 않아도 늘 반짝거리는 냄비를 사용할 수 있습니다.

준비물

식초(또는 구연산), 베이킹소다

무지개 얼룩 제거하기

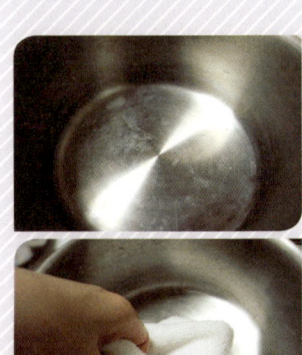

1 무지개 얼룩이 짙지 않을 때는 식초를 몇 방울 떨어트린 다음, 마른 행주로 닦으면 사라집니다.

2 무지개 얼룩이 짙으면 닦으려는 냄비
보다 큰 용기에 물과 식초 1티스푼 정도
를 넣은 다음, 스테인리스 냄비를 넣고 끓
이면 말끔해집니다.

식초 냄새가 싫다면 구연산을 사용하세요.

거무스름한 스테인리스 냄비 반짝거리게 하기

1 베이킹소다 2, 물 1 비율로 섞어
베이킹소다 페이스트를 만듭니다.

2 베이킹소다 페이스트를 수세미에 묻혀 냄비를 문지릅니다.
얼룩이 심하면 주방세제를 조금 섞어주세요.

3 그 상태로 5~10분 정도 둡니다.

4 수세미로 냄비를 다시 문질러
각종 얼룩을 제거합니다.

5 물로 헹구면 반짝거리는 냄비
가 나타납니다.

6 물에 구연산 또는 식초를 반 스푼 정도 희석한 다음, 이 물에 냄비를 헹굽니다.

무지개 얼룩을 제거하고 차후 생길 무지개 얼룩을 방지하는 효과가 있습니다.

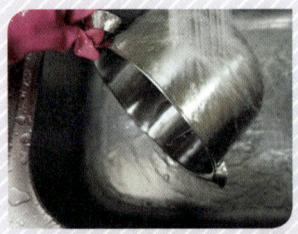 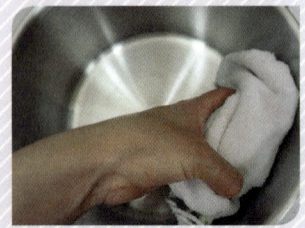

Before

After

7 냄비를 물로 깨끗하게 헹굽니다.

8 물기가 마르기 전에 마른 행주나 키친타올로 물기를 깨끗하게 닦습니다.

냄비에 물기가 남아 있으면 얼룩이 생겨요.

 보너스 살림지혜

스테인리스 냄비, 늘 새것처럼 사용하기 위한 관리법

스테인리스 냄비에 염분이 많은 음식을 장시간 넣어두거나 눌어붙은 기름기를 그대로 두면 변색됩니다. 광택을 오래 유지하려면 요리 후 바로 씻도록 합니다. 평소 스테인리스 냄비를 닦을 때 주방세제로 닦은 다음 베이킹소다로 한 번 더 닦고, 마무리로 식초물이나 구연산수로 헹구면 늘 반짝거리는 냄비를 사용할 수 있어요.

화학제품 없이
하루살이와 **진드기** 퇴치!

계피 살균제로 가정에서 사용하는 제품을 닦았더니 세균이 100분의 1로 줄어드는 모습을 방송에서 본 적 있습니다. 계피 살균제는 소독 효과가 있을 뿐만 아니라, 매운 향이 집먼지 진드기를 죽이고 바퀴벌레, 모기, 하루살이 등의 해충을 쫓아냅니다.

준비물

통계피, 소독용 에탄올, 밀폐 유리병, 분무기

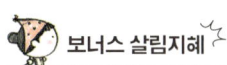 보너스 살림지혜

> **계피 살균제 이렇게 사용하세요**
> 계피 살균제는 냉장고 손잡이, 키보드, 마우스 등 소독이 필요한 곳은 모두 사용 가능합니다. 음식물 쓰레기 주변에 뿌려놓으면 하루살이가 생기지 않습니다. 침구류에 계피 살균제를 뿌리면 진드기가 죽습니다. 이 경우 계피 살균제를 뿌린 후 반드시 침구류를 탈탈 털어 죽은 진드기들을 털어내야 합니다. 색이 연한 침구류에 계피 살균제를 뿌리면 붉게 물들 수 있으니, 이불 안쪽에 테스트하고 뿌리세요.

1 작게 자른 통계피와 소독용 에탄올을 2 : 8 또는 1 : 9 비율로 밀폐 유리병에 넣습니다.

2 그 상태로 2주간 우려냅니다.

바로 사용해야 할 경우에는 계피와 소독용 에탄올을 그릇에 넣은 다음 중탕으로 끓인 후 사용하세요. 에탄올을 바로 끓이면 불이 붙기 때문에 반드시 중탕해야 해요.

3 2주가 지난 다음 분무기에 담아 청소와 살균용으로 사용합니다.

계피 잔여물이 분무기를 막을 수 있기 때문에, 계피 살균제에 잔여물이 있다면 한번 여과한 다음 사용하세요.

4 계피 살균제 원액에 정제수를 1 : 1 비율로 희석한 다음 휴대용 스프레이통에 넣어 피부에 뿌리면 모기 퇴치제가 됩니다.

희석한 날로부터 1주일 안에 다 사용하는 게 좋아요.

구연산 한 스푼이면,
보온병 냄새와 물때 안녕~

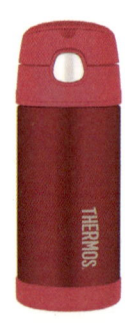

날씨가 쌀쌀할 때는 따뜻한 음료를 넣고, 더울 때는 차가운 음료를 넣어 사용하는 보온병은 사계절 유용한 아이템이지요.

그런데 입구가 좁아서 세척에 소홀하기 쉽습니다. 특히 물만 넣어 다니는 용도로 쓸 경우에는 물로만 휙 헹구고 말기도 하는데요. 이렇게 대충 소독하는 게 반복되면 길쭉한 보온병 내부에 물때가 끼고 불쾌한 냄새가 나기도 합니다.

특히 좁고 구불구불한 보온병 입구는 신경 써서 세척하지 않으면, 물때가 쉽게 낍니다. 뚜껑과 패킹 사이에 이물질이 끼면 세균이 번식할 가능성도 커지고, 밀폐력도 떨어집니다. 물이 아닌 차나 음료, 국 등을 담는 용도로 사용할 경우엔 더욱 꼼꼼한 세척이 필요합니다.

보온력도 오래 유지하면서 언제나 신선한 음료를 먹을 수 있는 보온병 세척 방법을 알아보겠습니다.

준비물

베이킹소다, 구연산, 병세척솔(또는 젖병솔)

1 뜨거운 물에 베이킹소다를 한 스푼 넣고 보온병을 10분가량 담가놓습니다.

보온병을 오랫동안 물에 담가두면 이음새로 물이 들어가 보온력이 떨어질 수 있으니, 10분을 넘기지 마세요.

2 병세척솔로 보온병 안을 구석구석 닦아주세요.

병세척솔이 없다면 설거지용 수세미를 안으로 넣고 긴 젓가락으로 수세미를 이리저리 돌려가며 닦습니다.
철수세미처럼 강한 수세미로 문지르면 스테인리스가 마모돼 내부 도장이 벗겨집니다.

3 보온병을 물로 깨끗하게 헹굽니다.

4 보온병 안에 미지근한 물과 구연산(또는 식초) 반 티스푼을 넣고 20~30분가량 두었다가, 깨끗한 물로 헹굽니다.

구연산이나 식촛물을 넣어 놓으면 내부에 생긴 물때나 이물질이 제거되고 소독도 할 수 있습니다.

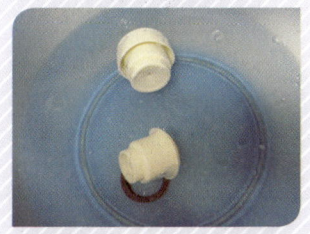

5 마개 부분은 고무 패킹 등 분리 가능한 모든 부품을 분리합니다. 미지근한 물에 구연산(또는 식초) 반 스푼을 풀고, 이 물에 마개 부품을 20분가량 넣어둡니다.

6 칫솔을 이용해 마개 부품을 구석구석 닦고, 패킹 등 칫솔모가 닿지 않는 부분은 이쑤시개에 키친타올을 말아 물때 등을 제거합니다.

7 마개 부품과 보온병은 깨끗한 물로 여러 번 헹군 다음, 물기를 완벽하게 말립니다.

보온병을 오랫동안 사용하려면 사용 후 바로 세척하고, 물기를 완전히 건조해서 보관합니다.

 보너스 살림지혜

찻잔에 생긴 얼룩은 치약에 맡겨주세요

커피, 홍차, 녹차 등을 주로 마시는 컵은 시간이 지나면 컵 안에 얼룩이 생깁니다. 수세미에 주방세제를 묻혀 박박 문질러도 얼룩은 좀처럼 사라지지 않습니다. 이럴 땐 칫솔에 치약을 콩알만큼 짜서 얼룩을 문질러보세요. 얼룩이 눈 깜짝할 새 사라집니다.

마법의 세제 두 스푼이면,
탄 냄비 팔 아프게
문지를 필요 없어요

음식을 하다 보면 냄비나 프라이팬을 태워 먹는 경우가 있습니다. 살짝 그을렸을 때는 수세미로 살살 문지르면 탄 자국이 지워지지만, 홀딱 타버린 냄비는 속수무책입니다. 젖먹던 힘까지 내서 박박 문질러도 탄 자국은 쉽게 지워지지 않습니다.

냄비가 아주 많이 탔을 때는 베이킹소다나 식초 또는 구연산 등을 넣고 냄비를 한번 끓이면 쉽게 탄 자국을 제거할 수 있습니다. 귤이나 사과 껍질 등 새콤한 맛이 나는 과일 껍질은 껍질 속 구연산이 천연 계면활성제 역할을 해 탄 자국을 없애줍니다. 김빠진 콜라 역시 탄 자국 제거에 효과적입니다.

스테인리스 냄비는 베이킹소다와 식초를 넣고 끓이면 평소 냄비를 사용하면 생긴 물 얼룩이나 염분 얼룩까지 제거돼 1석 3조의 효과를 볼 수 있습니다.

1 탄 냄비에 물을 붓고 수세미나 주걱 등으로 문질러 눌어붙은 음식을 1차로 제거합니다.

탄 자국을 없앤다고 냄비를 쇠주걱으로 벅벅 긁거나 철수세미로 문지르면 냄비가 손상될 수 있어요.

2 냄비에 베이킹소다와 구연산(또는 식초)을 각각 한 스푼씩 넣습니다.

준비물

식초(또는 구연산), 베이킹소다, 수세미

3 냄비의 탄 자국이 완전히 잠길 만큼 물을 부어 베이킹소다와 구연산을 녹인 다음, 가스레인지에서 중불로 끓입니다.

베이킹소다는 열을 가하면 끓어오르기 때문에 중불이나 약불로 끓이는 게 좋습니다. 끓기 시작하면 물이 넘치지 않는지 수시로 확인하도록 합니다.

4 물이 끓기 시작하면 5~10분가량 더 끓입니다.

5 불을 끄고 냄비를 5분 정도 그대로 둡니다.

6 수세미로 탄 자국을 문지릅니다.

물이 너무 뜨거우면 집게나 젓가락 등의 도구를 사용합니다.

7 탄 자국이 완벽하게 지워지지 않는다면 무리하게 문지르지 말고, 1~6번 과정을 한 번 더 반복합니다.

뚝배기는
세제를 흡수했다가 끓이면 토해내요

뚝배기 세척

1 쌀뜨물 세척 : 뚝배기에 남아 있는 음식 찌꺼기를 수세미를 이용해 깨끗한 물로 1차 세척합니다. 그 다음 쌀뜨물을 이용해 뚝배기를 세척합니다.

보통 뚝배기를 사용하고 나서 다른 그릇과 마찬가지로 주방세제로 씻는데요. 뚝배기 표면에 난 무수한 구멍으로 세제나 음식물이 스며든다고 합니다. 그리고 뚝배기에 스며든 세제는 열을 가하면 다시 흘러나온다고 합니다.

실제 한 방송에서 세제를 사용해 뚝배기를 닦고 여러 번 헹군 다음 깨끗한 물을 넣고 끓였더니, 아니나 다를까 세제가 보글보글 흘러나왔습니다. 뚝배기, 지금부터는 인체에 해가 없는 친환경 세제로 씻어 보아요.

특히 뚝배기에 자주 해 먹는 계란찜은 바닥이 잘 눌어붙어 설거지하려면 꽤 골치가 아픈데요. 뚝배기의 음식 찌꺼기를 쉽게 제거하는 방법도 함께 알아보겠습니다.

2 깨끗한 물로 헹굽니다.

나무로 만든 주걱이나 그릇 역시 세제를 잘 흡수합니다. 나무 소재의 조리도구와 그릇은 세제 푼 물에 담가두지 말고, 설거지할 때는 꼭 1종 주방세제를 이용합니다.

나무그릇 세제 NO!

준비물

베이킹소다(또는 쌀뜨물이나 밀가루), 페트병

3 밀가루 세척 : 음식 찌꺼기를 깨끗한 물로 1차 세척한 다음, 뚝배기에 밀가루를 풀고 수세미로 문지른 다음 물로 헹굽니다.

밀가루 대신 베이킹소다를 넣고 같은 방법으로 세척해도 됩니다.

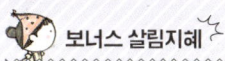

뚝배기에 눌어붙은 계란찜 제거하기

 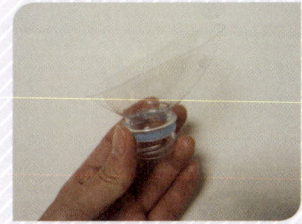 

1 뚝배기에 따뜻한 물을 붓고 10분 정도 둡니다.

뚝배기 표면에 난 구멍으로 음식물이 스며들 수 있으니 오랫동안 담가두지 않습니다.

2 페트병 윗부분을 사진과 같이 비스듬히 자릅니다. 페트병 스크래퍼 완성!

3 뚝배기에 눌어붙은 계란찜을 페트병 스크래퍼를 이용해서 살짝 긁어냅니다.

철수세미로 문질러도 되지만, 나중에 수세미 사이에 낀 계란찜 빼내는 게 더 고생스러울 수 있습니다.

4 뚝배기를 수세미로 살살 문질러 닦습니다.

5 계란찜이 어느 정도 제거되면 쌀뜨물(또는 밀가루나 베이킹소다)을 이용해 깨끗이 닦습니다.

체망과 찜기 구멍에 낀 때를 빼는 삼총사

채소를 씻거나 면을 삶은 후 물기를 뺄 때 사용하는 체망과 된장 등의 양념을 풀 때 사용하는 건지게, 찜 요리에 사용하는 찜기. 이 조리도구들의 공통점은 세척이 번거롭다는 점입니다. 망 사이에 낀 음식물은 수세미로 문질러도 잘 배출되지 않고, 때로는 더 깊숙이 파고들기도 합니다. 설거지를 열심히 한다고 했는데도 체망 테두리나 찜기의 겹쳐진 부분을 들춰보면 음식물 찌꺼기가 그대로 남아있기도 합니다.

망 사이에 낀 음식물 찌꺼기는 위생에도 안 좋을 뿐만 아니라, 물기 등을 빼주는 조리도구 본연의 기능도 떨어뜨립니다.

지금부터 체망이나 찜기를 깨끗하게 세척할 수 있는 세 가지 방법을 알아보겠습니다. 오염도에 맞춰 세 가지 방법 중 적절한 방법을 선택해 체망과 찜기를 늘 깨끗하게 유지해 보세요.

준비물
베이킹소다, 달걀 껍데기, 수세미, 칫솔

오염도 약

1 체망을 물로 헹군 다음, 베이킹소다를 골고루 뿌리고 수세미로 문지릅니다.

2 칫솔을 이용해 체망을 구석구석 문지르고 물로 헹굽니다.

오염도 약

  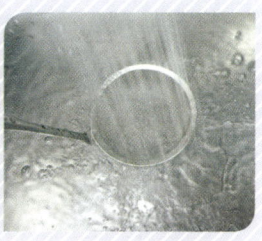

잘게 부순 달걀 껍데기를 수세미에 묻혀서 체망을 구석구석 문지른 다음 물로 헹굽니다.
달걀 껍데기를 양파망에 넣고 문질러도 좋습니다.

오염도 강

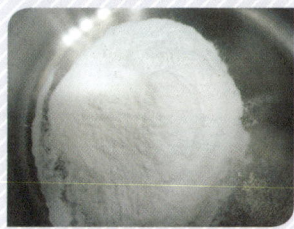  

1 냄비에 베이킹소다를 소주잔으로 3~4컵 넣습니다.

끓는 물에 베이킹소다를 넣으면 물이 확 끓어오르면서 넘칠 수 있습니다. 베이킹소다는 반드시 물을 끓이기 전에 넣습니다.

2 찜기가 잠길 정도로 냄비에 물을 받고 찜기를 넣습니다.

베이킹소다 물이 끓으면서 사방으로 튈 수 있으니, 찜기 삶는 냄비는 찜기보다 높이가 두 배 이상 높은 것을 사용하세요.

3 물이 팔팔 끓으면 집게를 사용해 찜기를 조심스럽게 꺼냅니다.

물에서 꺼내면 반짝반짝해진 찜기를 확인할 수 있습니다.

 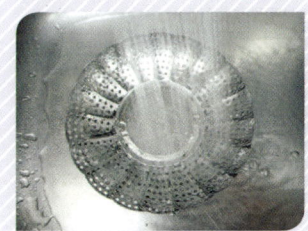 

4 찜기를 수세미로 문지릅니다. 찜기가 겹쳐진 곳도 들어 올려 꼼꼼히 닦습니다.

5 찜기를 깨끗한 물로 헹굽니다.

6 베이킹소다 끓인 물은 버리지 말고, 찜기 삶은 냄비(스테인리스 재질일 경우)와 개수대 닦는 데 사용하면 냄비 청소와 싱크대 청소까지 한 번에 해결할 수 있습니다.

다리미 바닥에는 치약, 스팀 구멍에는 구연산이 해결사

1 마른 헝겊에 치약을 살짝 묻혀 다리미 바닥에 골고루 바릅니다.

다리미를 청소할 때는 전원 플러그는 반드시 뽑아주세요.

오랫동안 청소하지 않아 때가 끼었거나 섬유 등이 눌어붙은 다리미 바닥은 소금으로 청소할 수 있습니다. 다리미판에 수건을 한 장 올리고 그 위에 소금을 뿌린 다음 다리미를 달궈 소금을 지그시 눌러주면 다리미에 붙은 이물질이 제거됩니다. 하지만 스팀다리미는 다리미 바닥에 있는 구멍으로 소금이 들어갈 수 있기 때문에, 치약을 이용해서 닦아주는 게 좋습니다.

스팀다리미는 물을 넣고 고온으로 스팀을 분사하는 과정에서 석회가루가 생성되기도 합니다. 이 석회 성분을 잘 제거하지 않으면 스팀 분사력이 약해지고 다림질할 때 옷에 하얀 가루가 묻어나오기도 합니다. 이 상태로 다리미를 방치하면 곰팡이가 생길 수도 있기 때문에, 다리미 안팎도 주기적으로 청소해야 합니다.

지금부터 다리미의 외부와 내부 모두 속 시원하게 청소하는 방법을 알아보겠습니다.

2 헝겊의 깨끗한 면으로 치약을 여러 번 닦습니다.

치약 속에는 연마제가 들어 있어 더러워진 열판을 깨끗하게 닦을 수 있습니다.

3 젖은 헝겊으로 다리미 바닥을 여러 번 닦은 다음, 마른 헝겊으로 다시 닦습니다. 다림질할 때 계속 눌어붙는다면 1~3번 과정을 반복합니다.

헝겊 대신 물티슈와 키친타올을 사용해도 좋습니다.

준비물

치약, 구연산

4 다리미의 손잡이와 온도 조절 버튼 등 외관도 마른 헝겊에 치약을 살짝 묻혀 닦습니다.

5 젖은 헝겊으로 다리미 외관을 여러 번 닦아 치약을 완벽히 제거한 다음, 마른 헝겊으로 마무리합니다.

6 물 1L에 구연산 5g(밥숟가락으로 반 숟가락 정도)을 넣어 '5% 구연산수'를 만듭니다.

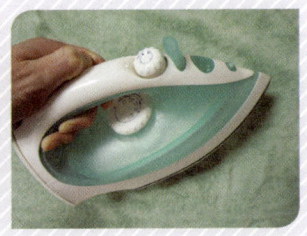

7 다리미 물통에 5% 구연산수를 넣은 다음, 다리미를 흔들어 물통과 내부의 때를 제거합니다.

구연산 대신 식초를 넣어도 좋아요.

8 다리미를 켜고 스팀을 분사시켜 스팀 구멍을 청소합니다.

다리미에 들어있는 물이 다 없어질 때까지 스팀을 분사하세요. 스팀을 분사할 때는 화상 등의 위험이 있으니 가급적 욕실에서 하세요.

9 다리미의 전원 플러그를 뽑아 완전히 식힌 다음, 물통에 깨끗한 물을 넣고 헹굽니다.

깨끗한 물을 넣고 버리는 헹굼 과정을 2~3회 반복합니다.

10 다리미 물통에 깨끗한 물을 넣은 다음 다리미를 켜고 스팀을 분사하여 스팀 구멍도 헹굽니다.

11 다리미의 전원 플러그를 뽑아 완전히 식힌 다음, 물통에 깨끗한 물을 넣고 한 번 더 헹굽니다.

251

고무줄로 문지르면
리모컨 버튼 사이에 낀
때가 쏙!

1 리모컨의 건전지를 뺍니다.

메르스로 온 국민이 손을 열심히 씻던 기간에 메르스 뿐만 아니라 감기와 같은 다른 전염성 질환 환자까지 줄었다는 이야기가 있습니다. 많은 전염병이 손을 통해 전염됩니다.

리모컨은 가족 모두가 돌아가면서 만지고 있지만 음료 등을 리모컨에 쏟는 일이 없는 이상은 잘 청소하지 않는 제품 중 하나입니다. 그래서 세균의 온상이기 쉽습니다. 리모컨은 적은 시간과 약간의 정성만 들여도 늘 깨끗하게 유지할 수 있으니 더 이상 미루지 말고 수시로 청소해 주세요.

리모컨을 분해해서 내부까지 청소하는 방법들이 인터넷에 많이 공개되어 있습니다. 하지만 리모컨은 만들어질 때부터 쉽게 분해할 수 없는 구조로 되어 있기도 하고, 무작정 분해해서 청소했다간 고장을 일으킬 수도 있습니다. 가능한 리모컨을 분해해야할 지경까지 가지 않도록 평소에 깨끗하게 청소하고 사용하기 바랍니다.

2 고무줄을 사진처럼 사이사이 매듭지은 다음, 고무줄로 리모컨 앞면을 문지릅니다.

버튼 틈에 끼어 있는 때가 고무줄에 흡착돼요.

준비물

소독용 에탄올, 화장솜, 티슈, 면봉, 고무줄

3 화장솜에 소독용 에탄올을 적십니다.

소독용 에탄올은 약국에서 1,000원 정도에 구입할 수 있어요.

4 에탄올에 적신 화장솜으로 리모컨 앞면을 전체적으로 닦습니다.

5 에탄올에 적신 화장솜으로 버튼 사이사이를 닦습니다.

6 버튼 사이에 낀 때가 잘 닦아지지 않으면, 면봉이나 이쑤시개에 에탄올을 묻혀 닦습니다.

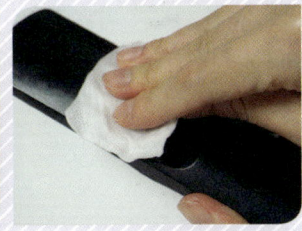

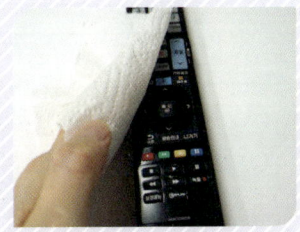

7 에탄올에 적신 화장솜으로 리모컨 위와 옆면, 아랫면까지 깨끗하게 닦습니다.

8 티슈나 키친타올로 리모컨에 남아있는 에탄올을 닦습니다.

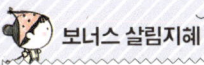 보너스 살림지혜

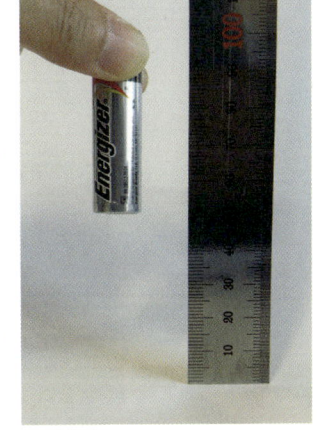

9 리모컨에 건전지를 다시 낍니다.

리모컨을 수시로 청소하는 게 귀찮다면, 리모컨 케이스를 구매해서 씌워두고 수시로 리모컨 케이스를 씻어주거나 리모컨을 비닐 랩으로 포장해 사용하고 비닐 랩을 수시로 교체합니다.

다 쓴 건전지와 새 건전지 쉽게 구별하는 방법

다 쓴 건전지와 새 건전지가 섞여 있을 땐 겉으로 봐서는 전혀 구분이 안 됩니다. 이럴 땐 간단한 실험을 해보세요. 건전지를 바닥에서 5cm 높이에서 똑바로 세워 떨어트립니다. 이때 다 쓴 건전지라면 쓰러지고, 새 건전지라면 우뚝 섭니다. 다 쓴 건전지는 내부에 가스가 발생해 가벼워져서 떨어뜨렸을 때 쉽게 쓰러진다고 합니다.

속이 다 시원해지는
마우스 물청소 방법

컴퓨터 작업을 하는 동안 마우스를 계속 만지고 있기 때문에, 마우스에는 다양한 세균이 서식하고 있습니다. 하지만 잘 청소하지 않는 제품 중 하나죠. 청소한다고 해도 전자제품이라 물티슈나 물걸레로 마우스 겉면만 닦고 맙니다. 마우스를 잘 청소하지 않으면 세균이 증식할 뿐만 아니라 여기저기 먼지가 끼어 오작동을 일으키기도 합니다.

마우스는 수시로 소독용 에탄올이나 손소독제 등으로 외관을 닦아 소독하고, 한 달에 한 번 정도는 분해해서 속까지 깨끗하게 청소하는 게 좋습니다. 대게 마우스는 바닥에 있는 나사 몇 개만 풀면 쉽게 분해가 가능합니다.

하지만 고가의 마우스는 나사가 시리얼번호나 스티커로 가려져 있을 수 있습니다. 스티커가 훼손되면 A/S를 받을 수 없기 때문에 나사를 풀기 전 신중하게 생각하고 스티커를 떼어내세요.

〰〰〰〰〰〰〰〰〰〰〰〰〰〰〰〰

준비물

드라이버, 소독용 에탄올, 면봉, 화장솜,
베이킹소다(또는 비누)

1 마우스를 컴퓨터에서 분리합니다.

2 마우스 바닥에 있는 나사를 드라이버로 풉니다.

무선마우스일 경우 건전지 삽입구 뚜껑을 열거나, 건전지를 빼고 나면 나사가 보입니다.
마우스 바닥에 붙어 있는 스티커를 떼면 나사가 나오는 모델도 있어요.

3 마우스 윗부분과 아랫부분을 분리합니다.

4 마우스 윗부분은 베이킹소다를 뿌린 후 물로 씻습니다.
베이킹소다 대신 손세정제나 비누를 사용해 세척해도 좋습니다.

5 칫솔로 틈새 먼지까지 꼼꼼하게 제거합니다.

6 마른 수건으로 물기를 닦고 물기가 남아있지 않도록 완벽하게 말립니다.

7 물이 들어가면 안 되는 아랫부분은 면봉이나 화장솜에 소독용 에탄올을 묻혀 꼼꼼히 닦고, 면봉이나 티슈로 남아 있는 에탄올을 닦습니다.

8 나사를 조여 분리한 마우스를 다시 조립합니다.

9 마우스 옆면과 바닥 부분을 화장솜에 소독용 에탄올을 묻혀 닦습니다.

10 화장솜에 소독용 에탄올을 묻혀 마우스 선을 닦습니다.

인터넷에 떠도는
변기 뚫는 법,
베스트와 워스트

뜨거운 물로 변기 뚫기

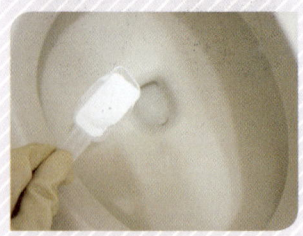

1 변기에 세탁세제나 과탄산소다를 한 컵 정도 넣고 팔팔 끓는 뜨거운 물을 붓습니다.

변기에 물이 가득 차올라와 있다면 물을 어느 정도 퍼낸 다음 뚫기를 시도하는 것이 좋습니다.

화장실 변기가 막혔을 때의 당혹감이란 말로 표현할 수가 없습니다. 설상가상 변기를 뚫어주는 뚫어뻥이 없을 때는 눈앞이 캄캄해집니다. 변기나 배수관 전용 세제나 뚫어뻥 없이도 변기를 뚫는 방법 몇 가지를 알아두면 그런대로 응급조치할 수 있습니다.

상습적으로 변기가 막힌다면 평소 뜨거운 물을 변기에 부어주면 좋습니다. 이렇게 하면 변기 물이 내려가는 길에 머물러 있는 휴지나 찌꺼기 등이 잘 내려갈 뿐 아니라 변기를 살균·소독하는 효과까지 볼 수 있으니, 일거양득입니다. 유리병을 소독하거나 행주 삶은 뜨거운 물을 바로 변기에 버리면 굳이 물을 끓여 변기에 부어주지 않아도 됩니다.

2 10~20분 정도 기다리면 막힌 변기가 내려갑니다.

여전히 물이 내려가지 않으면 이 방법을 2~3번 반복합니다.

준비물

뜨거운 물, 세탁세제(또는 과탄산소다), 변기용 청소솔, 버리는 양말, 위생봉지, 페트병, 커다란 비닐봉지

변기 청소솔로 변기 뚫기

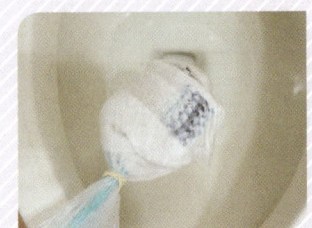

1 변기 청소솔을 변기에 넣고 펌프질을 해 압력을 넣습니다.

2 변기 청소솔이 작아 압력이 생기지 않는다면 변기 청소솔에 버리는 양말을 씌우고 그 위에 위생봉지를 씌운 다음 단단히 묶습니다. 청소솔을 변기에 넣고 펌프질로 압력을 넣습니다.

페트병으로 변기 뚫기

1 페트병의 입구 부분을 잘라냅니다.

2 변기 구멍에 페트병을 세워 위아래로 펌프질을 해 압력을 넣습니다. 또는 페트병 가운데를 손으로 쥐었다 폈다를 반복하며 페트병 안에 있는 공기로 펌프질합니다.

비닐봉지로 변기 뚫기

 보너스 살림지혜

**변기 뚫는 데
세탁소 옷걸이는 비추!**

인터넷을 보면 세탁소 옷걸이를 길게 펴서 변기를 막고 있던 이물질을 빼라는 글이 있습니다. 하지만 변기 배관은 S자로 되어 있기 때문에 딱딱한 옷걸이가 들어가기 힘듭니다. 오히려 변기에 상처만 남을 수 있습니다.

1 두꺼운 비닐봉지를 넓게 펼쳐 변기를 다 덮고, 테이프로 비닐봉지와 변기를 단단하게 밀봉합니다.

비닐을 두겹 이용하거나 테이프를 비닐 위에 다시 한 번 붙여도 좋습니다.

2 물을 한번 내리면 변기가 부풀어 오르는데, 그 순간 비닐의 가운데 부분을 손으로 꾹 누릅니다. 물이 내려가지 않으면, 이 과정을 여러 번 반복합니다.

테이프를 떼어낸 후 변기에 접착제가 남아 있으면, 휴지에 아세톤을 묻혀 닦습니다.

요구르트 빨대 하나면 머리카락이 술술 딸려 나온다!

1 가위 손잡이 부분으로 빨대를 살짝 문질러 납작하게 만듭니다.
빳빳한 빨대로 만들어야 효과가 좋아요.

세면대를 사용하다 보면 비누나 치약 등 각종 세정용품과 물때가 배수관에 쌓여 물이 시원하게 내려가지 않습니다. 이럴 때는 세면대 물이 내려가는 부분에 베이킹소다를 2스푼 정도 뿌린 다음 식초나 구연산 수를 베이킹소다와 같은 양으로 뿌리고 10분 정도 둡니다. 10분이 지난 다음 뜨거운 물을 부어주면 배수관이 시원하게 뻥 뚫립니다.

단순 묵은 때는 이렇게 해결하면 되지만, 머리카락이 엉켜 막힌 경우라면 세면대 아래 배수관을 분리해서 청소해야 합니다. 하지만 배수관을 분리해서 청소하기는 쉽지 않으니, 머리카락이 많이 쌓이기 전에 수시로 배수관에 끼어있는 머리카락을 제거해 주는 게 좋습니다.

2 빨대를 일정한 간격을 유재하며 사선 방향으로 자릅니다. 이때 빨대를 완전히 자르지 말고 약간씩 남겨둡니다.
사선 방향으로 자른 부분들이 갈고리 역할을 해줄 거예요.

준비물
빨대(또는 케이블 타이), 가위

4 빨대를 좌우로 살짝 휘어 사선으로 자른 부분들이 뽀족하게 튀어나오게 합니다.

3 빨대의 반대쪽도 일정한 간격을 유지하며 사선 방향으로 자릅니다. 이때도 빨대를 완전히 자르지 말고 약간씩 남겨둡니다.

5 빨대를 세면대 안으로 깊숙이 집어넣은 다음, 요리조리 돌립니다.

6 빨대를 빼내면 머리카락이 사선 모양의 틈새에 껴 쑥 딸려 나옵니다.

7 나온 머리카락 및 이물질을 버리고 세면대를 닦습니다. 갈고리 모양의 배수관 청소도구에서 착안한 아이디어예요.

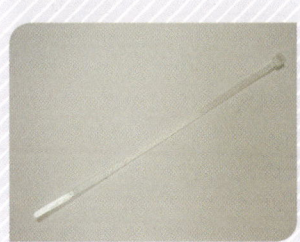

8 전선을 정리하거나 고정해주는 용도로 많이 쓰는 케이블 타이를 빨대와 같은 방법으로 잘라 사용해도 좋습니다.

머리빗 세척으로
두피 트러블 예방하기

날마다 사용하는 머리빗. 위생에는 얼마나 신경 쓰고 계신가요? 머리를 빗은 다음 빗에 엉겨 붙은 머리카락을 제거하는 정도에서 끝내시나요? 아니면 그마저도 하지 않아 머리카락이 빗에 둘둘 감겨 엉겨 붙은 채로 방치되어 빗살이 점점 짧아지는 상태는 아닌가요?

그렇게 방치된 머리빗은 머리에서 묻은 유분기로 기름 때가 끼고 두피에서 떨어져 나온 각질과 이를 먹고 번식한 세균이 살고 있습니다.

오염된 빗으로 깨끗하게 감은 머리를 빗으면 두피와 머리카락 건강에 좋지 않은 영향을 끼치고, 심할 경우엔 탈모로 이어질 수도 있다고 합니다.

이제 매일 머리를 감는 것처럼 머리빗도 주기적으로 세척해서 두피 건강을 지켜주세요.

준비물

이쑤시개, 샴푸, 칫솔

1 이쑤시개처럼 가늘고 길쭉한 도구를 이용해 머리빗의 가로세로 길을 따라 쭉 긁으면서 빗 사이에 끼어있는 머리카락을 제거합니다.
머리카락이 많이 엉켜 잘 안 빠지는 경우에는 가위로 머리카락 사이 사이를 잘라주세요.

2 샴푸를 500원짜리 동전 크기만큼 세면대나 대야에 짠 다음, 온수를 받아 거품을 냅니다.
거품이 풍성할수록 좋아요.

3 머리빗을 샴푸물에 10~20분 정도 담가둡니다.

나무 소재의 머리빗은 물이 닿으면 내구성이 떨어지기 때문에 물 세척은 피해주세요. 나무 머리빗은 전용 오일로 세척해야 합니다.

4 1번에서 머리카락이 다 제거되지 않았다면 이쑤시개로 남은 머리카락을 제거합니다.

5 머리빗을 샴푸물 안에서 흔들어 머리빗에 붙어 있는 때를 제거합니다.

6 머리빗을 물에 담근 상태로 칫솔을 이용해 꼼꼼히 문지릅니다.

7 머리빗을 깨끗한 물로 여러 번 헹굽니다. 넓적한 머리빗은 빗 안쪽에 구멍이 있습니다. 머리빗 안쪽 바닥을 오므렸다 폈다 하며 헹굼에 더 신경을 씁니다.

8 빗을 탈탈 털어 수건으로 닦은 다음 건조합니다.

넓적한 빗은 빗 안쪽 바닥을 반복해서 오므렸다 폈다 하면서 구멍 안으로 들어간 물을 완전히 뺍니다. 그 다음 물기를 닦고 건조합니다.

매트리스 속 먼지와 세균, 베이킹소다로 잡는다!

1 매트리스 커버를 벗겨서 깨끗이 세탁한 다음, 해가 잘 들 때 널어 바짝 말립니다.

집안 여기저기를 매일 쓸고 닦으면서 정작 매일 잠들고 눈뜨는 침대 매트리스 청소는 소홀히 하고 계시지 않나요?

매트리스에는 집먼지진드기의 배설물과 사체, 우리 몸에서 떨어져 나온 각질들이 쌓여 있습니다. 그리고 집을 떠도는 먼지 또한 무시할 수 없이 쌓입니다.

매트리스를 탈탈 털어 햇빛에 말릴 수 있다면 더없이 좋겠지만, 무겁고 큰 매트리스를 운반할 힘이나 장소가 여의치 않은 게 우리 현실입니다.

매트리스를 산 지 오래되었거나 오염이 심하다 싶을 때는 침구 청소 전문 업체를 이용해 청소해주는 것이 좋습니다. 그렇게 청소를 했거나 산 지 얼마 안 된 매트리스는 베이킹소다를 이용하면 깨끗하게 관리할 수 있습니다.

2 커버를 벗긴 매트리스 위에 베이킹소다를 골고루 뿌립니다.

베이킹소다는 흡착력이 좋아 세균과 먼지를 빨아들이고, 제습 효과도 있습니다.

준비물

베이킹소다, 진공청소기

 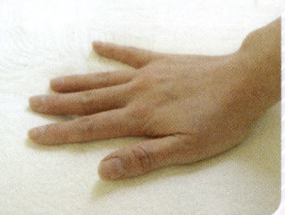 

3 매트리스 위에 골고루 뿌린 베이킹소다는 손으로 빈틈없이 펴줍니다. 베이킹소다가 골고루 펴졌으면 30분에서 2시간가량 그 상태로 둡니다.

4 30분에서 2시간 후 침구용 청소기로 침대에 뿌린 베이킹소다를 꼼꼼하게 흡입합니다.

침구용 청소기가 없다면 일반 청소기를 이용하되, 반드시 청소기 헤드를 세제로 깨끗하게 씻은 다음 사용합니다.

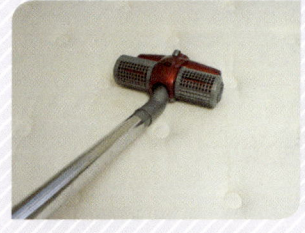 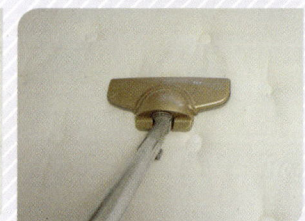

5 베이킹소다가 침대에 남지 않게 청소기를 여러 번 반복해서 돌립니다.

매트리스를 한 면만 오래 사용하면 스프링 등이 변형될 수 있으니 3개월 혹은 6개월에 한 번은 매트리스를 뒤집어 사용하세요.

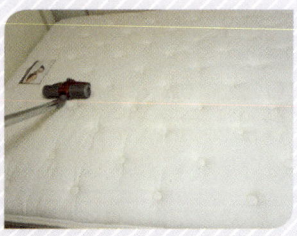 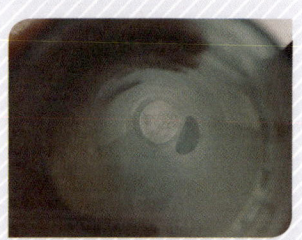

6 청소기 안으로 흡입된 베이킹소다는 바로 버리지 말고 화장실 청소 등에 재사용합니다.

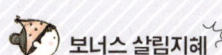 **보너스 살림지혜**

천일염으로 매트리스 청소하는 건 비추!

인터넷이나 TV 생활정보 프로를 보면 베이킹소다 대신 천일염을 사용해 매트리스를 청소하는 방법이 소개되곤 하는데요. 제가 해보니 소금 청소는 매트리스가 눅눅해지는 단점이 있습니다. 제가 사용한 소금에 물기가 완전히 빠지지 않아서일 수도 있는데요. 개인적으로 건조 상태 등을 세심하게 체크해야 하는 천일염은 매트리스 청소에 추천하지 않습니다. 천일염은 베이킹소다에 비해 매트리스에 고루 펴기도 힘듭니다.

우리 집 세균 반으로 줄이는 '안심 **천연 살균제**'

우리 눈에는 보이지 않지만 집안 이곳저곳에 세균이 득실거립니다. 사람이 사는 공간이니 멸균 상태를 기대하는 것은 어불성설이지만, 세균이 과다할 경우 가족들의 건강이 위험해집니다. TV에서 청결 정도가 일반적인 수준의 집을 세균 측정기로 측정했는데, 어림짐작하고 있던 것을 눈으로 확인하니 심각성이 피부로 느껴지더라고요.

집을 청결하게 유지하려면 청소를 깨끗이 하고 가족구성원들이 손을 잘 씻는 것은 물론이고, 정기적으로 소독해줄 필요가 있습니다. 그렇다고 화학제품을 사용해 소독하는 것은 불안합니다.

레몬에는 소독과 살균효과가 뛰어난 천연살균제 성분이 들어 있습니다. 레몬 살균제를 사용하면 집에 있는 만 여 마리 세균을 두 자리 수로 줄일 수 있습니다.

준비물
레몬, 소주, 베이킹소다(또는 소금), 밀폐 유리병, 분무기

1 레몬은 껍질에 베이킹소다나 소금을 뿌린 다음 문질러 깨끗하게 닦습니다.
레몬으로 청을 만들 때도 이 방법으로 세척해요.

2 깨끗하게 씻은 레몬은 얇게 자릅니다.

3 얇게 자른 레몬은 밀폐 유리병에 차곡차곡 담습니다.

4 밀폐 유리병에 소주를 가득 부은 다음 1~2주정도 냉장고에 넣어둡니다.
2주가 지나면 레몬 살균제가 레모네이드처럼 노란빛을 띠어요.

5 2주 후 완성된 레몬 살균제를 분무기에 담습니다.
레몬은 건져서 버리세요.

 보너스 살림지혜

레몬 살균제로 천연 주방세제 만들기

시중에 판매하는 주방세제는 아무리 깨끗하게 헹궈도 세제 잔여물이 남는다고 하지요. 레몬 살균제를 만들었으면 천연 주방세제도 만들어보세요. 레몬 살균제, 밀가루, 식초를 2 : 2 : 1 비율로 섞은 다음(EM액과 베이킹소다를 추가로 넣어도 좋아요) 펌핑 용기에 담아 설거지할 때 주방세제 대신 사용해보세요. 기름기 가득한 접시도 뽀독뽀독 깨끗하게 닦입니다.

 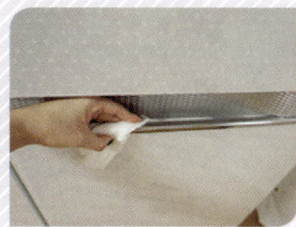 

6 전자레인지, 냉장고, 가스레인지 등에 레몬 살균제를 뿌린 다음 마른 천이나 티슈로 닦아내면 깨끗하게 살균됩니다.
집안 가득 퍼지는 향긋한 레몬 향은 덤입니다.

구연산과 베이킹소다로
가습기 안심 세척

가습기에서 나오는 습기는 호흡기로 그대로 흡입되기 때문에, 가습기 위생은 매우 중요합니다.

가습기를 사용할 때 매일매일 물을 갈아주는 건 기본입니다. 가습기 청소 역시 날마다 해야 하며 가습기를 청소하는 전용 솔과 수세미를 따로 구비해야 합니다. 또 일주일에 한 번씩 물통을 구연산 등으로 살균하면 좀 더 안전하게 가습기를 사용할 수 있습니다. 가습기에 들어가는 물은 팔팔 끓여 완벽하게 식힌 물을 사용하면 더 좋습니다.

가습기를 사용하지 않을 때는 내부에 있는 물기를 완전히 말려야 합니다. 그래야 세균 번식을 막고, 진동 단자 등의 부품이 부식하지 않습니다.

준비물

베이킹소다, 구연산, 칫솔

1 가습기의 전선은 묶어주거나 테이프를 이용해 본체에 붙여놓습니다.

2 본체와 물통, 부속품들을 분리합니다.

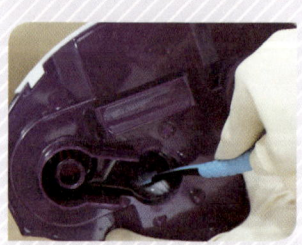

3 물통 외관은 솔로 문질러 닦습니다.

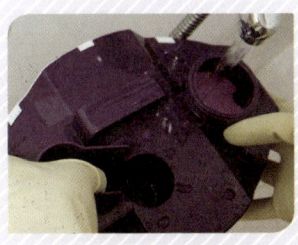

4 물통 안에 구연산을 반 스푼 정도 넣은 다음 30도 정도의 미온수를 받아 흔들어 구연산을 녹입니다. 이 상태로 5~10분 정도 뒀다가 물통을 깨끗하게 헹굽니다.

5 부속품들은 구연산을 반 스푼 정도 넣은 물에 10분 정도 담갔다가 깨끗하게 씻습니다.

구석진 곳은 칫솔이나 수세미를 이용해 꼼꼼히 세척합니다.

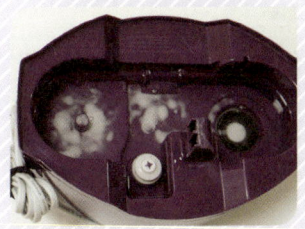

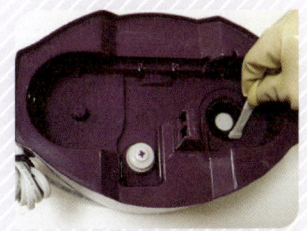

6 진동 단자가 있는 본체 홈에 30~40도의 온수를 넣고 베이킹소다와 구연산을 한 스푼씩 넣습니다.

7 그 상태로 10~30분 정도 둡니다.

8 가습기 청소용 솔을 이용해 구석구석 닦습니다.

가습기 청소용 솔이 없으면 칫솔을 이용하세요.

9 물을 비우고 깨끗한 물로 여러 번 헹굽니다.

진동자가 있는 홈을 제외한 부분에는 물이 닿지 않도록 주의하세요. 베이킹소다와 구연산 물은 바로 버리지 말고 세면대나 변기 청소에 사용하세요.

10 깨끗한 마른 수건으로 외관을 닦습니다.

11 가습기를 바로 사용하지 않을 경우 그늘지고 통풍이 잘되는 곳에서 물기를 완벽하게 말린 다음 보관합니다.

정수기 청소
생각만큼 어렵지 않아요

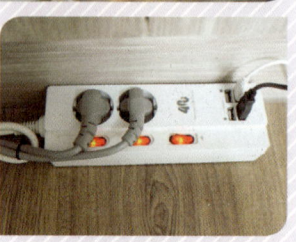

정수기 관리 실태를 고발하는 각종 TV프로그램을 보고 있자니 과연 우리 집 정수기의 위상 상태는 괜찮은지 걱정스럽습니다. 양심적으로 깨끗하게 청소와 관리를 해주는 업체도 많지만 그렇지 않은 경우도 많다고 하니, 정수기 관리 업체에서 청소할 때 좀 민망하더라도 반드시 옆에서 지켜보는 게 좋습니다.

정수기를 대여하지 않고 구매해서 따로 관리를 받지 않는다거나 관리를 받아도 영 믿음이 가지 않는다면 직접 청소를 해보는 것도 좋은 방법입니다. 정수기 안에 있던 물을 빼고 다시 채우는데 시간이 오래 걸리는 것만 빼면, 정수기 청소는 그렇게 어렵지 않습니다.

집에서 사용하고 있는 정수기가 오래된 제품이라면 지금 당장 뚜껑을 열어보세요.

1 정수기와 연결된 수도 밸브를 잠급니다. 정수기 내부에 남아 있는 물을 다 빼내고 전원 코드를 뽑습니다.

2 나사를 풀고 정수기 본체의 뚜껑을 엽니다.

준비물

삶은 행주(또는 키친타올), 구연산, 베이킹소다, 알코올

3 정수기 물통의 뚜껑을 엽니다.

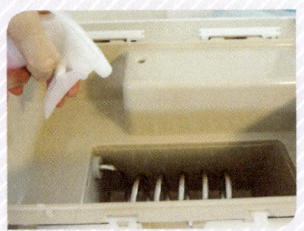

4 뚜껑 등 분리가 가능한 부속품은 주방세제나 베이킹소다를 이용해 물세척합니다. 물통 속은 구연산수(물 100 : 구연산 2 비율)를 뿌린 다음, 삶은 행주나 키친타올로 꼼꼼하게 닦습니다.

행주는 반드시 삶아서 살균한 다음 사용하세요.

5 물을 묻힌 깨끗한 행주로 구연산수가 남아있지 않도록 여러 번 닦습니다.

구연산은 당밀을 발효시켜 얻은 100% 천연 성분으로 먹어도 인체에 해가 없습니다.

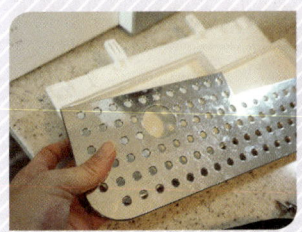
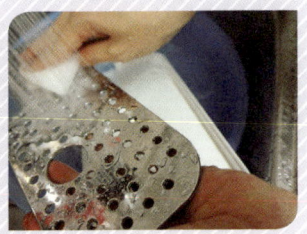

6 물받이 통은 분리해 베이킹소다를 뿌린 다음 물세척합니다.

7 물이 나오는 부분(코크)은 면봉에 알코올이나 구연산수를 묻혀 구석구석 닦습니다.

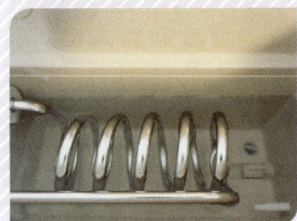

8 전원을 꽂고 수도 밸브를 엽니다. 정수기 물통에 물을 가득 채운 다음 물을 모두 뺍니다.

물을 받고 빼는 과정을 2~3번 정도 반복합니다.

9 모든 부속품을 제자리에 꽂고 마무리로 외관을 닦습니다.

비닐봉지로 **샤워기** 헤드에서 호스까지 한 방에 청소!

1 샤워 호스를 수도에서 분리합니다.

샤워기를 고정하는 나사가 손으로 돌아가지 않는다면 몽키스패너를 이용하세요. 샤워기를 분리할 수 없을 땐 11번 방법을 참고하세요.

조임쇠 간격을 조정해 다양한 크기의 볼트와 너트를 풀 수 있는 도구예요.

물이 잘 나오던 샤워기에서 어느 날부터 물이 잘 나오지 않는다면 샤워기 헤드에 물때가 끼어 물구멍을 막고 있을 확률이 높습니다. 따로 비용을 주고 뚫기 전에 먼저 샤워기 청소를 해보세요.

물이 닿는 부분은 물때와 곰팡이가 잘 생긴다는 걸 알면서도, 샤워기 청소에는 소홀합니다. 그러다 보니 샤워기의 줄과 헤드에는 자세히 살펴보기 전에는 잘 보이지 않는 물때들이 조금씩 조금씩 쌓이기 마련입니다. 평소 한 번도 샤워기를 청소하지 않았다면 샤워기 물때에 깜짝 놀랄 수도 있습니다. 그 샤워기로 온몸 구석구석 씻어왔다고 생각하면, 열일 제쳐놓고 당장 샤워기를 청소하고 싶어질 거예요.

〰〰〰〰〰〰〰〰〰〰〰

준비물

구연산, 치약, 수세미, 칫솔

2 샤워기 헤드를 호스에서 분리합니다.

샤워기마다 분리되는 부분이 다르므로, 각자 샤워기에 맞춰 분리할 수 있는 건 모두 분리하세요.

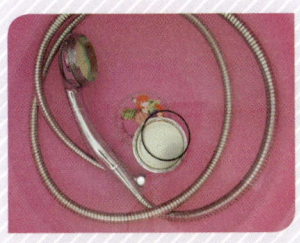

3 30도 정도의 미온수에 구연산 2스푼을 희석한 다음, 샤워기와 샤워기 헤드를 10분 이상 담가놓습니다.

샤워기와 샤워기 헤드를 담가놓을 때 샤워기 호스 안으로도 구연산 희석한 물을 넣습니다.

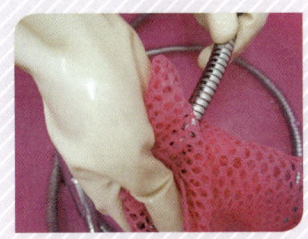

4 수세미를 이용해 샤워기를 전반적으로 씻습니다.

싱크대 수전도 같은 방법으로 청소할 수 있어요.

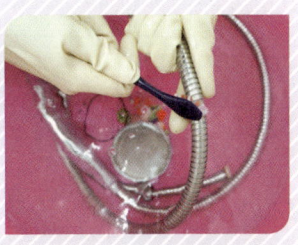

5 칫솔을 이용해 샤워기 헤드와 호스를 구석구석 문질러 물때를 제거합니다.

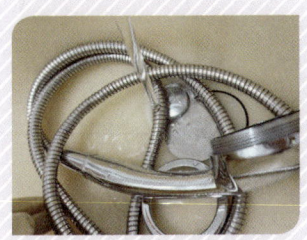

6 물로 깨끗하게 헹굽니다.

7 샤워기 호스와 수도가 연결되는 부분은 칫솔에 치약을 묻혀 문질러 물때를 제거하고 물로 헹굽니다.

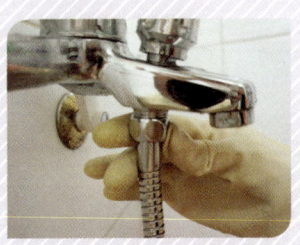

8 샤워기 호스에 나사를 조여 샤워기를 제자리에 연결합니다.

9 수세미에 치약을 묻혀 수전을 닦습니다.

구석진 부분은 칫솔을 이용하세요.

10 샤워기를 헹굽니다.

11 매번 샤워기 호스까지 분리해서 청소하기는 힘들 수 있습니다. 평소에 청소할 땐 샤워기 호스를 분리하지 말고 비닐에 구연산 희석한 물을 담아 샤워기가 다 들어가게 담갔다가 청소하면 편리합니다.

5장

진짜 기본 청소법

가구 틈새 청소를 위한
맞춤 청소 도구 만들기

깊은 곳
청소용

넓은 곳
청소용

1 세탁소 옷걸이를 아래로 쭉 당
겨 펼칩니다.

깊은 곳을 청소할 때는 긴 막대 모
양으로, 넓은 곳을 청소할 때는 마
름모 모양으로 만듭니다.

2 올 나간 스타킹을 세탁소 옷걸
이에 씌웁니다.

매일매일 쓸고 닦고 청소하는데도 어디서 그렇게 먼지
가 나오는지⋯⋯. 사람이 움직일 때마다 미세한 바람
이 일게 되고, 그 바람은 우리 눈에 잘 보이지 않는 구
석에 있는 먼지들을 옮겨놓습니다. 이 먼지들의 출처
는 청소할 때 손이 닿지 않아 지나쳤던 옷장, 침대, 냉
장고 등 큰 가구나 가전제품의 바닥, 벽 사이 '틈'입니
다. 켜켜이 쌓인 먼지는 집안을 오염시킬 뿐만 아니라
비염같은 알레르기 증상을 악화시키기도 합니다.
물걸레나 청소기로는 청소할 수 없는 가구와 가전제품
의 좁은 틈새는 '틈새 전용 청소 도구'가 필요합니다.
올 나간 스타킹과 세탁소 옷걸이만 있으면 순식간에
틈새 전용 청소기를 만들 수 있습니다.

3 스타킹 끝 부분을 묶습니다.

준비물
세탁소 옷걸이, 올 나간 스타킹, 못 신는 양말, 진공청소기

4 옷장, 화장대, 침대 등의 틈새를 세탁소 옷걸이로 훑습니다.

5 세탁소 옷걸이에 양말을 씌우고 스타킹을 씌운 다음 ㄱ 자 모양으로 휘어줍니다.

6 5에서 만든 옷걸이로 침대 옆 빈 공간이나 손이 잘 닿지 않는 문 윗부분을 훑으면 먼지가 쉽게 닦입니다.

7 가구 아래 귀걸이 등 작고 가벼운 물건이 들어갔을 때 진공청소기 흡입구에 스타킹을 씌운 다음 진공청소기를 작동하면 쉽게 꺼낼 수 있습니다.

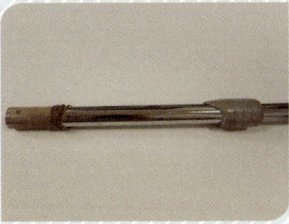 

선풍기 청소,
분해에서 조립까지
10분 만에 끝내기

선풍기를 사용하다 보면 사이사이 먼지가 아주 많이 달라붙습니다. 이 상태로 선풍기를 계속 사용한다면 먼지 바람을 쐬는 거나 마찬가지입니다.

선풍기 커버에 신문지를 붙이고 분무기로 물을 뿌린 다음 젖은 신문지로 커버를 문지르면 커버 사이사이에 붙은 먼지를 깨끗이 닦을 수 있습니다. 하지만 선풍기 날개에 낀 먼지까지 제거할 수는 없지요.

선풍기는 구조가 단순해서 누구나 쉽게 분해하고 다시 조립할 수 있습니다. 선풍기를 분해하기만 하면 청소는 아주 쉽습니다.

여름 동안 잘 사용한 선풍기는 보관하기 전 다시 한 번 씻어주고, 선풍기 덮개나 비닐을 씌워 보관하면 내년에 다시 사용할 때 먼지 가득한 선풍기를 만날 일은 없겠지요.

준비물

드라이버, 물티슈(또는 물걸레), 면봉, 마른 걸레, 베이킹 소다, 수세미

선풍기 청소하기

1 드라이버를 이용해 선풍기 하단에 선풍기 커버를 고정하고 있는 나사를 풀어줍니다.

2 선풍기 커버 고정 버튼을 연 다음, 선풍기 앞쪽 커버를 앞으로 당겨 분리합니다.

3 날개 앞을 고정하고 있는 원형 플라스틱을 화살표 방향(시계방향)으로 돌립니다.

4 날개를 앞으로 당겨 분리합니다.

5 선풍기 뒤쪽 커버를 고정하고 있는 플라스틱을 화살표 방향(반시계방향)으로 돌립니다.

6 선풍기 뒤쪽 커버를 당겨 분리합니다.

7 면봉을 이용해 회전축에 쌓인 먼지를 닦습니다.

선풍기가 돌아갈 때 소음이 나거나 선풍기 날개가 회전할 때 뻑뻑하게 느껴진다면 회전축에 쌓인 먼지를 닦아주세요.

8 물걸레나 물티슈를 이용해 선풍기 본체와 전선을 깨끗하게 닦습니다.

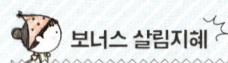
선풍기 안전망 고르는 요령

어린아이가 있는 집에서는 안전을 위해 선풍기에 안전망을 씌워 사용합니다. 아이가 작동 중인 선풍기에 손가락을 넣는 아찔한 사고를 방지하기 위해서지요. 선풍기 안전망은 다음의 세 가지 기준으로 선택합니다.

1 안전망의 탄력이 거의 없는 제품을 고른다.
탄력이 커서 잘 늘어나는 제품은 손가락을 밀어 넣으면 쑥하고 들어갑니다.

2 화려한 그림이 없는 제품을 고른다.
화려한 그림이 프린트된 제품은 아이의 시선을 끌어 오히려 선풍기를 더 만지고 싶게 만듭니다.

3 선풍기 후면을 완전히 감싸는 제품을 고른다.
아이가 선풍기 후면으로 손가락을 집어넣을 수도 있습니다.

 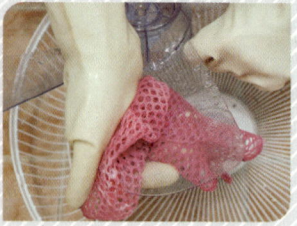 

9 분리한 선풍기 커버와 날개는 물로 먼지를 씻어낸 다음, 베이킹소다를 뿌리고 수세미로 구석구석 닦습니다.

10 깨끗하게 씻은 선풍기 커버와 날개는 마른 걸레로 닦아 물기를 완벽하게 제거한 후, 조립합니다.

선풍기 조립 시 주의할 점

  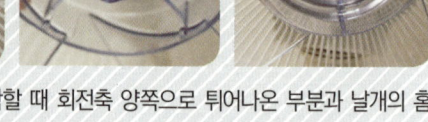

1 선풍기 뒤쪽 커버를 장착할 때 구멍을 잘 맞춥니다.

2 선풍기 날개를 장착할 때 회전축 양쪽으로 튀어나온 부분과 날개의 홈을 잘 맞춰서 꽂습니다.

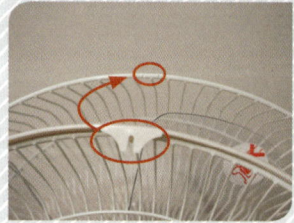  

3 선풍기 앞쪽 커버를 장착할 때 선풍기 뒤쪽 커버에 표시된 부분과 정확하게 맞물리도록 제자리에 꽂아주고, 좌측 우측에 여러 개 있는 홈 역시 뒤쪽 커버에 완벽하게 맞물리도록 장착합니다.

목장갑으로 **블라인드** 청소 쉽고 빠르게 끝내기

집안에 들어오는 빛을 자유롭게 조절해 실내를 아늑한 분위기로 연출해 주는 블라인드는 벌어진 틈 사이로 먼지가 쌓이기 쉽습니다.

블라인드 종류가 다양하다보니 청소할 때 주의해야 합니다. 나무로 소재의 우드 블라인드는 수분에 약하기 때문에 물청소는 가능한 피하는 게 좋습니다. 물을 사용할 경우 빠른 시간 안에 마른 걸레로 물기를 완벽하게 닦아주도록 합니다. 알루미늄 소재의 블라인드 역시 물청소를 하면 얼룩이 남아 더 지저분해 보일 수 있으므로 우드블라인드와 같은 방법으로 청소합니다.

어떤 종류의 블라인드라도 수시로 먼지를 잘 닦아주면 찌든 때가 생길일이 없으니, 틈틈이 청소해 주세요.

준비물
고무장갑, 목장갑, 대야, 빨래비누

How To

블라인드 오염이 심하지 않을 때

1 블라인드를 펼칩니다.

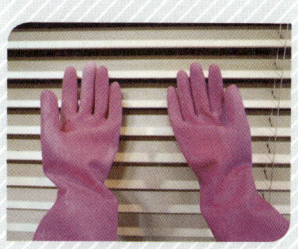

2 고무장갑을 손에 낍니다.

3 고무장갑을 낀 손 위에 목장갑을 낍니다.

고무장갑은 손을 보호하고 목장갑은 걸레 역할을 합니다.

4 장갑을 낀 손으로 블라인드를 윗면, 아랫면 한 칸 한 칸 닦습니다.

5 블라인드 조절 끈, 손잡이, 연결 끈 등도 장갑 낀 손으로 쓱쓱 닦습니다.

블라인드에 찌든 먼지가 많을 경우

1 장갑 낀 손으로 블라인드를 한 칸 씩 훑어 1차로 먼지를 닦습니다.

2 장갑이 더러워지면 왼쪽과 오른쪽 장값을 바꿔 끼고 닦으세요.

3 물을 담은 대야에 손을 그대로 담가 목장갑을 적십니다.

4 두 손으로 비누거품을 살짝 낸 다음, 두 손을 마주잡고 물기를 꽉 짭니다.

5 장갑 낀 손으로 블라인드의 묶은 먼지를 제거합니다.

6 장갑 낀 손을 깨끗한 물에 씻어 비누기를 제거한 다음, 다시 블라인드를 닦습니다.

7 마른 걸레를 이용해 블라인드에 남아있는 물기를 완벽하게 제거합니다.

8 더러워진 장갑은 손을 씻는 것처럼 씻어주면 따로 세탁할 필요가 없습니다.

보너스 살림지혜

창문 얼룩 없이 닦기

창문은 먼지가 잘 붙어서 닦고 돌아서면 다시 먼지가 붙고 얼룩이 생깁니다. 창문은 걸레보다는 신문지로 닦는 게 효과적입니다. 신문지에 묻어 있는 잉크가 기름때를 깨끗하게 닦아주기 때문입니다. 창문을 닦을 때 쌀뜨물과 식초를 8 대 2의 비율로 섞어 신문지에 묻혀 닦으면 얼룩 없이 깨끗해집니다. 쌀뜨물 입자가 먼지를 흡착하고, 식초의 산성성분이 유해물질을 제거합니다.

창문 청소는 언제 하면 좋을까요? 비가 온 다음 날, 그리고 흐린 날에 하는 것이 좋습니다. 비가 온 다음 날에는 먼지들이 씻겨 나간 뒤라 이때 창문 청소를 하면 먼지를 쉽게 제거할 수 있습니다. 그리고 맑은 날에는 햇빛으로 유리창 얼룩이 반사되어 잘 보이지 않기 때문에 흐린 날 오염을 확인하며 청소하는 게 좋습니다.

미세먼지 걱정으로 불안한 당신, **창틀**은 언제 청소하셨나요?

창문을 통해 외부에서 들어오는 먼지와 집안 먼지가 쌓여서 까맣게 변해버린 창틀. 이렇게 쌓인 먼지 속에는 미세먼지나 중금속 등 우리 몸에 해로운 물질이 들어 있기 때문에 수시로 닦아주는 게 좋습니다.

걸레를 꾹꾹 밀어 넣거나 손가락에 걸레를 씌워 좁고 깊은 창틀을 닦느라 진이 빠진 경험 있으시지요? 하지만 도구 하나만 잘 선택하면 큰 힘 들이지 않고 짧은 시간에 창틀을 깨끗하게 슥삭슥삭 닦을 수 있습니다.

방충망이나 창문 청소를 하면 창틀로 먼지나 땟물이 흘러 내려 다시 더러워질 수 있기 때문에 창틀 청소는 제일 마지막에 하는 게 좋습니다.

창문 청소 순서 : 방충망 → 유리창 → 창틀

준비물

먼지가 적을 때 : 나무젓가락, 물티슈
먼지가 많을 때 : 드라이버(또는 나무젓가락), 뜨거운 물,
　　　　　　　　헤진 양말(또는 걸레, 키친타올)

먼지가 적을 경우

1 물티슈를 이용해 손이 들어가는 부분을 닦습니다.

2 손이 들어가지 않는 부분은 나무젓가락으로 물티슈를 밀어가며 닦습니다.

3 창틀 옆 부분도 닦아주세요.

먼지가 많을 경우

1 창틀에 뜨거운 물을 넘치지 않게 부은 다음 1분 정도 둡니다.

2 키친타올로 물에 불은 먼지를 닦아냅니다.

3 손이 들어가지 않는 좁은 창틀은 나무젓가락을 이용해 닦아주되, 힘이 많이 들어가면 나무젓가락이 부러지기도 하니 나무젓가락 대신 드라이버를 이용해보세요.

4 키친타올 대신 구멍이 났거나 헤져서 버려야 할 양말을 이용해 닦아도 좋습니다.

못 신는 양말은 청소할 때 걸레 대신 먼지나 찌든 때를 닦고 바로 버리면 편리하니 모아 두세요.

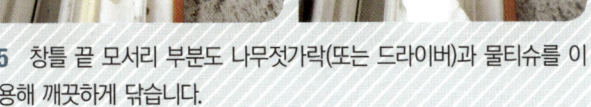

5 창틀 끝 모서리 부분도 나무젓가락(또는 드라이버)과 물티슈를 이용해 깨끗하게 닦습니다.

6 창틀 옆 부분도 닦아주세요.

양념통에서 찾은
세면대 물때 킬러

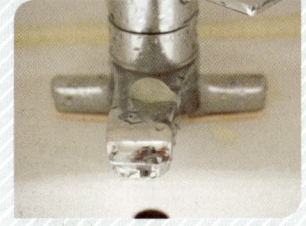

1 세면대의 수전 위에 치약을 짭니다.

2 칫솔로 치약을 펴 바르며 수전을 구석구석 문지릅니다.

세면대는 2~3일에 한 번 머리를 감을 때나 샤워할 때 생기는 거품을 이용해 수세미로 쓱 문질러 줘도 늘 깨끗한 상태를 유지할 수 있습니다. 수전 역시 양치질 후 치약 거품으로 닦으면 반짝반짝 빛나지요. 하지만 바쁜 아침 시간에 세면대 청소까지 할 여유가 없어 늘 날 잡아 청소하게 됩니다.

세면대에 물때가 많이 끼어 있지 않다면 샴푸나 치약, 베이킹소다 등으로 닦으면 됩니다.

물때가 심하게 꼈을 때는 독한 세제 대신 설탕을 이용해보세요. 설탕으로 문지르면 큰 힘 들이지 않아도 물때가 쉽게 제거되고, 세제 잔여물 걱정에 여러 번 헹굴 필요가 없습니다. 물때가 잘 끼는 대야나 아기 욕조 청소도 설탕만 있으면 금세 끝낼 수 있습니다.

3 청소용 수세미로 수전을 전체적으로 닦습니다.

준비물
설탕, 치약, 칫솔

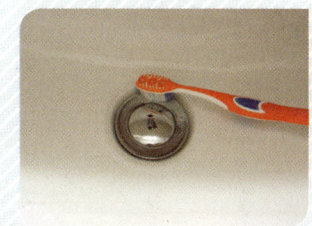

4 물이 빠지는 개수구와 개수구 틈새도 치약으로 닦습니다.

5 개수구 틈새에 낀 물때는 칫솔이나 화장지 심지를 이용해 제거합니다.

6 설탕을 세면대에 골고루 뿌립니다.

7 고무장갑을 낀 손으로 세면대를 충분히 문지릅니다.

설탕을 문지를 때 때수건을 이용해도 좋습니다. 물때가 다 제거되기 전에 설탕이 녹으면 설탕을 다시 뿌리고 문지르세요.

8 세면대를 물로 깨끗하게 헹굽니다.

9 세면대와 수전이 반짝반짝해졌습니다!

설탕과 물이 만나면 점성이 생기는데, 이 점성이 물때를 제거합니다.

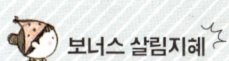
보너스 살림지혜

기름 묻은 손은 설탕으로 닦자!

기름 묻은 프라이팬이나 그릇을 맨손으로 닦으면 손도 미끌미끌 거립니다. 이때 설탕을 1티스푼 정도 손바닥에 덜어 양손으로 비비고 헹구면 기름기가 거짓말처럼 사라집니다. 설탕은 기름을 흡착하는 성질이 있습니다.

화재와 누전 사고의 원인,
콘센트 먼지 제거하기

멀티탭 청소

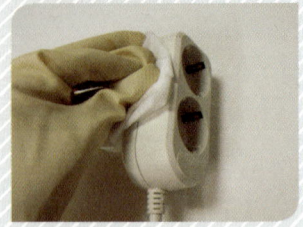

1 멀티탭을 콘센트에서 분리하고 진공청소기로 멀티탭 안에 먼지를 빨아들입니다. 물티슈나 젖은 헝겊에 알코올을 적셔 외부를 닦습니다.

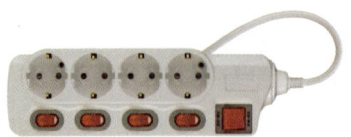

늘 밖으로 노출된 전기 콘센트에는 눈 깜짝할 새 많은 먼지가 쌓입니다. 콘센트에 쌓인 먼지는 화재나 누전 등의 원인이 되기 때문에 수시로 확인하고 없애줘야 합니다. 평소 불을 끄고 켜느라 빈번하게 손이 닿아 손때 묻은 스위치 역시 수시로 닦아주고, 가끔씩 불을 켰을 때 보이지 않는 부분까지 꼼꼼하게 청소해야 합니다.

콘센트나 스위치 청소는 감전 위험이 있으니 반드시 차단기(두꺼비집)를 내리고 청소합니다. 청소가 끝난 후에도 차단기를 바로 올리지 말고, 혹시 남아있을지 모르는 물기를 완벽히 말린 다음 차단기를 올리도록 합니다.

색깔이 누렇게 변했거나 너무 더러워 때가 잘 지워지지 않는 콘센트나 스위치는 교체해주는 게 좋습니다 (164쪽 '낡은 콘센트 교체하기' 참조).

2 멀티탭 안은 먼저 알코올을 적신 물티슈로 닦고, 2차로 면봉에 알코올을 묻혀 구석구석 닦습니다.

준비물

알코올, 물티슈, 면봉, 마른 헝겊, 진공청소기, 이쑤시개, 키친타올

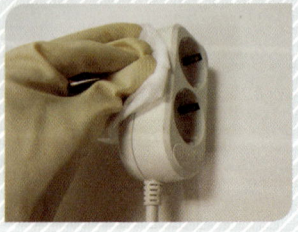

3 키친타올이나 마른 헝겊을 이용해 물기를 닦아내고, 물기가 완전히 마른 다음 콘센트에 장착합니다.

콘센트 청소

1 차단기를 내립니다.

 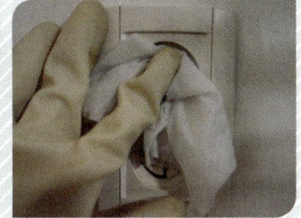

2 물티슈(또는 젖은 헝겊)에 알코올을 적셔 외부와 내부를 닦습니다.

3 면봉에 알코올을 묻혀 콘센트 내부를 구석구석 닦은 다음 마른 헝겊으로 닦아 물기를 완벽히 제거합니다.

면봉으로 닦이지 않는 틈새는 이쑤시개를 이용해 닦습니다.

4 콘센트에 먼지가 많이 끼어 있다면 마른 칫솔로 먼지를 긁어낸 다음 청소기로 먼지를 빨아들이세요.

스위치 청소

1 물티슈(또는 젖은 헝겊)에 알코올을 적셔 외부를 닦습니다.

2 불을 끌 때와 켰을 때 가려져 보이지 않는 사각지대는 이쑤시개에 물티슈를 감은, 다음 불을 껐다 켰다 하면서 닦습니다.

3 틈새에 낀 먼지는 이쑤시개로 긁어내고, 키친타올이나 마른 헝겊으로 스위치를 닦아 물기를 제거합니다.

필터 청소에서 관리까지, **에어컨** 청소 ABC

1 에어컨 전원을 꺼주세요.

2 에어컨 커버는 벗겨서 세탁 후 따로 보관해 둡니다.

에어컨은 집안 공기를 빨아들여 그 공기를 차갑게 식혀 다시 배출합니다. 그래서 에어컨 내부에는 집 안에 있던 먼지가 고스란히 쌓이게 됩니다. 건강하게 에어컨을 사용하려면 필터 관리가 관건이지요. 에어컨 필터에 먼지가 껴 있으면 공기구멍이 막혀 전력 소모도 커지고, 찬 공기와 함께 오염된 공기가 배출돼 호흡기에 문제를 일으킬 수 있습니다.

에어컨 필터는 2주일에 한 번씩은 먼지를 털어주고 중성세제를 이용해 깨끗하게 청소해야 합니다. 에어컨을 사용하지 않는 계절에는 커버로 덮어두는 것이 좋습니다. 에어컨 실외기에도 먼지가 쌓이면 성능이 떨어집니다. 빗자루로 먼지를 쓸어준 다음, 위쪽 냉각팬에 물을 뿌려 먼지를 씻습니다(공동 주택은 아랫집에 피해를 줄 수 있으니 비 오는 날 청소하세요). 에어컨 내부 오염이 심하다면 에어컨 청소 전문 업체에 맡기는 것이 좋습니다.

3 부드러운 천(또는 물티슈)에 물을 묻혀 에어컨 외부를 닦습니다.

에어컨이 긁히는 걸 방지하기 위해 부드러운 천으로 닦아요.

준비물

부드러운 천(또는 물티슈), 중성세제(주방세제)

4 에어컨 필터를 에어컨에서 분리합니다.

에어컨은 빨아들인 집안 공기를 냉각시켜 배출하기 때문에, 에어컨 앞에서 담배를 피우면 담배 연기를 에어컨이 빨아들여 필터와 냉각핀에 니코틴과 타르 등 유해 물질이 덕지덕지 붙게 됩니다.

5 물티슈를 이용해 송풍구 주변을 닦아주세요.

6 진공청소기로 에어컨 필터의 먼지를 빨아들입니다.

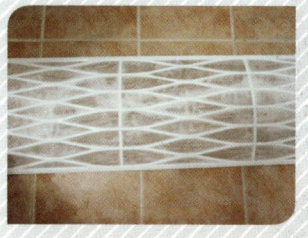

7 중성세제로 필터를 깨끗하게 씻은 다음 헹굽니다.

필터가 아주 더럽다면 미지근한 물에 중성세제를 풀어 10분 정도 담가 둔 다음 씻어주세요.

8 필터는 통풍이 잘되는 그늘에서 완전히 말려주세요.

습한 곳에서 건조할 경우 냄새가 날 수 있어요.

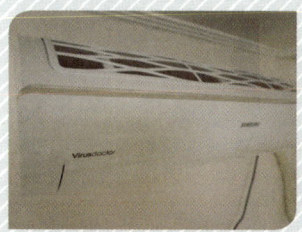

9 필터를 에어컨에 장착한 다음, 에어컨을 송풍 기능으로 10~30분가량 돌립니다.

에어컨에 청소 기능이 있다면 청소 기능으로 작동해 주세요.

 보너스 살림지혜

필터를 깨끗하게 청소했는데도 에어컨을 작동할 때마다 곰팡내가 난다고 토로하시는 분들이 계십니다. 냉방 기능을 사용하다가 갑자기 에어컨을 끄면 찬 공기가 식지 않은 채 날개 뚜껑이 닫히게 되고, 내부에 결로가 생깁니다. 습기가 완전히 제거되지 않으면 내부에서 곰팡이가 번식해 퀴퀴한 냄새가 나는 것이지요. 에어컨을 사용한 경우 끄기 전에 5~10분 정도 송풍 기능으로 돌립니다. 그러면 냉각핀의 물기가 바짝 말라 곰팡이나 오염물질의 서식을 차단할 수 있습니다.

필터에서 롤러 브러시까지,
침구청소기 꼼꼼 청소법

침대 매트리스에는 먼지, 머리카락, 몸에서 떨어져나온 각질 등이 쌓이기 쉽습니다. 특히 각질과 때를 먹이로 삼는 진드기가 서식하기 좋은 곳 매트리스입니다. 매트리스 청소에 대한 관심이 높아지면서 침구청소기를 사용하는 가정이 많아졌습니다.

걸레, 빗자루, 수세미와 같은 청소 도구가 더러우면 아무리 열심히 청소해봐야 소용 없습니다. 특히 매트리스와 이불, 베개 등 침구 속 보이지 않는 위생까지 책임지는 침구청소기를 깨끗하게 관리하는 일은 두말할 필요 없이 중요합니다.

매트리스는 주기적으로 베이킹소다를 뿌리고 한 시간 정도 두었다가 청소기로 빨아들이면 더 청결하게 관리할 수 있습니다(침구청소기가 없을 경우 262쪽 '매트리스 청소법'을 참고하세요).

준비물

마른 헝겊, 베이킹소다, 진공청소기

먼지필터

1 청소기에서 먼지통을 분리한 다음, 먼지통을 열어 먼지필터를 꺼내고 통 안에 든 먼지를 버립니다.
먼지통을 열 때 먼지가 날릴 수 있으니, 먼지통을 열기 전에 바닥에 신문지나 비닐봉지를 까세요.

2 필터에 붙어 있는 먼지는 털어내거나 진공청소기로 빨아들입니다.

3 물에 베이킹소다를 녹인 다음, 베이킹소다수로 먼지통과 파란색 필터를 깨끗하게 닦습니다.

세척한 먼지통과 파란색 필터는 그늘에서 완벽하게 말린 다음 본체에 부착하세요.

4 하얀색 필터는 물세척이 불가능하므로 진공청소기로 먼지를 제거합니다.

흡입구

1 청소기를 뒤집어 바닥판을 본체와 분리합니다.

2 롤러 브러시를 잡고 위로 잡아당겨 분리합니다.

3 헝겊에 물을 묻혀 침구청소기 바닥을 구석구석 닦습니다.

4 롤러 브러시는 진공청소기를 이용해 먼지를 흡입합니다.

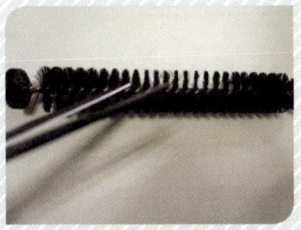

5 머리카락이 많이 끼어 빠지지 않을 때는 가위로 머리카락을 자른 다음 진공청소기로 흡입합니다.

6 분리한 바닥판은 베이킹소다를 푼 물로 깨끗이 씻은 다음 그늘에서 말립니다.

본체

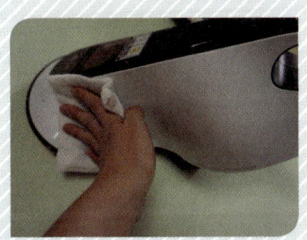

헝겊에 물을 묻혀 본체를 깨끗이 닦습니다.

헝겊에 소주나 알코올을 묻혀 닦으면 오염을 없앨 뿐만 아니라 살균 효과도 볼 수 있습니다.

물을 쓰는
스팀청소기 청소에는
구연산이 딱!

1 물통을 본체에서 분리한 다음, 베이킹소다와 물을 이용해 깨끗하게 닦습니다.

언제부터인가 부쩍 늘어난 미세먼지와 황사 때문에 집 안 청소를 아무리 열심히 해도 개운한 맛이 들지 않습니다. 스팀청소기로 청소한 바닥의 뽀드득거리는 느낌에 한 번 빠지면, 힘들어도 스팀청소기를 돌리게 되는데요. 스팀청소기로 청소하면 찌든 때도 잘 닦이지만 살균 효과까지 볼 수 있어서, 특히 아이가 있는 집에서 스팀청소기를 많이 사용합니다.

뜨거운 수증기를 팍팍 내뿜어 살균과 소독을 해주니 청소기는 따로 청소하지 않아도 될 것 같지만, 물을 사용하는 기계이다 보니 자주 청소하지 않으면 물때와 곰팡이가 생기고 악취가 납니다. 스팀청소기를 사용하지 않을 때는 반드시 청소기 내부에 있는 물을 다 버리고 말려줘야 합니다.

2 물통에 물을 넣고 구연산을 1티스푼 넣어 녹입니다.

3 물통이 분리되지 않는 모델이라면 물에 구연산을 1티스푼 넣어 잘 녹인 다음 물통에 넣어주세요.

준비물

구연산, 베이킹소다, 마른 헝겊

4 전원을 켜고 청소기가 스팀을 뿜기 시작하면 그 상태로 1분 이상 스팀을 뿜어 청소기 내부와 스팀 구멍을 청소 및 살균합니다.

5 전원을 끈 다음 물통을 비우고, 물통에 깨끗한 물을 담가 헹굽니다.

물통에 깨끗한 물을 넣고 비우는 헹굼 과정을 2~3번 정도 반복합니다.

6 물통에 깨끗한 물을 채운 다음 걸레를 부착합니다. 스팀청소기를 작동시켜 스팀 구멍을 헹구고, 남아 있는 물을 버려 물통을 비웁니다.

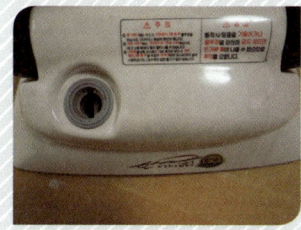

7 물통이 분리되지 않는 모델인 경우, 스팀청소기를 식히고 나서 마지막으로 뜨거운 물로 물통을 헹굽니다. 물통에 남은 물을 다 버린 다음 뚜껑을 열어 내부를 말립니다.

마지막 헹굼을 뜨거운 물로 하면 열기가 증발하면서 청소기 내부가 잘 말라요.

8 마른 헝겊에 물을 묻혀 본체를 깨끗하게 닦습니다.

마른 헝겊에 소주나 알코올을 조금 묻혀 닦으면 살균 효과도 볼 수 있어요.

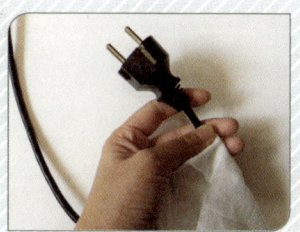

9 전선은 젖은 헝겊으로 닦고, 마른 헝겊으로 다시 한 번 닦아 물기를 제거합니다.

10 스팀청소기 걸레는 베이킹소다를 푼 물에 깨끗하게 빨아 건조합니다.

같은 **필터**라고
다 물청소할 수 있는 건
아니다!

1 로봇청소기의 뚜껑을 열어 먼지통을 비웁니다.

직장 일로 정신없이 바쁠 때 우렁각시 타령을 했던 적이 있어요. 물론 우렁각시가 나타나 몰래 제 일을 다 해놓고 절 놀라게 하는 일 같은 건 일어나지 않았지요. 날마다 반복되는 집안일을 하다 보니 다시 우렁각시 생각이 납니다. 요리, 청소, 빨래 중 한 가지 일이라도 대신해주는 존재가 있다면 얼마나 좋을까요.

버튼만 누르면 알아서 청소해주는 로봇청소기는 '21세기 우렁각시' 같은 존재입니다. 구석구석 손이 닿지 않는 부분도 알아서 청소해주고, 선이 없어 번잡하지 않고, 크기가 작아 보관 공간도 많이 차지하지 않습니다. 하지만 알아서 청소하는 로봇청소기라도 자신까지 스스로 청소하지는 못하니, 청소기 청소만큼은 우리가 도와주자고요.

스펀지 필터 (물세척 ○) 헤파 필터 (물세척 ×)

2 먼지통을 열면 종이로 된 필터와 스펀지로 된 필터가 나옵니다.

3 종이로 된 필터(헤파 필터)는 물세척할 수 없으니 탈탈 털어주거나 진공청소기로 먼지를 빨아들입니다.

헤파 필터는 1년 주기로 교체해주세요.

준비물

베이킹소다, 물티슈, 진공청소기

4 스펀지로 된 필터는 탈탈 털어
주거나 물세척 해주세요.

5 먼지통 역시 베이킹소다를 뿌린 다음 물세척합니다.

6 로봇청소기 바닥에서 먼지솔을 꺼내 머리카락을 제거합니다.

7 머리카락을 제거한 먼지솔은 베
이킹소다를 이용해 물세척합니다.

물세척한 부품들은 탈탈 털어 물기
를 제거한 다음 건조합니다.

 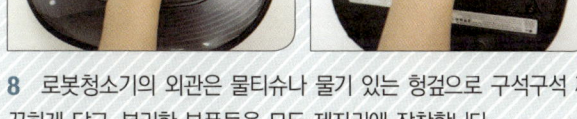

8 로봇청소기의 외관은 물티슈나 물기 있는 헝겊으로 구석구석 깨
끗하게 닦고, 분리한 부품들을 모두 제자리에 장착합니다.

 보너스 살림지혜

가전제품 사용설명서 보관 파일 만들기

가전제품 사면 딸려오는 사용설명서를 꼼꼼히 읽는 사람은 드뭅니다.
하지만 가전제품에 문제가 생기면 사용설명서에 나와 있는 안내를 따
르면 해결되는 경우가 많습니다. 사용설명서와 제품보증서는 A4 사이
즈의 클리어파일을 준비한 다음, 제품별로 비닐에 넣어 보관합니다.

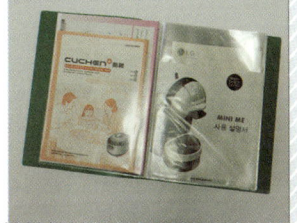

헤드에서 호스 속까지,
진공청소기 꼼꼼 청소법

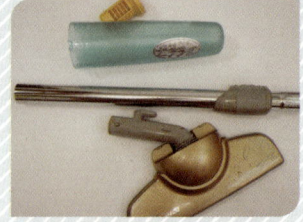

1 청소기 먼지통을 비우고, 청소기에서 분리가 가능한 부속품은 모두 분리합니다.

가정에서 일반적으로 많이 사용하는 진공청소기는 공기와 함께 먼지를 빨아들입니다. 흡입한 먼지는 필터를 거쳐 먼지봉투(또는 먼지통) 안에 모이고, 공기는 공기배출구를 통해 청소기 밖으로 나옵니다. 그래서 필터와 먼지봉투를 잘 청소하지 않으면, 오히려 청소가 미세먼지를 흩뿌리고 다니는 일이 될 수 있습니다. 먼지통이 있는 청소기는 청소 직후 바로 비우고, 먼지봉투가 있는 청소기는 먼지봉투가 70~80% 정도 차면 교체하도록 합니다. 필터도 주기적으로 씻어줘야 공기배출구로 먼지가 다시 나오는 것을 방지할 수 있습니다. 먼지를 빨아들이는 흡입관과 호스 등도 주기적으로 물로 씻어줘야 합니다.

2 청소기 헤드는 바닥에 있는 나사를 풀어 분해합니다.

준비물

베이킹소다, 굵은 소금, 세탁소 옷걸이, 버리는 양말, 올 나간 스타킹, 드라이버

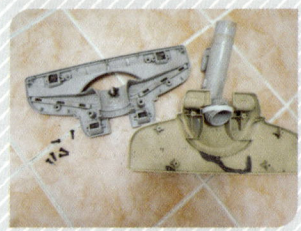

3 분리한 청소기 부속품은 베이킹소다를 뿌려 구석구석 닦습니다.

4 부속품을 깨끗이 헹군 다음 물기를 빼고 건조합니다.

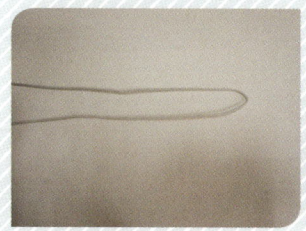

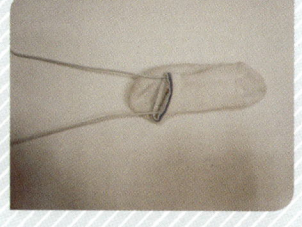

5 세탁소 옷걸이를 길게 펼쳐 반으로 접습니다. 세탁소 옷걸이에 버리는 양말을 씌웁니다.

6 세탁소 옷걸이에 올 나간 스타킹을 덧씌운 다음, 고무줄로 고정해 흡입관 청소용 막대를 만듭니다.

7 6에서 만든 청소용 막대에 베이킹소다수를 잔뜩 적신 다음 흡입관 안으로 밀어 넣어 청소합니다.

8 호스를 청소기에서 분리합니다.

새하얀 소금이 까매졌어요!

9 굵은 소금을 소주잔으로 한 잔만큼 덜어 호스 안에 붓고, 양손으로 호스를 잡고 여러 번 좌우로 흔듭니다. 호스 안에 있던 소금은 버립니다.

10 청소기 본체를 열어 필터를 꺼내 먼지를 털고 물로 깨끗이 씻은 다음 말립니다.

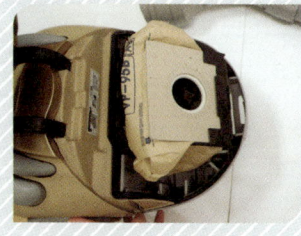

11 먼지봉투가 가득 찼다면 새 먼지봉투로 교체합니다.

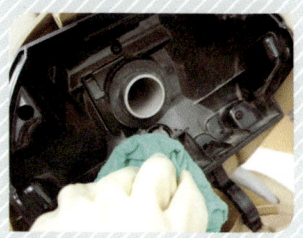

12 물티슈나 헝겊으로 청소기 본체를 구석구석 닦은 다음, 씻어 말린 부속품들을 제자리에 장착합니다.

현관 청소,
신문지 한 장으로 끝내기

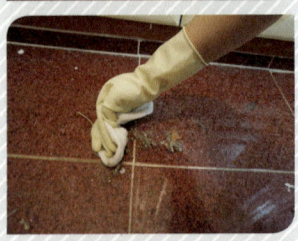

1 빗자루로 현관의 먼지를 쓸어 담습니다.

빗자루가 없을 경우 마른 걸레나 버리는 옷가지 등으로 먼지를 쓸어 담습니다.

현관은 신발에 묻어 있던 흙먼지나 이물질이 쌓이기 쉬운 장소라 자주 청소하지 않으면 실내까지 오염시킵니다. 모래나 작은 돌 등의 이물질을 내버려두면 타일에 흠집이 생길 수도 있습니다. 현관만 주기적으로 청소해도 집 안의 먼지가 급격히 줄어든다고 하니, 공기청정기를 놓기 전에 현관 청결에 신경을 써야 하겠습니다.

하지만 현관은 물청소가 어려운 곳이다 보니 대충 청소하고 넘어가게 됩니다. 걸레로 힘껏 닦아도 여간해서는 지워지지 않는 찌든 때와 청소할 때마다 풀풀 날리는 먼지 등 현관 청소의 난관들은 신문지만 있으면 가뿐히 뛰어넘을 수 있습니다.

2 분무기로 물을 분사해 현관 바닥을 충분히 적십니다.

바닥이 아주 더럽다면 분무기 물에 베이킹소다를 소량 섞습니다.

준비물
신문지, 베이킹소다, 분무기, 낡은 걸레,
현관 청소용 빗자루

3 신문지를 펼쳐 현관 바닥에 빈틈없이 깝니다.

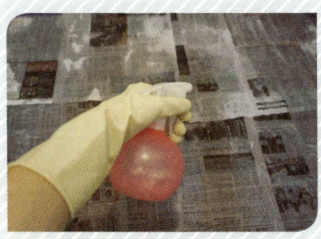
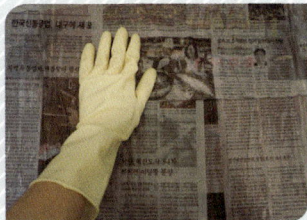

4 신문지가 충분히 젖도록 분무기로 물을 한 번 더 분사한 다음, 신문지가 바닥과 밀착되도록 손으로 꾹꾹 누릅니다.

5 이 상태로 20분가량 둬 현관 바닥의 때를 불립니다.

6 바닥에 붙어있는 신문지로 현관 바닥을 닦아가며 신문지를 뭉칩니다.

 보너스 살림지혜

현관은 집에 대한 첫인상을 결정하는 장소입니다. 그런데 신발장이 현관에 있다 보니 퀴퀴한 냄새가 나기 쉽습니다. 테이크아웃 커피 용기에 잘 말린 커피 찌꺼기를 담아 신발장에 넣어두면 천연 방향제 역할을 합니다. 커피 찌꺼기는 사용하기 전에 물기를 잘 말려줘야 하는데요.
양이 많을 때는 신문지 위에 커피 찌꺼기를 펼친 다음 햇빛에 하루 정도 말리고, 양이 적을 때는 전자레인지에 넣고 2분 정도 돌리면 물기가 제거됩니다.

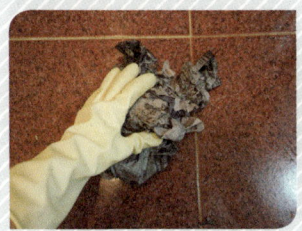

7 뭉친 신문지로 현관을 구석구석 닦습니다.
신문지가 바닥의 먼지와 물기를 다 빨아들여 현관을 깨끗하게 청소해 주고, 이 과정에서 웬만한 얼룩도 다 제거됩니다.

8 낡은 걸레나 버리는 옷가지를 물에 적셔 현관 바닥을 한 번 더 닦고, 그대로 말리거나 마른 걸레로 닦아 마무리합니다.

곰팡이 피고 누런
욕실 바닥 줄눈,
치약으로 하얗게 만들기

1 오염된 욕실 바닥 줄눈에 일정한 간격으로 치약을 짭니다.

치약에는 치아에 붙은 이물질을 갉아내는 연마제 성분이 들어 있어요. 이 연마제 성분이 찌든 때 제거에 탁월한 효과를 발휘합니다.

욕실은 습기가 많은 곳이라 조금만 방심하면 물때와 곰팡이가 쉽게 번식합니다. 물때와 곰팡이는 건강을 위협할 뿐만 아니라 욕실 바닥을 미끄럽게 해 낙상 사고를 일으키기도 합니다.

특히 타일 줄눈 사이에 낀 물때와 습기를 오랫동안 방치하면 새하얗던 줄눈이 누렇게 변색되거나 거뭇거뭇 곰팡이가 생겨서, 아무리 열심히 청소해도 본래 모습을 찾기 어려워집니다.

줄눈 시공도 생각해볼 수 있지만, 일반인이 하기에는 꽤 까다롭고 어렵습니다. 그리고 지저분한 줄눈 위에 새 줄눈을 덮어봐야 '눈 가리고 아웅'하는 격이지요.

귀찮더라도 샤워 후에는 욕실 벽과 바닥에 비눗물이 남지 않도록 물로 깨끗이 씻고, 자주 환기해 욕실이 습하지 않게 유지하는 것이 최선입니다.

2 오염된 줄눈을 바닥용 솔을 사용해 박박 문지릅니다.

준비물
치약, 바닥 청소용 솔

3 욕실 바닥 전체를 줄눈 중심으로 박박 문지릅니다.

락스와 같은 염소계 표백제로 줄눈을 청소하는 것도 한 방법입니다. 대신 치약은 자극적인 냄새가 없고, 청소하다 피부에 묻어도 안전한 장점이 있습니다.

4 줄눈에 남아 있는 치약으로 타일도 박박 문지릅니다.

5 치약이 묻어 있는 바닥용 솔로 변기 아래, 세면대 아래, 배수구 주변도 깨끗이 문질러 주세요.

수전이나 배수구 등 스테인리스 재질은 치약으로 닦으면 반짝반짝 광이 나요.

6 모든 솔질이 끝나면 바닥을 물로 깨끗이 헹굽니다.

7 욕실 청소가 끝나면 욕실문과 창문을 열어 욕실을 건조합니다.

선풍기를 틀어 놓거나 제습기를 돌려 건조해도 좋습니다.

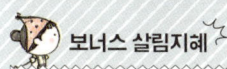 보너스 살림지혜

제조일

치약에도 유통기한이 있어요!

치약의 유통기한은 제조일로부터 3년입니다. 치약의 제조일은 치약 끝부분에 작게 표시되어 있으니 꼭 확인해보세요. 만일 유통기간이 지난 치약이 있다면, 이를 닦는 대신 청소용으로 사용하세요.

전등 청소를 쉽게 해주는 베이킹소다 티슈

무심코 전등을 올려봤다가 소복하게 쌓인 먼지와 어디서 들어왔는지 모를 벌레들의 사체 때문에 흠칫 놀라게 됩니다. 일반 전등은 커버를 분리해서 물세척하면 청소가 끝납니다. 하지만 인테리어에 대한 관심이 높아지면서 전등의 디자인이 아주 다양해져 전등갓을 분리하기 힘들거나 분리할 수 없는 전등이 많아졌습니다. 이런 전등은 의자에 올라가 물걸레로 닦을 수밖에 없는데, 문제는 먼지가 쌓인 전등은 물걸레질만으로 쉽게 닦이지 않는다는 것입니다. 찌든 먼지를 충분히 불리면 팔 아프게 빡빡 문지를 필요 없이 쉽게 닦을 수 있습니다.

전등 커버를 벗겨서 씻는 방법에서부터 전등갓이 달려 있는 상태에서 청소하는 방법 등 다양한 전등 청소법을 알아보겠습니다.

준비물
베이킹소다, 물, 키친타올

분리되는 전등 커버

1 차단기를 내린 다음 전등 커버를 분리합니다.

사진 촬영을 위해 불을 잠시 켠 상태예요. 반드시 불을 끈 다음 진행하세요. 전등 커버가 유리일 경우에는 뜨거울 수도 있으니, 불을 끄고 시간이 좀 지난 다음 분리하세요.

2 분리된 커버 안에 죽어있는 벌레들은 티슈로 닦아내거나 탈탈 털어 버립니다.

3 커버를 물로 한번 헹군 다음 비누나 세제로 거품을 내 안팎을 구석구석 닦습니다.

4 깨끗한 물로 헹구고, 마른 헝겊 등으로 물기를 닦습니다. 물기가 완전히 마르면 전등 커버를 다시 답니다.

분리되지 않는 전등갓과 씻을 수 없는 알전구

1 전등갓과 전구 위에 붙어 있는 벌레나 이물질들은 마른 휴지나 키친타올로 탈탈 털어냅니다.

2 물 1컵에 베이킹소다 1스푼을 완전히 녹인 후 분무기에 넣습니다.
베이킹소다가 완벽하게 녹지 않으면 분무기 노즐이 막힐 수 있습니다.

3 키친타올에 베이킹소다 녹인 물을 뿌려 완전히 적셔주세요.

4 3의 젖은 키친타올로 전등갓을 빈틈없이 감쌉니다. 때가 불도록 30분가량 둡니다.

5 3의 젖은 키친타올로 전구도 빈틈없이 감쌉니다. 때가 불도록 30분가량 둡니다.
분리되는 전구라면 분리한 다음 3의 젖은 키친타올로 빈틈없이 감싸주세요.

6 30분 후 전등갓과 전구를 감쌌던 젖은 키친타올로 전등갓과 전구를 깨끗하게 닦습니다. 마른 키친타올이나 헝겊으로 물기를 완전히 제거한 후 본래 자리에 달아줍니다.

치약만 있으면
우리 집 **욕실**이 셀카 명당!

욕실을 사용하다 보면 물이나 비누, 치약 등이 거울에 튀어 어느 순간 거울이 얼룩덜룩해집니다. 이 상태로 내버려두면 아무리 닦아도 거울이 깨끗해지지 않습니다. 이럴 경우에는 거울에 비눗물을 충분히 묻힌 다음 커터 날을 끼워 사용하는 조그만 밀대 형식의 스크래퍼(철물점에서 구매)로 긁어줘야 합니다. 이 방법으로도 얼룩이 지워지지 않는다면 거울이 부식된 상태라 거울을 교체하는 수밖에 없습니다.
이렇게 힘든 방법으로 청소하고 싶지 않다면 평소에 관리를 잘 해줘야 하는데요. 욕실 거울은 물만 쓱 뿌려주면 청소가 끝났다고 생각하기 쉬운데요. 오히려 물때만 더 늘어날 뿐, 이 방법으로는 때까지 말끔하게 제거되지 않습니다.

준비물

치약, 수세미, 식초, 분무기

치약으로 물때 제거하기

1 거울에 치약을 바릅니다.

2 치약이 골고루 발리도록 문지릅니다.

싹이 나서 먹을 수 없는 감자를 잘라 거울을 문질러도 물때가 쉽게 제거됩니다.

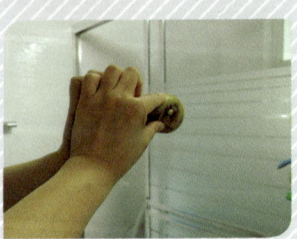

3 수세미에 물을 살짝 적셔서 치약 바른 거울을 문질러 물때를 제거합니다.

4 뜨거운 물로 헹굽니다.

 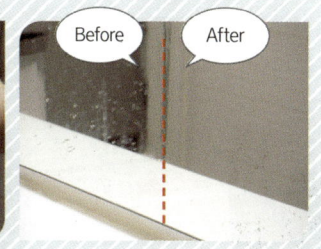 

5 마른 수건으로 물기를 닦아냅니다.

식초로 물때 제거하기

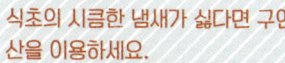

1 샤워기로 거울에 뜨거운 물을 뿌립니다.

2 분무기에 미지근한 물을 담고 식초를 1티스푼 희석해 거울에 골고루 뿌립니다.

식초의 시큼한 냄새가 싫다면 구연산을 이용하세요.

3 청소용 수세미로 물때를 문지릅니다.

4 마른 수건으로 물기를 닦아냅니다.

거울의 물기를 제거한 다음 린스를 50원짜리 동전 크기만큼 짜내 극세사 수건으로 한 번 더 닦아내면, 거울에 김이 서리는 것을 방지할 수 있습니다.

냄새와 습기까지 잡는
신발장 청소 ABC

현관은 집으로 들어오는 첫 번째 관문입니다. 그런데 현관에서 퀴퀴한 냄새가 난다면, 집에 대한 첫인상이 좋을 수 없겠지요. 신발장을 어떻게 관리했는지에 따라 현관 냄새가 결정됩니다.

신발에서 딸려 온 각종 먼지와 세균, 그리고 자주 세탁하지 않는 신발의 특성 상 신발장은 쉽게 더러워지고 안 좋은 냄새가 나기 쉽습니다. 신발장에 습기가 많으면 신발에 곰팡이가 생기고 가죽 구두의 경우 모양이 변형되기도 합니다. 신발장은 평소 수시로 환기해서 습해지지 않도록 해야 합니다.

신발을 신발장에 넣기 전에 흙먼지를 탈탈 털고 넣는 습관을 들이는 것도 신발장을 깨끗하게 유지할 수 있는 방법 중 하나입니다.

준비물

진공청소기, 걸레, 베이킹소다, 소독용 에탄올

1 신발장에 있는 신발들을 다 꺼냅니다.

1년 동안 신지 않은 신발은 과감히 버리세요. 청소의 시작은 버리기입니다.

2 신발장 안을 청소하는 동안 신발은 바깥에 펼쳐두고 건조시킵니다.

3 신발장 안의 먼지를 진공청소기로 흡입합니다.

4 마른 걸레로 선반 등을 닦습니다.

  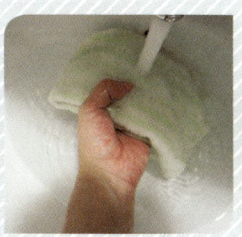 

5 베이킹소다수를 신발장 내부에 뿌린 다음 마른 걸레로 닦고, 신발장에 베이킹소다가 남지 않도록 걸레를 빨아 여러 번 닦습니다.

신발장 내부가 매우 더럽다면, 베이킹소다 한 스푼 정도를 희석한 물에 걸레를 적셔 닦아주세요.

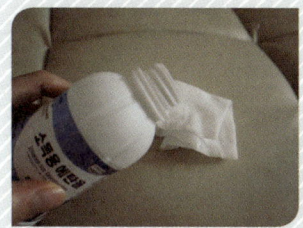 

6 소독용 에탄올을 티슈나 걸레에 적셔 신발장 안을 닦아 소독합니다.

7 신발장 외부는 물걸레로 닦고, 손잡이는 소독용 에탄올로 닦아 소독합니다.

8 오랫동안 신지 않는 신발은 신발 안에 신문지를 넣어두면 곰팡이를 방지하고 변형을 막을 수 있습니다.

9 신발 속에 실리카겔('실리카겔 재활용해서 습기 잡기' 140쪽 참조)을 넣으면 습기를 잡을 수 있습니다.

10 신발장 안에 습기제거제('제습제 만들기' 146쪽 참조)를 넣고, 물이 차면 수시로 갈아줍니다. 숯이나 잘 말린 원두커피 찌꺼기, 또는 베이킹소다 주머니(162쪽 참조)를 넣어두면 탈취 효과를 볼 수 있습니다.

신발장에 신문지를 깔고 나서 신발을 넣으면 습기 제거에 도움이 되고, 신발장 청소도 편해집니다.

물통에서 필터까지,
제습기 꼼꼼 청소법

장마철마다 꿉꿉한 냄새를 풍기는 빨래 때문에 스트레스를 받다가 제습기를 구매했는데요. 제습기는 빨래 건조 외에도 쓸모가 많습니다. 장마철에 제습기를 돌리면 눅눅한 공기가 금세 뽀송뽀송해져 쾌적합니다. 욕실을 청소한 후 제습기를 돌려 완전히 건조하면 물 때나 곰팡이가 생기는 게 확연하게 줄어듭니다. 제습기를 가동할 때 장롱이나 서랍장 문을 열어두면 의류에 곰팡이가 생기는 것을 예방할 수 있습니다.

제습기 역시 관리가 매우 중요한데요. 제습기를 가동한 다음에는 반드시 물통을 비우고 깨끗이 닦아주고, 외관도 잘 닦습니다. 제습기를 단순히 습기를 제거하는 제품이라고 생각해, 필터 관리는 간과하는 경우가 있는데요. 필터 청소도 잊지 마세요.

준비물

부드러운 헝겊, 마른 헝겊, 진공청소기, 칫솔, 중성세제

1 제습기의 전원 플러그를 뽑고 물통을 꺼내 물을 버립니다.

2 중성세제나 베이킹소다를 이용해 물통을 씻습니다.

제습기를 바로 사용할 경우 물통을 바로 장착하고, 오랫동안 사용하지 않을 예정이라면 물통을 그늘에서 완전히 건조한 다음 장착합니다.

3 제습기 필터를 본체에서 분리합니다.

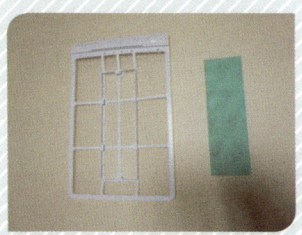

4 면적이 넓은 항균 필터와 가운데 색깔이 다른 작은 필터를 분리합니다.

면적이 넓은 필터는 물 세척이 가능하고 작은 필터는 물 세척이 불가능합니다.

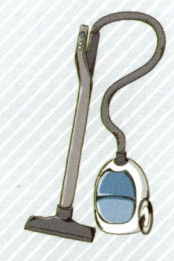

5 진공청소기로 필터의 먼지를 빨아들입니다.

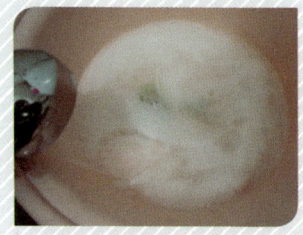

6 대야에 30도 정도의 미온수를 받은 다음, 중성세제를 풉니다.

7 면적이 넓은 필터는 중성세제를 푼 물에 담가 칫솔로 문질러 씻습니다.

8 면적이 넓은 필터를 그늘에서 완전히 말린 후, 작은 필터와 함께 본체에 끼웁니다.

9 제습기 외부는 부드러운 헝겊에 물을 적셔 꽉 짠 다음 닦고, 다시 마른 헝겊으로 닦습니다.

물 대신 소주나 알코올로 닦아도 좋습니다.

 보너스 살림지혜

장마철엔 장롱도 바람을 쐐주세요

장마철이나 비 또는 눈이 많이 와서 눅눅할 때 제습기를 사용하면 실내 공기를 뽀송뽀송하게 만들 수 있습니다. 습도가 높은 계절에는 1주일에 한 번 정도는 장롱 문과 서랍장 문을 열고 제습기를 돌려주세요.

공기청정 효과 제대로 보는
에어워셔 청소 방법

에어워셔는 물을 사용해 실내공기를 정화합니다. 말 그대로 공기청정 기능을 하는 제품인 만큼 청결을 유지하는 게 중요합니다.

평소 물을 자주 갈아주고, 필터를 깨끗하게 관리해줘야 합니다. 최소 1주일에 한 번 이상은 꼭 청소해줘야 공기청정 효과를 볼 수 있습니다.

에어워셔를 2일 이상 사용하지 않을 때는 물을 완전히 비워야 물때나 곰팡이가 생기지 않습니다. 전원 플러그도 꼭 빼두세요. 에어워셔를 장기간 사용하지 않을 때는 내부 부품들을 깨끗하게 씻어 완전히 건조해 보관합니다.

준비물

부드러운 헝겊, 마른 헝겊, 칫솔, 중성세제, 베이킹소다, 구연산

물 비우기 및 물통 세척

1 에어워셔 전원 플러그를 뽑습니다. 물통을 분리해 항균 디스크 (나선형 디스크)를 꺼낸 다음 물통의 물을 비웁니다.

2 중성세제나 베이킹소다를 이용해 물통을 씻습니다.

3 항균 디스크는 30도 정도의 온수를 뿌려 씻습니다. 항균 디스크에 물때가 끼어있다면 30도의 온수에 베이킹소다와 구연산을 1컵 정도 희석한 다음, 항균 디스크를 20~30분가량 담가두었다가 디스크 하나하나 꼼꼼히 문질러 닦습니다.

4 에어워셔를 바로 사용할 경우 물을 담아 본체에 장착하고, 장기간 사용하지 않을 경우에는 항균 디스크를 그늘에서 완전히 건조한 다음 본체에 장착합니다.

5 에어워셔를 오랫동안 사용하지 않을 때는 상자에 넣거나 비닐, 커버 등을 씌워 보관합니다.

필터 청소하기

1 에어워셔 전원 플러그를 뽑고, 필터를 본체에서 분리합니다.

2 30도 정도의 온수에서 중성 세제와 칫솔을 사용해 필터를 깨끗하게 닦습니다.

3 필터는 완전히 건조한 다음 본체에 끼웁니다.

4 부드러운 헝겊에 물을 적셔 꼭 짠 다음 외관을 닦고, 마른 헝겊으로 한 번 더 닦습니다.

헝겊에 소주나 알코올 등을 묻혀 닦아도 좋습니다.

키보드, 화장실 변기보다 세균이 다섯 배 많다!

얼마 전 한 조사에서 키보드, 마우스, 전화기 등의 위생 상태를 점검했는데, 키보드에서 화장실 변기보다 다섯 배나 많은 세균이 검출되었습니다. 검출된 세균의 면면을 살펴보니 포도상구균과 연쇄상구균 등 식중독, 염증, 피부에 화농성질환을 일으키는 것들이었습니다. 사용하고 계신 키보드를 가만히 들여다보세요. 키보드 사이사이에 크고 작은 먼지가 잔뜩 끼어 있을 것입니다. 키보드는 2~3일에 한 번 정도 뒤집어서 탁탁 턴 다음, 면봉으로 자판 사이사이를 닦아주거나 포스트잇의 접착면을 이용해 자판 사이를 왔다 갔다 하면서 먼지를 제거하고, 물티슈 등으로 자판을 자주 닦아야 합니다.

요즘은 키보드가 저렴하게 판매되기 때문에 아주 더럽다면 새로 하나 구입하는 게 더 나을 수도 있습니다. 하지만 새 키보드에 음료를 쏟았거나, 과자부스러기가 떨어졌거나, 멀쩡해서 버리기엔 너무 아까운 키보드라면 속 시원하게 분해해서 청소합니다.

지금부터 가장 대중적인 멤브레인 키보드 청소 방법을 알아보겠습니다.

준비물

키보드, 면봉, 소주(또는 소독용 에탄올),
스타킹(또는 헝겊), 베이킹소다, 구연산

1 키보드를 분해하기 전에 키보드 사진을 찍어둡니다.

키보드를 청소하고 나서 다시 조립할 때 필요해요.

2 가위나 송곳 같은 도구를 사용해 자판을 하나씩 들어 올려 뺍니다.

자판을 하나만 뽑으면 나머지 자판은 손으로 쉽게 뽑을 수 있어요. 키보드 청소용 젤 클리너를 사용하면 틈새 먼지를 쉽게 제거할 수 있어요.

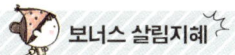

보너스 살림지혜

키보드 종류에 따라 청소 방법도 달라져요

키보드 종류에는 팬터그래프, 멤브레인, 기계식 등이 있습니다.

- 멤브레인 방식 : 인쇄회로기판 전체에 멤브레인이라는 고무 시트를 씌워 타자를 쳤을 때 고무의 탄성으로 키가 제자리로 돌아오는 방식으로 작동하는 키보드.
- 기계식 키보드 : 각각의 키 아래 스위치가 달린 키보드로 키 아래 스프링이 있다.
- 팬터그래프 방식 : 노트북 등에 많이 사용하는 얇은 키보드.

3 스페이스바, 엔터, 시프트 등 길쭉한 자판은 아래 철사가 고정되어 있으니, 뽑을 때 철사가 휘지 않게 주의합니다.

4 자판을 모두 빼낸 키보드는 뒤집어서 먼지를 탈탈 털고, 면봉에 소주나 소독용 에탄올을 묻혀 찌든 때를 벗깁니다.

5 스타킹이나 헝겊으로 남은 먼지를 닦습니다.

6 물에다 구연산과 베이킹소다를 각각 반 숟가락씩 넣고 섞은 다음, 고무장갑을 끼고 자판끼리 박박 비벼가며 씻습니다.

7 키보드에 찌든 때가 많이 붙어 있으면, 때가 불어나도록 분리한 자판을 물에 1시간가량 담가두었다가 씻습니다.

철사가 있는 자판은 물에 오래 담가두면 녹이 슬 수도 있으므로 먼저 씻은 다음 물기를 빼놓습니다.

8 깨끗하게 씻은 자판은 수건 등으로 물기를 닦고 잘 펼친 다음 물기를 완벽하게 말립니다.

자판을 빨리 말리고 싶을 땐 헤어드라이기 바람을 이용하세요.

9 자판을 분리하기 전에 찍은 사진을 보며 자판을 하나씩 제자리에 꽂습니다.

살균부터 광택까지,
변기를 위한 올인원 세제

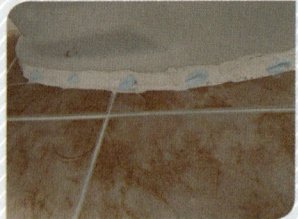

1 변기 아랫부분에 적당한 간격으로 치약을 짠 다음, 솔로 박박 문질러 찌든 때를 제거합니다.

변기는 조금만 관리를 소홀히 하면 순식간에 더러워지고 악취까지 풍기지요. 주기적으로 잘 청소한 변기는 락스처럼 독한 세제를 쓰지 않아도 깨끗이 청소할 수 있습니다.

물기가 있는 변기에 베이킹소다를 뿌린 다음 그 위에 구연산(또는 식초)을 뿌린 후 10~20분 정도 지나 닦으면 변기가 반짝반짝 깨끗해집니다. 김빠진 콜라를 변기에 뿌린 다음 10~20분가량 두었다가 닦는 방법도 있습니다. 그리고 치약을 사용해 변기를 닦는 것도 좋습니다. 치약에 들어 있는 연마제와 불소가 변기의 찌든 때와 물때, 곰팡이를 쉽게 없애줍니다. 또 치약으로 청소하면 항균, 탈취 효과를 볼 수 있으며 누렇게 변색된 변기를 하얗게 만들 수 있습니다.

2 수세미에 치약을 짭니다.
양파망에 올 나간 스타킹을 넣어 일회용 변기 수세미로 사용하는 것도 좋습니다.

준비물

치약, 수세미, 변기솔, 베이킹소다, 키친타올

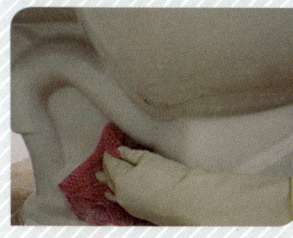 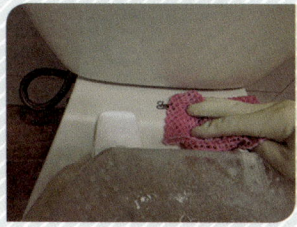 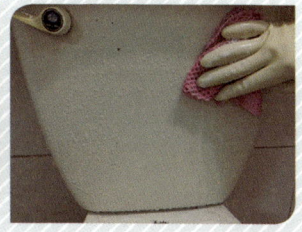

3 수세미로 변기 밖을 구석구석 닦습니다.

물때와 곰팡이가 생기기 쉬운 변기의 굴곡진 부분과 물내림 레버까지 꼼꼼하게 닦아주세요.

4 변기 커버와 뚜껑 안팎을 수세미로 닦습니다.

홈이 있는 부분은 칫솔로 문질러 주세요.

5 변기와 변기 커버를 연결하고 있는 경첩 부분의 물때는 칫솔로 문질러 제거합니다.

 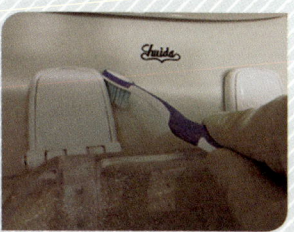

6 변기 물탱크와 변기의 경계선 부분의 묵은 때는 양파망 끈이나 노끈을 이용해 사진처럼 청소하면 좋습니다.

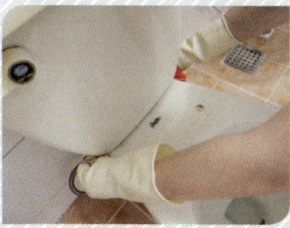 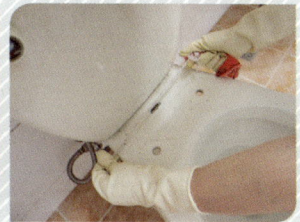

7 변기 안은 변기솔로 비벼서 닦되, 변기의 오염이 심하다 싶으면 수세미로 닦는 게 효과적입니다.

수세미는 변기 청소용으로 구비해 두는 게 좋습니다.

8 변기 안쪽에 물이 나오는 구멍은 치약과 청소용 칫솔을 이용해 구석구석 깨끗하게 닦습니다.

9 변기 뒤 호스 부분도 치약 바른 솔로 박박 문지릅니다.

10 변기를 물로 깨끗하게 헹굽니다.

 보너스 살림지혜

변기 물 내릴 때 뚜껑은 꼭 닫아주세요!

사람의 배설물에는 세균과 바이러스 등 많은 유해물질이 포함되어 있습니다. 그런데 볼일을 본 후 변기 뚜껑을 연 채로 물을 내리면, 배설물 안에 있던 세균들이 많게는 50만 개 이상 물방울과 함께 주변으로 튀어나옵니다. 게다가 그 물방울은 변기를 중심으로 6m 지점까지 튄다고 합니다. 이때 튄 물방울들은 한 시간이 지나면 밑으로 가라앉지만, 일부는 다음날까지도 공기 중에 떠다닌다고 합니다. 변기에 앉은 상태에서 물을 내리는 것도 바람직하지 않습니다. 변기를 사용한 후 물을 내릴 때는 꼭 변기 뚜껑을 닫습니다.

11 변기 커버는 티슈나 키친타올로 닦은 다음, 베이킹소다수를 뿌리고 티슈나 키친타올로 한 번 더 닦아주세요.

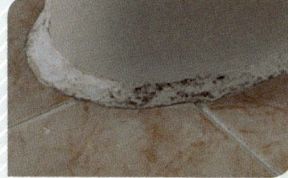

천연세제로는 없어지지 않는 **곰팡이**, 락스로 안전하게 없애기

주부라면 누구나 독한 화학제품을 사용하지 않고 집을 깨끗하게 만들고 싶습니다. 하지만 곰팡이 포자가 여기저기 날아다니게 두는 것보다는 락스를 사용해서 깨끗하게 곰팡이를 없애는 편이 훨씬 위생적입니다. 락스를 사용할 때는 고무장갑과 마스크를 착용하고, 환기를 철저하게 해 주세요.

준비물

락스, 고무장갑, 마스크, 휴지

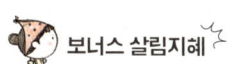 보너스 살림지혜

샤워커튼 곰팡이 제거하기

곰팡이가 샤워커튼 위쪽까지 타고 올라왔다면 힘들게 세탁하는 것보다 하나 새로 구매하는 게 좋습니다. 하지만 일반적으로 곰팡이는 샤워커튼 아래쪽에 집중적으로 생깁니다. 샤워커튼 아래쪽에만 곰팡이가 생겼다면, 대야 등에 물을 받은 다음 락스 원액을 한 뚜껑(락스 뚜껑) 정도 붓고 샤워커튼 아랫부분만 반나절 정도 담가두면 곰팡이가 감쪽같이 사라집니다.

1 두루마리 휴지를 두 손으로 비벼 길게 꼰 다음, 곰팡이가 심하게 생긴 부위에 올려놓습니다.

2 락스 원액을 휴지 위에 뿌리고, 3시간에서 반나절 정도 그대로 둡니다.

휴지를 락스에 적셔서 곰팡이가 생긴 부분에 붙여주어도 좋습니다.

3 휴지를 떼어내고 물로 깨끗하게 헹굽니다. 곰팡이가 좀 남아 있으면 솔로 문질러 제거합니다.

락스에는 절대 다른 세제를 섞지 마세요. 락스와 다른 세제가 섞이면 유해물질이 발생할 수 있습니다.

How To

물청소하기 힘든
베란다 난간,
목장갑 하나면 청소 끝!

1 손에 고무장갑을 낍니다.

2 고무장갑을 낀 손 위에 목장갑을 낍니다.

하늘도 파랗고 따스한 봄날, 기분 좋은 봄바람과 햇살을 집안으로 들이려고 베란다 문을 활짝 열었다가 베란다 난간에 쌓인 먼지에 놀라신 경험이 있을 텐데요. 베란다 난간은 햇볕이 쨍쨍할 때 이불 등을 널어 말리고 소독하기에도 아주 좋은 장소인데, 지저분해서는 곤란하겠지요. 바람이 불면 난간의 먼지들이 집안으로 들어오기 때문에 난간에 이불을 널지 않아도 난간 청소는 필수입니다.

하지만 아파트 같은 공공주택에서 베란다 난간을 물로 청소할 수는 없지요. 청소에 사용한 물이 아랫집 창문을 얼룩지게 하고 화단으로 떨어져 꽃과 나무를 병들게 할 수도 있으니까요. 물청소를 하지 않고도 쉽고 간단하면서도 깨끗하게 난간을 청소하는 방법, 분명 있습니다!

3 물을 담은 대야에 손을 그대로 담가 목장갑을 적신 다음, 두 손을 마주 잡아 물이 뚝뚝 떨어지지 않을 만큼 물기를 짭니다.

준비물
고무장갑, 목장갑, 대야, 빨랫비누

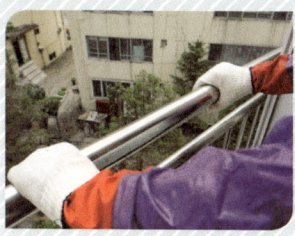 

4 목장갑이 젖은 상태로 베란다 난간을 손으로 닦아 먼지를 제거합니다.

난간의 가로세로 프레임을 꼼꼼히 닦습니다.

5 베란다 난간에 때가 눌어붙어 젖은 목장갑으로 잘 닦이지 않는다면, 목장갑 낀 손으로 빨랫비누를 문질러서 장갑에 비누를 바릅니다.

6 손으로 때 묻은 베란다 난간을 쓱쓱 문지릅니다.

7 목장갑을 손에 낀 채 손을 씻는 것처럼 씻어 더러워진 목장갑을 빱니다.

8 다시 베란다 난간을 손으로 닦습니다.

9 7~8번 과정을 여러 번 반복하면 반짝반짝 깨끗한 난간이 됩니다.

10 목장갑을 손에 낀 채 손을 씻는 것처럼 씻어 더러워진 목장갑을 빱니다.

신문지로
방충망 쉽게 청소하기

1 방충망을 손으로 살짝 흔들어 방충망이 잘 고정되어 있는지 확인합니다.

방충망이 부실하게 설치된 경우 청소 도중 방충망이 아래로 떨어질 위험이 있으므로, 꼭 확인해주세요!

모기나 벌레들 때문에 창문이나 베란다에 필수적으로 설치한 방충망은 창문 밖에 있다 보니 먼지와 때가 많이 낄 수밖에 없습니다. 바람이라도 불면 방충망에 쌓인 먼지가 고스란히 집으로 들어오는 듯한 기분에 청소해야 할 것 같긴 한데, 쉽사리 엄두가 나지 않는 게 방충망 청소입니다.

떼어내기 쉬운 방충망이라면 창틀에서 빼내서 세제를 발라 솔로 쓱싹쓱싹 문지른 다음 샤워기로 깨끗하게 헹궈 닦는 게 가장 좋습니다. 떼어내기 힘들거나 높은 층수라 방충망을 떼는 데 위험이 따른다면, 창틀에 껴 있는 그대로 먼지를 제거하고 찌든 때를 닦는 순으로 청소를 진행하면 됩니다.

방충망 청소에 꼭 필요한 게 신문지인데요. 신문지를 바깥쪽에 붙이는 게 위험하다면 신문지를 안쪽에 붙인 다음 세제를 살짝 희석한 물을 분무기로 뿌려 신문지를 적시고 20~30분 후에 떼어내면 먼지가 신문지에 붙어 나옵니다.

2 테이프를 이용해 신문지를 방충망 바깥쪽에 붙입니다.

테이프를 창틀에 붙여 고정하면 신문지가 잘 붙어요.

3 진공청소기를 이용해 방충망 안쪽에서 먼지를 빨아들입니다.

준비물

신문지, 테이프, 진공청소기, 밀대청소기, 샤워타올

4 밀대청소기에 샤워타올을 두 겹으로 감쌉니다.

샤워타올은 주기적으로 교체해야 하는데요. 샤워타올을 교체해야 할 때쯤 방충망 청소에 사용하면 좋겠지요.

5 샤워타올에 물을 적십니다.

방충망의 오염이 심하면 세제를 희석한 물에 샤워타올을 담가 적십니다.

6 샤워타올을 감싼 밀대청소기로 방충망을 위에서 아래로, 좌에서 우로 닦습니다.

샤워타올의 거친 표면이 방충망에 낀 먼지를 잘 흡착합니다.

7 시커멓게 변한 샤워타올은 물에 빤 다음 다시 방충망을 닦습니다.

6~7번 과정을 여러 차례 반복합니다.

8 마지막으로 물티슈 등을 이용해 방충망 틀의 묵은 때를 깨끗하게 닦아 마무리합니다.

보너스 살림지혜

창문 물구멍 방충망도 잊지 말고 챙기세요

여름철 방충망이 뚫린 곳도 없고 문단속을 잘했는데도 모기나 작은 벌레들이 자꾸 들어온다면, 창문 물구멍을 확인해보세요. 일반적으로 섀시 아래에는 창틀에 물이 고였을 때 흘러넘치지 않고 물이 밖으로 자연스럽게 배출되게 돕는 작은 물구멍이 있습니다. 이 구멍으로 모기나 하루살이 등 몸집이 작은 벌레들이 들락거리기도 합니다. 물구멍은 방충망을 작게 잘라 붙이거나 물구멍 전용 방충망으로 막아주면, 해충이 눈에 띄게 줄어듭니다. 물구멍 전용 방충망은 '창문 물구멍 방충망', '구멍막이 방충망', '틈새막이 방충망', '물구멍 촘촘망' 등의 이름으로 판매합니다.

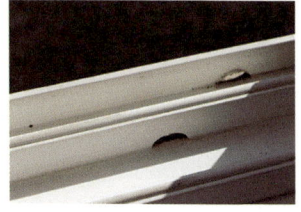

TV와 **모니터**,
린스 코팅으로 먼지 안녕~

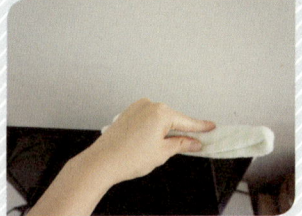

1 모니터 주변의 먼지들을 먼저 깨끗하게 닦습니다.

TV나 모니터는 수시로 닦아내도 며칠만 지나면 먼지가 쌓입니다. TV나 모니터를 켜놓으면 정전기가 발생하기 때문입니다. 수건이나 휴지 등에 물을 적혀 화면을 닦는 경우가 많은데요. 이 방법은 화면에 자잘한 흠집을 냅니다. 종종 화면에 분무기로 물을 분사한 다음 닦는 경우도 있는데, 이렇게 하면 디스플레이 안으로 물이 들어가 고장을 일으키거나 제품의 수명을 단축시키기도 합니다.

TV나 모니터는 부드러운 극세사 천을 이용해 닦는 것이 좋습니다. 화면이 아주 더러울 때는 식초와 물을 1 : 1로 희석해 극세사 천에 살짝 적셔 살살 문질러 닦으면 됩니다. 화면에 린스를 얇게 코팅하면 오랫동안 깨끗한 화면을 유지할 수 있습니다.

2 모니터의 먼지를 1차로 닦습니다.

3 극세사 천에 린스를 소량 짜 주세요.

준비물
극세사 천(안경 닦는 천이 좋습니다), 린스

4 극세사 천을 비벼 린스가 천에 스며들게 합니다.

린스가 뭉쳐 있으면 모니터가 잘 닦이지 않습니다.

5 모니터의 먼지가 제거될 때까지 극세사 천으로 부드럽게 닦습니다.

천이 밀린다면 물을 아주 살짝 적셔주세요.

6 린스가 발라지지 않은 극세사 천으로 모니터를 다시 한 번 닦습니다.

7 TV도 동일한 방법으로 청소합니다.

화면이 비교적 작은 컴퓨터 모니터는 안경 닦는 천으로 닦는 게 제일 효과적이고, 화면이 큰 TV 모니터는 크기가 큰 극세사 걸레를 이용해 닦는 게 좋습니다.

 보너스 살림지혜

김 서림 방지 안경 세척법

추운 곳에 있다가 따뜻한 실내로 들어왔을 때, 뜨거운 라면이나 곰탕을 먹으려고 고개를 숙일 때 안경에 뽀얗게 김이 서리면 여간 불편한 게 아닙니다. 안경을 조금만 신경 써서 닦으면 김 서림을 방지할 수 있습니다.

우선 주방세제를 물에 풀어 거품을 낸 다음, 안경다리를 잡고 렌즈만 담가 물에 흔들어 씻습니다. 그 상태로 흐르는 물에 안경을 충분히 헹굽니다. 이때 뜨거운 물로 헹구면 렌즈의 코팅이 손상될 수 있으니 차가운 물로 헹궈야 합니다. 헹굼이 끝나면 안경 수건으로 안경테와 렌즈의 물기를 닦습니다. 주방세제 속 계면활성제가 렌즈에 보호막 역할을 해 김 서림을 방지합니다.

아이와 함께 꼭 가봐야 할
미술관 과학관 101

| 강민지, 박상준, 이시우 지음 | 666쪽 | 22,000원 |

한국출판문화산업진흥원 선정 '2016 세종도서 교양부문'

아이와 함께 가볼 만한 전국의 미술관과 과학관 101곳을 안내한 이 책은, 체험거리가 풍성하고 알찬 미술관과 과학관을 보물찾기하듯 선별했다. 101곳의 미술관과 과학관은 인문학적인 여행이 가능하고 교과서에 실린 내용을 현장에서 체험할 수 있는 보석 같은 공간이다. 이 책은 미술관과 과학관을 소개하면서 관람 동선, 체험 프로그램 등 기본적인 여행 정보뿐만 아니라 대표 작품과 과학원리까지 꼼꼼하게 설명하고 있다.

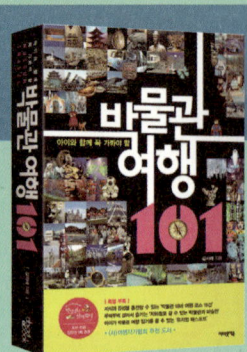

아이와 함께 꼭 가봐야 할
박물관 여행 101

| 길지혜 지음 | 628쪽 | 20,000원 |

한국출판문화산업진흥원 선정 '청소년 권장 도서'
행복한아침독서 추천도서

이 책은 아이에게 쉼표와 느낌표를 함께 안겨줄 수 있는 여행을 고민하는 엄마, 휴일만 되면 '주말에 가볼 만한 곳'이라고 검색하는 게 일상이 된 아빠에게 보내는 101개의 초대장이다. 초대장의 발신인은 전국에 있는 101곳의 박물관이다. 그리고 이 여행의 중심에는 아이가 있다. 아이가 재미있게 놀며 배울 수 있는 박물관을 테마별로 소개하는 이 책은, 에듀 투어(edu tour)를 위한 친절한 나침반이다.

길 위에서 만난 여행 같은 그림들
여행자의 미술관

| 박준 지음 | 360쪽 | 16,800원 |

한국출판문화산업진흥원 선정 '이달의 읽을 만한 책'

『On the Road』로 수많은 청춘의 가슴에 '방랑의 불'을 지폈던 여행작가 박준. 그가 여행 가방에 고이 담아온 그림의 기억을 하나씩 꺼내 미술관을 열었다. 이름하여 '여행자의 미술관'. 미술관은 여행자라는 관람객을 만나 무한히 확장된다. 여행자에게 미술관은 '미술관'이라는 이름 안에만 갇혀 있지 않다. 뉴욕 현대 미술관, 파리 루브르 박물관, 런던 테이트 모던 미술관 등 초대형 미술관뿐만 아니라 파리에서 런던으로 가기 위해 거친 유로스타 대합실, 커피를 마시기 위해 들른 파리의 작은 카페, 열 명쯤 들어가면 꽉 차는 섬마을의 작은 목욕탕, 피부를 바삭바삭 말릴 것 같은 햇볕 아래 외로이 있던 아프리카 나미브 사막의 주유소 등 그가 떠돌아다닌 길 위의 모든 곳이 미술관이다. 전 세계 여러 나라의 미술관과 길 위에서 만난 수많은 예술작품은 그에게 세상을 어떻게 다르게 볼 수 있는지 가르쳐주었다.